JOACHIM GREHN – JOACHIM KRAUSE

Metzler Physik

Einführungsphase

Ausgabe Nordrhein-Westfalen

GERHARD GLAS, JOACHIM GOMOLETZ,
JOACHIM GREHN, JOACHIM KRAUSE, Prof. Dr. RAINER MÜLLER,
Dr. JENNY SCHLÜPMANN, MICHAEL VOSS, KARL-HEINZ ZWITTLINGER

Schroedel

Metzler Physik
Einführungsphase
Ausgabe Nordrhein-Westfalen

herausgegeben von
Joachim Grehn und Joachim Krause

bearbeitet von
Gerhard Glas
Joachim Gomoletz
Joachim Grehn
Joachim Krause
Prof. Dr. Rainer Müller
Dr. Jenny Schlüpmann
Michael Voß
Karl-Heinz Zwittlinger

unter Mitarbeit von
Georg Peters
Dr. Herbert Kurt Schmidt

Druck A ^{2} / Jahr 2015
Alle Drucke der Serie A sind inhaltlich unverändert.

Redaktion: Bernd Trambauer
Grafik: newVISION, Bernhard Peter; Birgit Schlierf; 2&3d. design, R. Diener, W. Gluszak; take five, J. Seifried
Computergrafik: Dr. Joachim Bolz; Joachim Krause; Dr. Monika Scholz-Zemann; Dr. Heiner Schwarze
Umschlaggestaltung: Janssen Kahlert Design & Kommunikation GmbH, Hannover
Satz: Cross Media Solutions GmbH, Würzburg
Druck und Bindung: westermann druck GmbH, Braunschweig

ISBN 978-3-507-**17010**-0

Vorwort

Liebe Schülerin, lieber Schüler!

Die nordrhein-westfälische Ausgabe der „Metzler Physik", von der hier der Band für die Einführungsphase der Sekundarstufe II vorliegt, möchte Ihnen ein verlässlicher und hilfreicher Begleiter sein.

In Ihrem bisherigen Unterricht haben Sie eine Fülle von grundlegenden Erscheinungen der Physik und deren technische Anwendungen kennengelernt. Sie haben neben vielem Interessantem über ihre technische Umwelt und über Naturerscheinungen auch erfahren, dass die Naturwissenschaft Physik zu ihrer Erklärung vereinfachende Modelle benutzt, die eine mathematische Beschreibung ermöglichen. Dies macht einerseits die besondere Leistungsfähigkeit der Physik aus, lässt sie aber andererseits zu einem recht anspruchsvollen Unterrichtsfach werden.

In der nun beginnenden *Einführungsphase* ist die Mechanik mit den Betrachtungen über Kräfte und Bewegungen, über Energie und Impuls Gegenstand des Unterrichts. Die Mechanik ist das grundlegende und vielseitige Zentralgebiet der Physik. Mit den nicht nur historisch interessanten Themen Gravitation und Himmelsmechanik und einem kurzen Blick auf Schwingungen und Wellen endet die Einführungsphase. In der *Qualifikationsphase* lernen Sie dann mit der Quantenphysik und der Relativitätstheorie zwei Grundpfeiler der modernen Physik kennen. Ihre Anwendungen, so u. a. elektronische Chips, Computer oder GPS, sind aus unserem Leben nicht mehr wegzudenken.

Physik allein durch das Studium eines Buches zu lernen, ist kaum möglich. Nach wie vor ist daher der Unterricht, in dem experimentiert und über Beobachtungen und Erklärungen diskutiert wird, unverzichtbar für den Erfolg im Erkenntnisprozess, der zu einem tieferen Verständnis der Physik führt.

Ziel ist es, dass Sie mithilfe der Physik unsere komplizierte Welt, die von Naturwissenschaft und Technik geprägt ist, besser verstehen lernen und dass Sie Nutzen und Gefahren, die aus diesen Gebieten resultieren, kompetent beurteilen können.

Lassen Sie sich ein auf das geistige Abenteuer mit der Physik, dieser interessanten und faszinierenden Wissenschaft.

Wir wünschen Ihnen dabei Freude und Gewinn.

Zu diesem Buch

Das vorliegende Buch ist Teil des zweibändigen Unterrichtswerks „Metzler Physik Ausgabe Nordrhein-Westfalen" für die Sekundarstufe II. Das Unterrichtswerk umfasst einen Band für die einjährige Einführungsphase und einen Grundkursband für die zweijährige Qualifikationsphase.

Kennzeichen der „Metzler Physik Ausgabe Nordrhein-Westfalen", die sich inhaltlich, methodisch und in ihren Zielsetzungen an den neuen Kernlehrplan des Landes Nordrhein-Westfalen hält, ist die an Experimenten orientierte Konzeption. Besonderer Wert ist auf die nachvollziehbare Führung des Gedankengangs von einer Problemstellung aus der Erfahrungswelt der Schülerinnen und Schüler über Experimente bis hin zu den meist mathematisch formulierten Gesetzmäßigkeiten gelegt. Mit großer Sorgfalt wurde auf eine verständliche Begriffsbildung und exakte Definition der physikalischen Größen geachtet.

Die systematische Anordnung und klare Strukturierung der Inhalte in *Sachtexte* und *Methoden* und *Exkurse* sind wesentliche Merkmale der zugrunde liegenden „Metzler Physik". Die in die Sachtexte an passender Stelle eingestreuten Beispielaufgaben sollen helfen, das Lösen physikalischer Fragestellungen mit mathematischen Methoden zu erlernen. An geeigneten Stellen wird die Verwendung des grafikfähigen Taschenrechners (GTR) eingeführt und in Aufgaben eingeübt. Der Erwerb und die Ausbildung der Kompetenzen in den Bereichen Fachwissen, Erkenntnisgewinnung, Kommunikation und Bewertung werden durch verschiedenste *Aufgabenformen* gefördert und angeregt. *Grundwissen* als Zusammenfassung der Ergebnisse und *Wissenstests* sowie umfangreiche *materialgestützte Aufgaben* jenseits der eigentlichen Sachtexte dienen am Ende der Hauptkapitel ebenfalls dem Erwerb von Kompetenzen, letztere speziell aus den Bereichen Kommunikation und Bewerten. *Musteraufgaben mit Lösungen* und *kontextorientierte Aufgaben*, die Fragestellungen aus mehreren Kapiteln umfassen, schließen den Band ab.

Wir danken dem Verlag für die intensive Betreuung und die hervorragende Ausstattung des Werkes. Unser Dank gilt ebenso allen, die mit Rat und Auskunft geholfen haben.

Düsseldorf im Sommer 2013

Joachim Grehn und *Joachim Krause*

INHALTSVERZEICHNIS

4 Mechanische Schwingungen und Wellen

5 Geschichte der Mechanik

6 Anhang

Bildquellenverzeichnis

action press, Hamburg: 22.2 (Don Emmert/ddp); 23.2b) – ADAC, München: 7.2 (Euro NCAP) – akg-images, Berlin: 29.1 (J. Hios); 110.1 (O. Battaglini); 111.1 – Allianz Zentrum für Technik, Ismaning: 20.1 –Apt, Helfert, Wilkinson, „Orbit - NASA Astronauts Photograph the Earth“, National Geographic Society 1996: 98.1 – Astrofoto, Sörth: 68.1 (NASA) – BFA Education Media, New York: 93.2a) – Blickwinkel, Witten (D. Mahlke): 87.3 – Dr. B. Brill, Hofgeismar: 63.1 – Caro, Berlin: 6.1 (Sorge) – Corbis, Düsseldorf: 45.3 (R. Ressmeyer); 83.1c) (C. & J. Lenars) – Daimler Benz AG, Stuttgart: 30.2; 49.2 – ddp images, Hamburg: 64.2 (United Archives) – W. Deuter, Germering: 45.1 – „Die Physik der Musikinstrumente“, Spektrum der Wissenschaft, Heidelberg 1988: 86.2 (A. Beechel) – Druwe & Polastri, Cremlingen/Weddel: 7.5; 92.4; 119.1 – A. Ernoult, Berlin: 32.1 – ESA, Paris: 69.1; 80.2 – F1online, Frankfurt: 118.3 (Tips Images) – Fotostudio Blitzlicht, Bordesholm: 10.1, 14.1; 26.1a) – Getty images, München: Titelbild (J. Lund); 44.1 (I. Walton) – Glow Images, München: 92.5 (J. Reuther) – J. Gomoletz, Kiel: 8.1 – Halliday, Resnick, Walter, „Physik“ Wiley-VCH Gmbh & Co KG aA, Weinheim 2003: 42.3 – Imago, Berlin: 7.3 (Cordon Press/Diario AS) – Interfoto, München: 108.1; 109.1 (Sammlung Rauch); 112.1 (Friedrich) – iStockphoto, Calgary: 40.1; 117.1 (ParkerDeen) – Orear, „Grundlagen der modernen Physik“, Hauser Verlag, München 1971: 62.2 – H. Lade, Frankfurt: 119.2 (G. Schneider) – LD Didactic, Hürth: 100.1b) – Levi Strauss Europe: 29.2 – Lübke & Wiedemann KG, Stuttgart: 97.2 – mauritius images, Mittenwald: 30.1a) (Manfred Rutz); 39.1 (Geisser); 87.4 (SuperStock) – Max Planck Institut für Astronomie, Heidelberg: 124.1 (T. Herbst) – M. Mettin, Offenbach: 39.2; 39.4; 39.5; 40.2; 40.3; 97.1; 97.3; 97.4; 122.1 – Minkus Images, Isernhagen: 86.1 – Morowski, Stuttgart: 87.2; 100.1a); 100.2a) – Münchner Bilderdienst Dr. Jochen Müller, Gräfelfing: 38.2 – Museum der Experimentalphysik, Universität Innsbruck, Innsbruck: 121.1 (A. Denoth) – NASA, Houston/Texas: 60.1; 69.2 (N. Podbregar); 82.1; 85.1 – National Institutes of Natural Sciences National Astronomical, Tokyo: 104.1a) – National Radio Astronomy Observatory (NRAO), Charlottesville/VA: 72.1a) – „Physik (PSSC)“, Vieweg + Sohn Verlag, Braunschweig 1984: 57.1; 63.4 – Physikalisch-Technische Bundesanstalt, Braunschweig: 21.1a) – Picture Press, Hamburg: 120.2 (ED/CS/Spacex) – Picture-Alliance, Frankfurt: 6.2 (DPPI Media); 105.1 (dpa); 123.1 (dpa/ESA) – Pitopia, Karlsruhe: 23.2a) (Gourmecana) – Porsche AG, Stuttgart: 50.1 – Dr. J. Schlüpmann, Berlin: 121.4 – H.K. Schmidt, Darmstadt: 56.1; 79.2 – Siemens AG, München: 64.1 – Tipler, „Physik“, Spektrum Akademischer Verlag, Heidelberg 1994: 93.2b) – TopicMedia Service, Putzbrunn: 44.2 (blickwinkel/Schlotterbeck); 55.2 (B. Boensch); 121.2c); 124.2 – Tritthart, „Medizinische Physik und Biophysik“, Schattauer, Stuttgart 2001: 101.1; 101.2 – ullstein bild, Berlin: 38.1 (Nowosti); 113.1 (Granger Collection) – Visum, Hamburg: 7.1 (Alfred Buellesbach) – wikimedia.commons: 118.1 (Thomas Robbin); 118.2 (Lumu) – wikipedia.org: 45.2 (D. Monniaux); 46.1 (Y.Coasterman); 55.1 (Nichter85); 65.1a) (A. Mirecki); 83.1a) (Tueftli/Florian Schweidler); 83.2b) (L. Kulik); 118.4 (S. Goldwater); 121.2a) (AxelHH); 121.2b) (Anton); 121.3a) (Buchling); 121.3b) (jjron - John O'Neill); 122.2 (NASA); 122.3 (A. Mokletsov)

1 BEWEGUNGEN UND KRÄFTE

Der Zusammenhang zwischen Bewegung und Kraft wird dann besonders deutlich, wenn Körper in kurzer Zeit auf große Geschwindigkeiten gebracht oder aus großer Geschwindigkeit wieder abgebremst werden. Das geschieht zum Beispiel beim Start eines Flugzeugs (**Abb. 6.1**) oder beim Beschleunigen oder Abbremsen eines Formel-1-Rennwagens (**Abb. 6.2**).

6.1 Um eine Auftriebskraft zu erzeugen, die größer ist als seine Gewichtskraft, wird ein Flugzeug beim Start längs der horizontalen Startbahn auf seine Abhebegeschwindigkeit beschleunigt. Die Düsentriebwerke erzeugen die dafür notwendige Schubkraft.

6.2 Beim Beschleunigen, Abbremsen und Durchfahren der Kurven wirken auf die Rennwagen besonders große Kräfte.

Die Düsentriebwerke eines startenden Flugzeuges stoßen mit hoher Geschwindigkeit Verbrennungsgase aus. Diese nach hinten ausströmenden Gase erzeugen als Gegenreaktion einen Schub, der das Flugzeug nach vorn treibt. Dieses grundlegende Prinzip lässt sich auch beobachten, wenn ein aufgeblasener Luftballon losgelassen wird: Die Luft strömt aus dem Ballon aus, wodurch der Ballon in die entgegengesetzte Richtung beschleunigt wird.
Um einen Formel-1-Rennwagen beim Start zu beschleunigen oder vor einer Kurve abzubremsen, muss ein optimaler Kontakt zwischen den Reifen und der Straße bestehen. Geht dieser Kontakt verloren, so drehen die Räder beim Starten durch oder das Auto rutscht aus der Kurve. Bei diesem Vorgang ist nicht ohne Weiteres ersichtlich, dass es die Fahrbahn ist, die auf das Auto die beschleunigenden oder abbremsenden Kräfte ausübt.

Um die Geschwindigkeit eines Körpers zu ändern, um ihn also zu beschleunigen oder abzubremsen oder seine Richtung zu ändern, werden Kräfte benötigt. Diese Kräfte nimmt ein stehender Passagier in einem anfahrenden, abbremsenden oder um eine Kurve fahrenden Bus unmittelbar wahr, da er sich festhalten muss, um die Geschwindigkeitsänderung des Busses mitzumachen. Noch deutlicher erfahrbar werden diese Kräfte bei einer Fahrt mit der Achterbahn (**Abb. 7.1**). Die Mitfahrer in einem Achterbahnwagen sind zu ihrer Sicherheit angeschnallt, damit sie auch bei waghalsigen Fahrmanövern auf ihren Sitzen gehalten werden.
Ein weiteres Beispiel für das Auftreten von Kräften sind Verkehrsunfälle: Sie führen deutlich vor Augen, dass große Krafteinwirkungen mitunter schlimme Folgen haben können, insbesondere dann, wenn die Geschwindigkeit eines Fahrzeugs innerhalb kürzester Zeit von einer hohen Geschwindigkeit auf null reduziert wird. Fahrzeuginsassen können durch die Kräfte, die beim Zusammenprall mit Fahrzeugteilen auftreten, schwer verletzt werden. Sicherheitsgurte und Airbags (**Abb. 7.2**) sollen diese Unfallfolgen verhindern bzw. abmildern.

Im Alltag kommt es sehr häufig vor, dass durch den gezielten Einsatz von Kräften die Bewegung von Körpern

7.1 Während einer rasanten Achterbahnfahrt erfahren die Insassen bei jeder Bewegungsänderung große Kräfte.

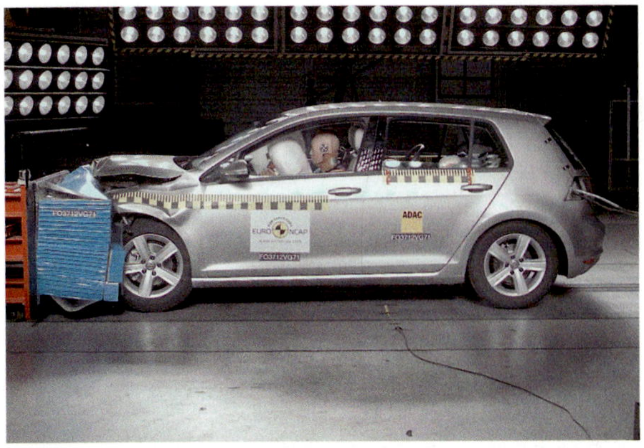

7.2 Ein Crashtest zeigt, dass Airbag und Sicherheitsgurt den Aufprall des Dummys auf das Lenkrad verhindern.

verändert werden soll. Beim Fußball (**Abb. 7.3**) zum Beispiel wird die Bewegung des Balls – das heißt die Größe und die Richtung der Ballgeschwindigkeit – durch geschickte Krafteinwirkungen möglichst so gesteuert, dass der Ball im gegnerischen Tor landet.

Auch während einer Fahrradtour (**Abb. 7.4**) lässt sich körperlich erfahren, dass zum Beschleunigen, zum Abbremsen und besonders zum Überwinden von Steigungen Kraft aufgewendet werden muss. Auf ebener Strecke kommt ein Radfahrer dagegen auch mit einem geringeren Krafteinsatz voran; die aufzuwendende Kraft hängt dann nur von der Rollreibung und vom Windwiderstand ab. Beide wirken der Bewegung entgegen. Übt der Radfahrer keine Kraft auf die Pedale aus, so kommt er zum Stillstand. Wenn er mit konstanter Geschwindigkeit fährt, besteht zwischen den Widerstandskräften (Rollreibung und Windwiderstand) und der Tretkraft des Radfahrers offenbar ein Gleichgewicht.

Beim Tauziehen herrscht ein Gleichgewicht, wenn sich die Seilmitte nicht bewegt, wenn also beide Mannschaften gleich stark am Seil ziehen (**Abb. 7.5**). Ein Gleichgewicht der Kräfte besteht auch, wenn ein Körper gegen seine Gewichtskraft bzw. gegen die Schwerkraft gehalten wird, oder eine Feder bis zu einer bestimmten Länge ausgezogen worden ist. Durch den Vergleich der Gewichtskräfte verschiedener Körper und die Dehnung von Federn auf bestimmte Längen können Kräfte gemessen werden.

Die *Kraft* auf einen Körper ist offenbar mit dessen *Geschwindigkeitsänderung* verknüpft, wobei auch die *Masse* des Körpers eine Rolle spielt. Der englische Physiker Isaac NEWTON (1643–1727) klärte diesen Zusammenhang 1686 in seinem Hauptwerk „*Philosophiae naturalis principia mathematica*" (→ Kap. 5) .

7.3 Ein gezielter Schuss

7.4 Radfahrer haben immer Gegenwind!

7.5 Sind die Mannschaften gleich stark, herrscht beim Tauziehen Kräftegleichgewicht.

1.1 Bewegungen von Körpern

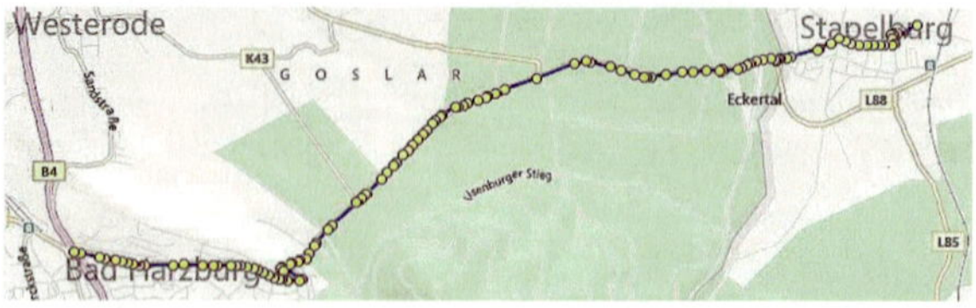

8.1 Messpunkte auf einer Fahrradtour durch den Harz

ID	Position	Zeitpunkt	Δt [s]	L [m]	v [km/h]	H [m]	ΔH [m]	Steig. [%]
0	N51 54.211 E10 40.157	10.06.2012 09:54:00	0	0,00	0,00	239,51	0,00	0,0
1	N51 54.173 E10 40.039	10.06.2012 09:54:06	6	152,24	91,35	236,14	-3,36	-2,2
2	N51 54.171 E10 40.026	10.06.2012 09:54:08	2	15,52	27,94	231,81	-4,33	-27,9
3	N51 54.170 E10 40.017	10.06.2012 09:54:10	2	10,56	19,02	230,37	-1,44	-13,6
4	N51 54.170 E10 40.004	10.06.2012 09:54:13	3	14,70	17,64	227,01	-3,36	-22,9
5	N51 54.170 E10 40.000	10.06.2012 09:54:14	1	4,46	16,07	227,01	0,00	0,0
6	N51 54.167 E10 39.969	10.06.2012 09:54:27	13	35,70	9,88	226,53	-0,48	-1,3
7	N51 54.168 E10 39.973	10.06.2012 09:54:44	17	5,04	1,07	212,11	-14,42	-286,2
8	N51 54.168 E10 39.973	10.06.2012 09:54:45	1	0,00	0,00	213,07	0,96	0,0
9	N51 54.170 E10 39.973	10.06.2012 09:54:51	6	2,45	1,47	215,95	2,88	117,8
10	N51 54.170 E10 39.972	10.06.2012 09:54:53	2	1,51	2,72	217,40	1,44	95,4
11	N51 54.168 E10 39.971	10.06.2012 09:55:03	10	2,84	1,02	220,76	3,36	118,4
12	N51 54.168 E10 39.971	10.06.2012 09:55:08	5	0,00	0,00	222,68	1,92	0,0
13	N51 54.168 E10 39.969	10.06.2012 09:55:14	6	1,51	0,91	224,12	1,44	95,2
14	N51 54.167 E10 39.966	10.06.2012 09:55:33	19	4,98	0,94	228,45	4,33	86,9
15	N51 54.167 E10 39.966	10.06.2012 09:55:34	1	0,00	0,00	228,45	0,00	0,0
16	N51 54.168 E10 39.967	10.06.2012 09:56:36	62	2,75	0,16	229,89	1,44	52,5
17	N51 54.163 E10 39.955	10.06.2012 09:57:33	57	16,29	1,03	230,37	0,48	3,0
18	N51 54.148 E10 39.960	10.06.2012 09:57:39	6	29,32	17,59	229,89	-0,48	-1,6
19	N51 54.121 E10 39.982	10.06.2012 09:57:49	10	56,12	20,20	230,85	0,96	1,7
20	N51 54.116 E10 39.964	10.06.2012 09:57:54	5	22,74	16,37	229,41	-1,44	-6,3
21	N51 54.116 E10 39.903	10.06.2012 09:58:05	11	70,75	23,15	226,53	-2,88	-4,1
22	N51 54.116 E10 39.864	10.06.2012 09:58:14	9	44,17	17,67	226,53	0,00	0,0
23	N51 54.117 E10 39.812	10.06.2012 09:58:35	21	59,05	10,12	226,53	0,00	0,0
24	N51 54.118 E10 39.770	10.06.2012 09:58:48	13	48,69	13,48	227,97	1,44	3,0
25	N51 54.116 E10 39.706	10.06.2012 09:59:00	12	73,86	22,16	228,45	0,48	0,7
26	N51 54.121 E10 39.644	10.06.2012 09:59:10	10	71,38	25,70	228,45	0,00	0,0

8.2 Die Positionen (geografische Länge und Breite) zu verschiedenen Zeitpunkten bei der Fahrradtour von **Abb. 8.1**

Position	P_{17}	P_{18}	P_{19}	P_{20}	P_{21}	P_{22}
t **in s**	0	6	16	21	32	41
s **in m**	0	29,3	85,4	108,2	178,9	223,1
$\overline{v}$ in m/s	4,89	5,61	4,56	6,43	4,91	

Position	P_{22}	P_{23}	P_{24}	P_{25}	P_{26}
t **in s**	41	62	75	87	97
s **in s**	223,1	282,1	330,8	403,9	475,3
$\overline{v}$ in m/s	2,81	3,75	6,09	7,14	

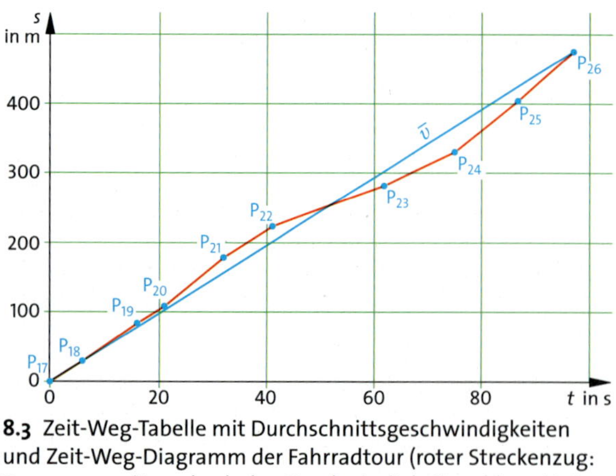

8.3 Zeit-Weg-Tabelle mit Durchschnittsgeschwindigkeiten und Zeit-Weg-Diagramm der Fahrradtour (roter Streckenzug: Bewegung mit wechselnden Geschwindigkeiten; blaue Linie: Bewegung mit konstanter Geschwindigkeit)

In der Realität ablaufende Bewegungen sind meist recht kompliziert. Sie lassen sich nur mit großem mathematischen Aufwand in allen Einzelheiten beschreiben. In diesem Kapitel werden die Größen zur quantitativen Beschreibung von Bewegungen eingeführt sowie die Gesetzmäßigkeiten einfacher Bewegungsformen behandelt. Viele konkret ablaufende Bewegungen lassen sich auf diese Grundformen zurückführen und mit ihrer Hilfe erklären oder vorhersagen.

1.1.1 Beschreibung von Bewegungen

Bewegungen von Körpern sind stets nur relativ zu anderen Körpern wahrnehmbar. Zu ihrer Beschreibung wird ein geeignetes *Bezugssystem* gewählt. Bei einer Fahrradtour ist dieses Bezugssystem sinnvollerweise die Erde. Während der Fahrt werden mithilfe eines GPS-Empfängers in einem Navigationsgerät an bestimmten Punkten (**Abb. 8.1**) die Koordinaten des Ortes (geografische Länge und Breite) sowie der Zeitpunkt der Messung bestimmt. Die ersten drei Spalten von **Tab. 8.2** geben die Nummer der Messung, die Position (den Standort) und den Messzeitpunkt wieder.

In der Physik wird unter der **Bewegung** eines Körpers die Veränderung seines Ortes mit der Zeit relativ zu einem **Bezugssystem** (Koordinatensystem) verstanden.

Die Spalten 4 und 5 von **Tab. 8.2** enthalten die zwischen zwei aufeinanderfolgenden Messungen verstrichene Zeit $\Delta t = t_2 - t_1$ und den in dieser Zeitspanne zurückgelegten Weg $\Delta s = s_2 - s_1$, aus dem in Spalte 6 die **Durchschnittsgeschwindigkeit** $\overline{v} = \Delta s / \Delta t$ (*velocitas*, lat.: Geschwindigkeit) berechnet wird.

Der Zusammenhang zwischen der *Zeit t* (*tempus*, lat.: Zeit) und dem in dieser Zeit zurückgelegten *Weg s* (*spatium*, lat.: Weg) wird in einer *Zeit-Weg-Tabelle* zusammengefasst und in einem **Zeit-Weg-Diagramm** grafisch dargestellt (**Abb. 8.3**). Die Abbildung zeigt den Abschnitt der Fahrradtour zwischen dem 17. und dem 26. Messwert (Position P_{17} bis P_{26}). Der Position P_{17} wird der Zeitpunkt $t = 0$ zugeordnet. Die grafische Darstellung der Messwerte, also die Zeichnung der Punkte $P_k(t_k; s_k)$, wird ergänzt durch einen Streckenzug, der die Messpunkte miteinander verbindet; er zeigt den Verlauf der Fahrt auch an solchen Stellen, für die keine Messwerte vorliegen. Je kleiner die Zeitintervalle zwischen den Messpunkten sind, umso mehr entspricht diese **Zeit-Weg-Kurve** dem tatsächlichen Verlauf der Fahrt.

Die Punkte liegen nicht auf einer Geraden. Das liegt daran, dass die Geschwindigkeit während der Fahrt nicht konstant war. Diese Tatsache lässt sich auch aus der Spalte 6 von **Tab. 8.2** ablesen. So wird von P_{17} bis P_{22} im Zeitintervall $\Delta t = 41$ s ein Weg $\Delta s = 223{,}1$ m zurückgelegt, woraus sich eine Durchschnittsgeschwindigkeit von $\overline{v} = 223{,}1$ m/41,0 s ≈ 5,44 m/s ≈ 19,6 km/h ergibt, während von P_{22} bis P_{24} im Zeitintervall $\Delta t = 34$ s eine Strecke $\Delta s = 107{,}7$ m mit einer Durchschnittsgeschwindigkeit $\overline{v} = 107{,}7$ m/34,0 s ≈ 3,2 m/s ≈ 11,4 km/h durchfahren wird. Entsprechend verläuft der Graph in **Abb. 8.3** zwischen 0 und 41 s steiler als zwischen 41 s und 75 s. Die Durchschnittsgeschwindigkeit $\overline{v}$ zwischen zwei Positionen P_n und P_m stimmt mit der Steigung der Gerade durch die Punkte P_n und P_m in der Zeit-Weg-Kurve überein.

Ein Fahrradtachometer zeigt zu jedem Zeitpunkt die momentane Geschwindigkeit des Fahrrades an. Diese **Momentangeschwindigkeit** v ändert sich in der Regel von Zeitpunkt zu Zeitpunkt und weicht von der durchschnittlichen Geschwindigkeit ab. Je kleiner das der Durchschnittsgeschwindigkeit zugrunde liegende Zeitintervall Δt ist, umso größer ist zu jedem Zeitpunkt dieses Zeitintervalls die Übereinstimmung zwischen Momentan- und Durchschnittsgeschwindigkeit. Geometrisch gibt die Momentangeschwindigkeit die Steigung der *Tangente* in einem Punkt der Zeit-Weg-Kurve an (die Tangente ist die Gerade, die die Kurve in diesem Punkt berührt).

> Legt ein Körper in der Zeit von t_1 bis t_2 den Weg von s_1 nach s_2 zurück, so ist seine **Durchschnittsgeschwindigkeit** $\overline{v}$ der Quotient aus dem zurückgelegten Weg $\Delta s = s_2 - s_1$ und der dafür benötigten Zeit $\Delta t = t_2 - t_1$:
>
> $$\overline{v} = \frac{\Delta s}{\Delta t}$$
>
> Je kürzer die Zeitspanne Δt ist, umso genauer stimmt diese Durchschnittsgeschwindigkeit mit der **Momentangeschwindigkeit** $v(t)$ des Körpers zu einem Zeitpunkt t zwischen t_1 und t_2 überein.

Im Folgenden ist mit der **Geschwindigkeit** $\boldsymbol{v = v(t)}$ eines Körpers immer seine Momentangeschwindigkeit zum Zeitpunkt t gemeint, die als Durchschnittsgeschwindigkeit in einem möglichst kleinen Zeitintervall, das den Zeitpunkt t enthält, bestimmt wird.
Die *Geschwindigkeit* v ist eine **abgeleitete Größe**, deren Einheit sich aus den Einheiten der **Grundgrößen** *Weg* s und *Zeit* t ergibt: $[v] = [s]/[t] = 1$ m/1 s = 1 m/s.

Für die Umrechnung in die Einheit km/h gilt:

$$1\,\frac{\text{m}}{\text{s}} = 3{,}6\,\frac{\text{km}}{\text{h}} \quad \text{bzw.} \quad 1\,\frac{\text{km}}{\text{h}} = \frac{1}{3{,}6}\,\frac{\text{m}}{\text{s}}$$

Methode

Zeit-Geschwindigkeit-Diagramme

Neben den Zeit-Weg-Diagrammen enthalten auch die Zeit-Geschwindigkeit-Diagramme wichtige Informationen über eine Bewegung.

In **Zeit-Geschwindigkeit-Diagrammen** wird über jedem Zeitpunkt t die Geschwindigkeit $v(t)$ des Körpers aufgetragen. Registriert ein Tachometer ständig die Geschwindigkeit, wie es z. B. Fahrtenschreiber in Lastwagen oder Bussen tun, so lässt sich direkt das t-v-Diagramm erstellen. Wird jedoch die Geschwindigkeit als Durchschnittsgeschwindigkeit über einem (kleinen) Zeitintervall bestimmt (**Abb. 8.3**), so ist zunächst nicht klar, zu welchem Zeitpunkt des Zeitintervalls der Körper die berechnete Geschwindigkeit hat. Wird diese Geschwindigkeit allen Zeitpunkten des Zeitintervalls zugeordnet, so wird das Zeit-Geschwindigkeit-Diagramm eine treppenförmige Zeit-Geschwindigkeit-Kurve (blau im folgenden Diagramm).

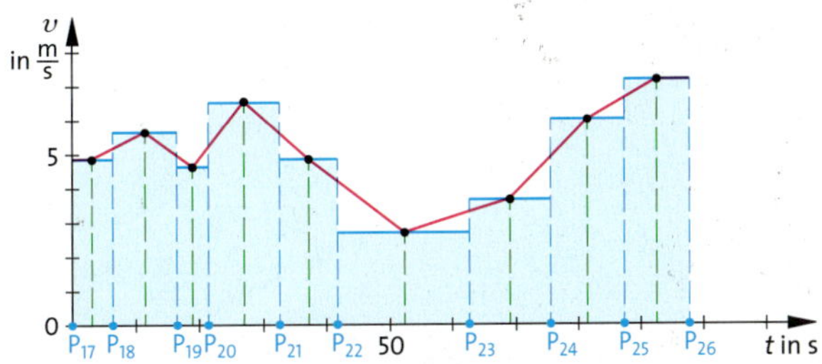

Dass diese Kurve nicht den tatsächlichen Geschwindigkeitsverlauf wiedergibt, zeigen die „spontanen" Sprünge an den Positionen P_k. Je kleiner die Zeitintervalle ausfallen, um so genauer entsprechen die Geschwindigkeitswerte den tatsächlichen Momentangeschwindigkeiten und die Treppenfunktion nähert sich immer mehr einer kontinuierlichen Linie an.

In einem Zeit-Geschwindigkeit-Diagramm wird die in einem Zeitintervall gemessene Durchschnittsgeschwindigkeit willkürlich dem Mittelpunkt des Zeitintervalls als momentane Geschwindigkeit zugeordnet. Die Zeit-Geschwindigkeit-Kurve entsteht dann durch Verbinden dieser Werte (rote Kurve).

Aus dem Zeit-Geschwindigkeit-Diagramm lässt sich der in einer Zeitspanne Δt zurückgelegte Weg Δs rekonstruieren: Die Gleichung $\Delta s = v\,\Delta t$ zeigt, dass der im Diagramm blau dargestellte Inhalt der Rechteckfläche über dem Zeitintervall Δt dem in dieser Zeit zurückgelegten Weg Δs entspricht. Umfasst die Zeitspanne Δt mehrere Teilintervalle, so entspricht der Gesamtweg Δs der Summe der Rechteckflächeninhalte unter der Zeit-Geschwindigkeit-Kurve. Werden die Teilintervalle immer kleiner, so nähern sich im Diagramm die Inhalte der Rechteckflächen dem Inhalt der Fläche unter der roten Zeit-Geschwindigkeit-Kurve an. Diese Fläche gibt dann den in der Zeit zurückgelegten Weg wieder.

Die Darstellung einer physikalischen Größe (hier des Weges) als Inhalt einer Fläche unter einer Kurve verwandter physikalischer Größen (hier der Zeit-Geschwindigkeit-Kurve) wird in der Physik oft verwendet, da die Bestimmung des Flächeninhaltes häufig mit einfachen geometrischen Mitteln möglich ist.

1.1.2 Geradlinige Bewegungen mit konstanter Geschwindigkeit

Die einfachste Form der Bewegung eines Körpers ist diejenige mit konstanter Geschwindigkeit, bei der zu jedem Zeitpunkt Durchschnitts- und Momentangeschwindigkeit übereinstimmen. Eine solche Bewegung kann nur verwirklicht werden, wenn sich alle äußeren Kräfte, die auf den Körper einwirken und zu denen insbesondere Reibungskräfte gehören, gegenseitig aufheben.

10.1 Die Mehrfachbelichtung zeigt eine Frau, die sich auf einer Rolltreppe geradlinig und mit konstanter Geschwindigkeit aufwärts bewegt.

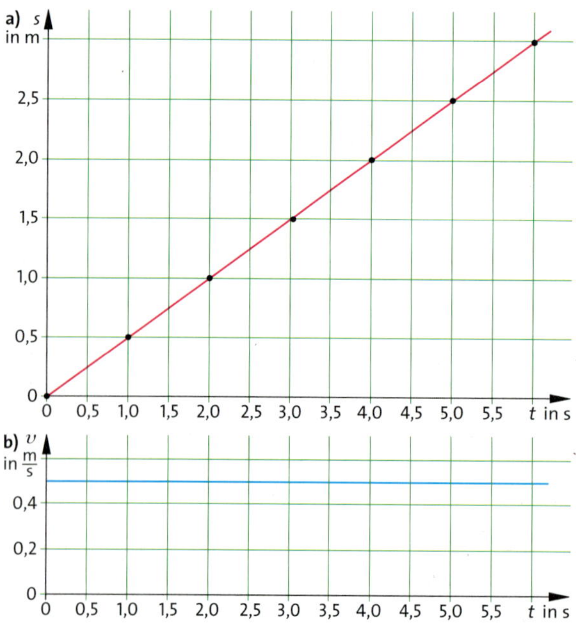

10.2 a) Zeit-Weg-Diagramm; **b)** Zeit-Geschwindigkeit-Diagramm der Bewegung auf der Rolltreppe

Versuch 1: Eine Frau fährt auf einer Rolltreppe aufwärts. **Abb. 10.1** zeigt in Form einer Mehrfachbelichtung die Positionen der Frau zu unterschiedlichen Zeitpunkten. Der zeitliche Abstand zwischen den einzelnen Aufnahmen beträgt $\Delta t = 1$ s.
Die Positionen werden durch Punkte auf einer Koordinatenachse parallel zur Bewegungsrichtung der Frau markiert. Aus dem Vergleich der tatsächlichen Länge mit der abgebildeten Länge der Rolltreppe lässt sich der Maßstab für die realen Wegstrecken ermitteln. Zur Auswertung wird die erste Marke als Nullpunkt der Messung gewählt und die Werte für den Weg mit einem Lineal bestimmt.
Ergebnis: Im Zeit-Weg-Diagramm (**Abb. 10.2 a**) liegen die Messpunkte auf einer Geraden, deren Steigung $\Delta s / \Delta t = v$ den konstanten Wert 0,5 m/s hat. Die Durchschnittsgeschwindigkeit $\overline{v}$ in jedem Zeitintervall stimmt mit der Durchschnittsgeschwindigkeit auf dem Gesamtintervall überein: 3,00 m / 6 s = 0,5 m/s = 1,8 km/h. Die Bewegung erfolgt also geradlinig mit konstanter Geschwindigkeit $v(t) = \overline{v}$. Alle auf die Frau wirkenden Kräfte werden durch die Rolltreppe ausgeglichen. Die abbremsend wirkenden Reibungskräfte auf den Rolltreppenkörper und die Hangabtriebskraft werden durch die von den Elektromotoren der Rolltreppe erzeugten Kräfte kompensiert. ◄

Eine Bewegung heißt **geradlinig gleichförmig**, wenn sich weder der Betrag noch die Richtung ihrer Geschwindigkeit ändern.

Die Geschwindigkeit der Rolltreppe in Versuch 1 lässt sich in einem Zeit-Geschwindigkeit-Diagramm darstellen (**Abb. 10.2. b**). Da die Bewegung geradlinig gleichförmig verläuft, ist die Zeit-Geschwindigkeit-Kurve eine Parallele zur t-Achse. Die Geschwindigkeit hat einen konstanten Wert v.

Mathematisch lässt sich eine geradlinig gleichförmige Bewegung besonders einfach beschreiben. Da die Bewegung geradlinig verläuft, wird der Weg s längs einer Koordinatenachse parallel zur Bewegungsrichtung des Körpers bestimmt. Startet die Bewegung des Körpers mit der konstanten Geschwindigkeit v zum Zeitpunkt $t_0 = 0$ an der Stelle $s_0 = 0$, so wird in der Zeit t der Weg $s(t) = v\,t$ zurückgelegt. Allgemeiner gilt:

Bewegt sich ein Körper, der sich zum Zeitpunkt $t_0 = 0$ an der Stelle $s_0 = s(0)$ aufhält, geradlinig gleichförmig mit der Geschwindigkeit v, so lauten
das **Zeit-Weg-Gesetz** $s(t) = s_0 + v\,t$,
das **Zeit-Geschwindigkeit-Gesetz** $v(t) = v$,
wobei s_0 der Weg zum Zeitpunkt $t = 0$ ist.

Positive oder negative Geschwindigkeit

Durch die Festlegung einer Koordinatenachse, auf die die geradlinige Bewegung bezogen werden soll, ist eine bestimmte Richtung vorgegeben. Befindet sich ein Körper zum Zeitpunkt t_1 am Ort s_1 und zu einem *späteren* Zeitpunkt t_2 $(t_2 > t_1)$ am Ort s_2, so ist die Geschwindigkeit durch

$$v = \overline{v} = \frac{s_2 - s_1}{t_2 - t_1}$$

gegeben. Eine *Vorwärtsbewegung* (bezogen auf die Koordinatenrichtung) liegt vor, wenn $s_2 > s_1$ ist. In diesem Fall ist die Geschwindigkeit v *positiv*. Ist jedoch $s_2 < s_1$, so liegt eine *Rückwärtsbewegung* vor und die Geschwindigkeit v ist *negativ*. Das Vorzeichen der Geschwindigkeit gibt damit Auskunft über die *Bewegungsrichtung* bezogen auf das festgelegte Bezugssystem.

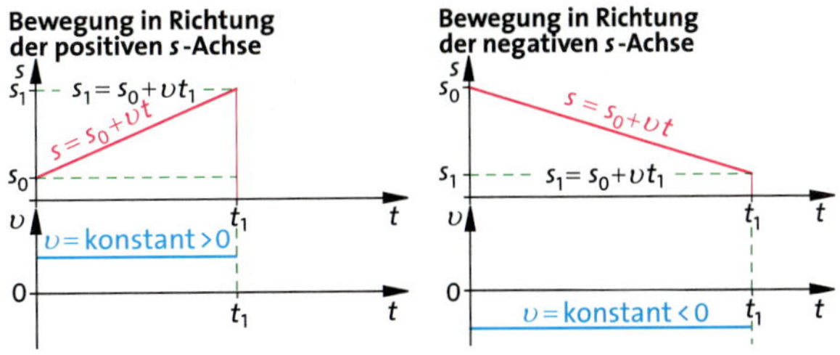

Bewegt sich ein Körper in einem linearen Bezugssystem in der Zeit von t_1 bis t_2 $(t_2 > t_1)$ vom Ort s_1 zu einem Ort s_2, so erfolgt die Bewegung mit **positiver** Geschwindigkeit (**vorwärts**), wenn $s_2 > s_1$ ist, und mit **negativer** Geschwindigkeit (**rückwärts**), wenn $s_2 < s_1$ ist.
Das Zeit-Weg-Gesetz der geradlinig gleichförmigen Bewegung hat in beiden Fällen die gleiche Form.

Aufgaben

1. Fahren Sie mit einem Fahrrad eine möglichst ebene Straße entlang.
a) Entwerfen Sie verschiedene Messverfahren, mit denen Sie die Geschwindigkeit der Bewegung bestimmen können.
b) Versuchen Sie, möglichst genau eine geradlinig gleichförmige Bewegung auszuführen. Beschreiben Sie Ihre Beobachtungen.

2. Ein Messwagen mit Elektroantrieb fährt auf einer waagerecht aufgebauten Fahrbahn (**Abb. a**). Seine Bewegung wird durch Funkenmarken auf einem Spezialpapier aufgezeichnet (**Abb. b**). Die Funken folgen im zeitlichen Abstand von $\Delta t = 0{,}1$ s aufeinander.

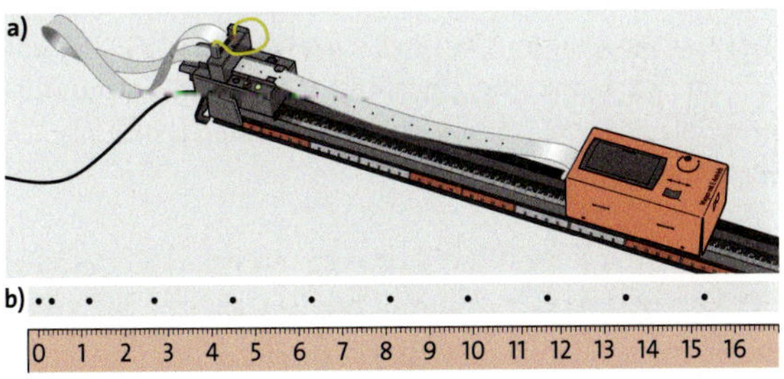

a) Untersuchen Sie die Bewegung des Messwagens, indem Sie eine Messtabelle aufstellen, das Zeit-Weg-Diagramm und das Zeit-Geschwindigkeit-Diagramm zeichnen.
b) Diskutieren Sie die Bewegungsphasen des Messwagens, indem Sie insbesondere untersuchen, ob sich der Messwagen irgendwann geradlinig gleichförmig bewegt.

3. Ein Lastwagen startet in A um 9:00 Uhr und fährt mit der Geschwindigkeit $v_1 = 50$ km/h zum 80 km entfernten Ort B. 30 Minuten später startet ein zweiter Lastwagen mit der Geschwindigkeit $v_2 = 78$ km/h von B aus nach A.
a) Bestimmen Sie Zeit und Ort der Begegnung.
b) Zeichnen Sie das Zeit-Weg-Diagramm und lösen Sie die Aufgabe auch grafisch.

4. Zu einer geradlinigen Bewegung gehört das folgende Zeit-Weg-Diagramm.

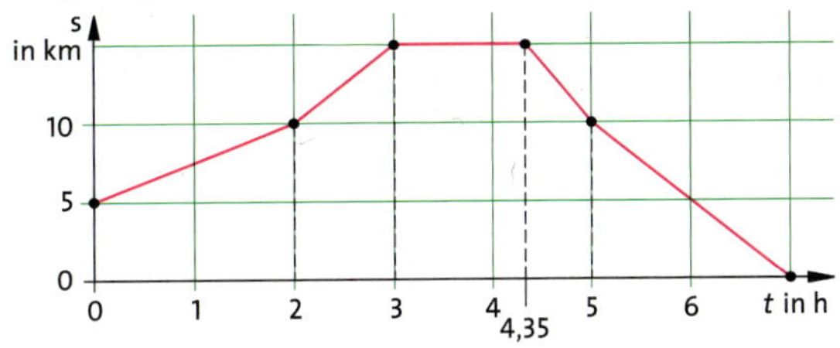

a) Bestimmen Sie die Geschwindigkeiten für die fünf Bewegungsabschnitte.
b) Zeichnen Sie das Zeit-Geschwindigkeit-Diagramm.

5. Zwei Fahrzeuge fahren auf einer Straße. Ihre Bewegung wird durch das folgende Zeit-Weg-Diagramm wiedergegeben.

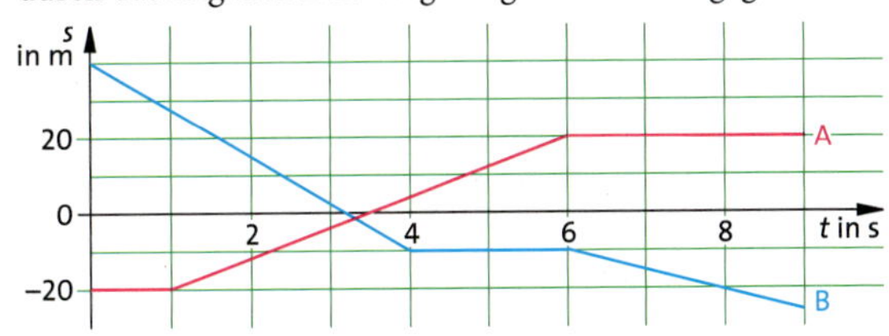

a) Interpretieren Sie das Diagramm und erläutern Sie die Bedeutung des Schnittpunktes.
b) Bestimmen Sie die Geschwindigkeiten der Fahrzeuge in den einzelnen Bewegungsphasen und zeichnen Sie das zugehörige Zeit-Geschwindigkeit-Diagramm.

6. Der Stunden- und der Minutenzeiger einer Uhr stehen um 12:00 Uhr mittags exakt übereinander. In jeder weiteren Stunde wiederholt sich das Übereinanderstehen der Zeiger. Ermitteln Sie grafisch und rechnerisch die weiteren Zeitpunkte der „Treffen“ von Stunden- und Minutenzeiger.

1.1.3 Geradlinige Bewegungen mit konstanter Beschleunigung

Viele Bewegungen laufen unter ständiger Veränderung der Geschwindigkeit ab. Anfahr- oder Bremsvorgänge sind Beispiele für solche Bewegungsänderungen. Sie sind stets auf die Wirkung von Kräften zurückzuführen. Ein anfahrender Wagen überträgt durch die Reibung zwischen Reifen und Straße die vom Motor gelieferte Kraft auf die Straße. Die Straße übt ihrerseits, wiederum durch die Reibung, eine gleich große Kraft auf den Wagen aus. Das führt dazu, dass der Wagen seine Geschwindigkeit verändert. „Der Wagen stößt sich an der Straße ab.“

Ändert ein Körper in der Zeit von t_1 bis t_2 seine Geschwindigkeit von v_1 nach v_2, so ist dessen **Durchschnittsbeschleunigung** $\overline{a}$ der Quotient aus der Geschwindigkeitsänderung $\Delta v = v_2 - v_1$ und der dafür benötigten Zeit $\Delta t = t_2 - t_1$:

$$\overline{a} = \frac{\Delta v}{\Delta t} = \frac{v_2 - v_1}{t_2 - t_1}$$

Je kürzer die Zeitspanne Δt ist, umso genauer stimmt die Durchschnittsbeschleunigung mit der **momentanen Beschleunigung** $a(t)$ des Körpers zu einem Zeitpunkt t zwischen t_1 und t_2 überein.

Wie die Geschwindigkeit ist auch die *Beschleunigung* eine abgeleitete Größe; ihre Einheit ergibt sich aus den Einheiten für die *Geschwindigkeit* und die *Zeit*:
$[a] = [v]/[t] = 1\ \text{m/s} / 1\ \text{s} = 1\ \text{m/s}^2$.
Die Beschleunigung eines Körpers beträgt $1\ \text{m/s}^2$, wenn sich seine Geschwindigkeit in 1 s um 1 m/s ändert.

Ein einfacher aber wichtiger Spezialfall solcher beschleunigten Bewegungen liegt vor, wenn sich die Geschwindigkeit proportional zur Zeit ändert: $v = a\,t$. Die Durchschnittsbeschleunigung stimmt dann zu jedem Zeitpunkt mit der Momentanbeschleunigung überein:

$$\overline{a} = \frac{v_2 - v_1}{t_2 - t_1} = \frac{a\,t_2 - a\,t_1}{t_2 - t_1} = a$$

Versuch 1: Ein Körper gleitet auf einer geneigten Luftkissenfahrbahn hinab. Die Bewegung wird mittels einer Videoanalyse ausgewertet (→ Methode S. 14).
Ergebnis: Das Zeit-Geschwindigkeit-Diagramm in **Abb. 12.2c)** zeigt, dass sich die Geschwindigkeit mit der Zeit verändert. Die Messpunkte liegen auf einer Geraden, deren Steigung $\Delta v/\Delta t = a$ den konstanten Wert $0{,}7\ \text{m/s}^2$ hat. Die Geschwindigkeit v nimmt also während der Zeitspanne Δt gleichmäßig um $\Delta v = a\,\Delta t$ zu. Für diese Geschwindigkeitsänderung ist eine Kraft verantwortlich, die den Gleiter längs der Fahrbahn nach „unten“ zieht. Diese sogenannte *Hangabtriebskraft* ist eine Komponente der Gewichtskraft des Gleiters (→ Methode S. 25). ◂

Eine geradlinige Bewegung heißt **gleichmäßig beschleunigt,** wenn sich weder der Betrag noch die Richtung ihrer Beschleunigung ändert.

Startet die gleichmäßig beschleunigte Bewegung zum Zeitpunkt 0 aus der Ruhe ($v = 0$) heraus, so lässt sich mathematisch aus dem Inhalt der Dreiecksfläche unter der Zeit-Geschwindigkeit-Kurve der bis zum Zeitpunkt t_1 zurückgelegte Weg s bestimmen **(Abb 12.1 c)**:

$$s(t) = \tfrac{1}{2} v(t_1)\,t_1 = \tfrac{1}{2}(a\,t_1)\,t_1 = \tfrac{1}{2} a\,t_1^2$$

Das aus der Messung in Versuch 1 gewonnene Zeit-Weg-Diagramm bestätigt diesen Zusammenhang.

Bewegt sich ein Körper, der sich zum Zeitpunkt $t = 0$ am Ort $s = 0$ befindet und die Anfangsgeschwindigkeit $v = 0$ hat, gleichmäßig beschleunigt mit der Beschleunigung a, so lauten

das **Zeit-Weg-Gesetz** $s(t) = \tfrac{1}{2} a\,t^2$,

das **Zeit-Geschwindigkeit-Gesetz** $v(t) = a\,t$.

a)
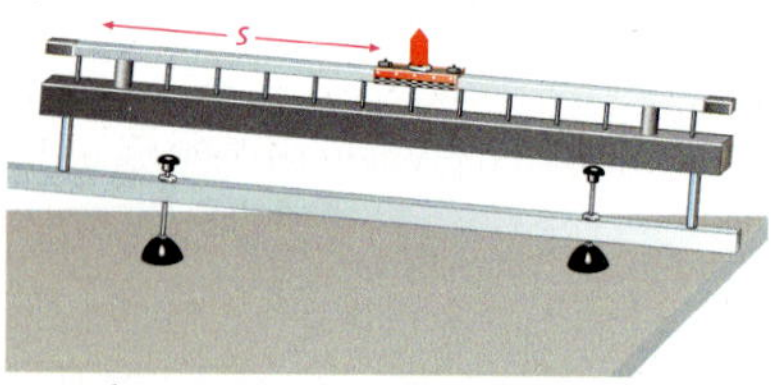

b)
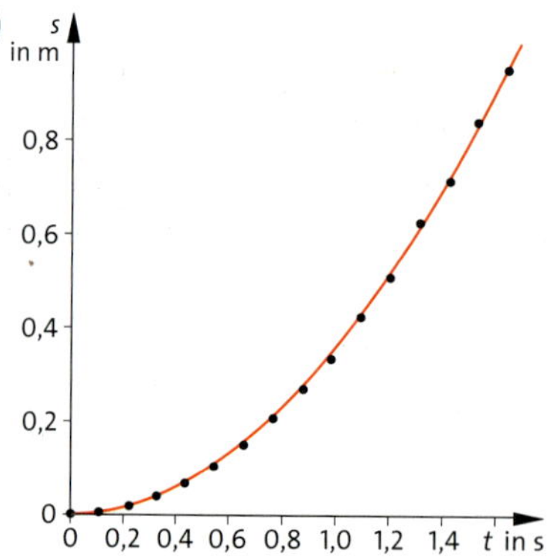

c)
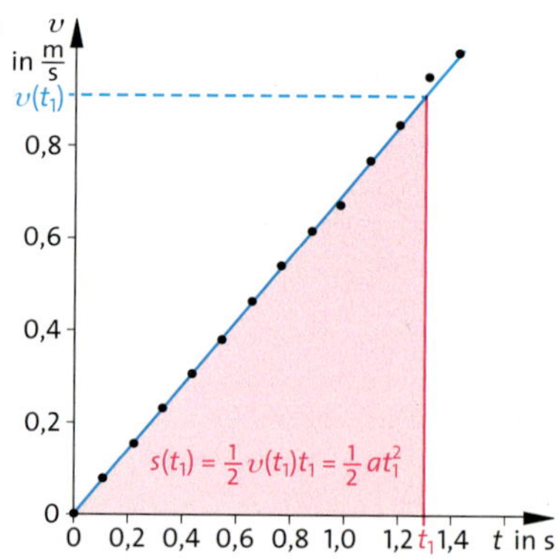

12.1 a) Ein Gleiter bewegt sich auf einer geneigten Luftkissenfahrbahn geradlinig mit konstanter Beschleunigung. **b)** Zeit-Weg-Diagramm; **c)** Zeit-Geschwindigkeit-Diagramm (der rosa Flächeninhalt repräsentiert den zurückgelegten Weg)

Bewegt sich ein Körper, der sich zum Zeitpunkt $t = 0$ am Ort s_0 befindet und dort die Anfangsgeschwindigkeit v_0 hat, gleichmäßig beschleunigt mit der konstanten Beschleunigung a, so gelten für eine geradlinig gleichmäßig beschleunigte Bewegung folgende allgemeine Gesetze:

Zeit-Weg-Gesetz $s(t) = s_0 + v_0 t + \frac{1}{2} a t^2$

Zeit-Geschwindigkeit-Gesetz $v(t) = v_0 + a t$

Zeit-Beschleunigung-Gesetz $a(t) = a$

Positive oder negative Beschleunigung

Durch die Festlegung einer Koordinatenachse, auf die sich die beschleunigte Bewegung bezieht, ist eine bestimmte Richtung vorgegeben. Bewegt sich ein Körper zum Zeitpunkt t_1 mit der Geschwindigkeit v_1 und zu einem späteren Zeitpunkt t_2 $(t_2 > t_1)$ mit der Geschwindigkeit v_2, so wird die Beschleunigung durch

$$a = \bar{a} = \frac{v_2 - v_1}{t_2 - t_1}$$

bestimmt. Ist $v_2 > v_1$ – wird die Geschwindigkeit also größer – so ist die Beschleunigung *a positiv*. Ist $v_2 < v_1$ – nimmt die Geschwindigkeit also ab – so ist die Beschleunigung *a negativ*. *Bremsvorgänge* sind demnach beschleunigte Bewegungen mit *negativer* Beschleunigung. Das Vorzeichen der Beschleunigung gibt Auskunft darüber, ob die Geschwindigkeit, mit der sich ein Körper bewegt, zu- oder abnimmt.

Die geradlinig gleichmäßig beschleunigte Bewegung eines Körpers erfolgt in einem linearen Bezugsystem mit positiver Beschleunigung, wenn sich seine Geschwindigkeit erhöht, und mit negativer, wenn sich seine Geschwindigkeit verringert. Bremsen ist ein Vorgang mit negativer Beschleunigung.
Das Zeit-Weg-Gesetz, das Zeit-Geschwindigkeit-Gesetz und das Zeit-Beschleunigung-Gesetz der geradlinig gleichmäßig beschleunigten Bewegung sind in beiden Fällen gültig.

Bremsweg

Der Bremsweg s_B einer Bewegung mit negativer Beschleunigung $a < 0$ aus der Anfangsgeschwindigkeit v ist ebenso lang wie die Strecke, auf der das Fahrzeug aus der Ruhe mit der Beschleunigung $a > 0$ auf die Geschwindigkeit v beschleunigt wird.
Aus $s(t) = \frac{1}{2} a t^2 = s_B$ und $v(t) = a t = v$ folgt für den Bremsweg:

$$s_B = \frac{v^2}{2|a|}$$

Aufgaben

1. Ein Auto wird aus dem Stand in 10,2 s auf eine Geschwindigkeit von 100 km/h konstant beschleunigt und nach einem Bremsweg von 96 m wieder zum Stehen gebracht.
   a) Berechnen Sie die beiden Beschleunigungen.
   b) Bestimmen Sie den Weg beim Anfahren und die Zeit beim Bremsen.
2. Die folgende Tabelle zeigt die Werte eines Fahrbahnversuchs.

t in s	0,0	0,2	0,4	0,6	0,8	1,0	1,2	1,4	1,6	1,8	2,0
s in cm	3,2	4,5	8,4	14,8	23,8	35,4	49,6	65,1	80,6	96,0	111,5

   a) Zeichnen Sie das Zeit-Weg-Diagramm.
   b) Berechnen Sie die Durchschnittsgeschwindigkeiten und zeichnen Sie das zugehörige Zeit-Geschwindigkeit-Diagramm. Tragen Sie dazu die Geschwindigkeiten in den Mitten der Zeitintervalle auf (→ Methode S. 9).
   c) Beschreiben und charakterisieren Sie die Bewegung.
   d) Bestimmen Sie die Durchschnittsbeschleunigung in der ersten Sekunde.
3. Ein Körper bewegt sich mit der konstanten Beschleunigung $a = -3\ \mathrm{m/s^2}$. Zu Beginn hat er die Ausgangslage $s_0 = 24$ m und die Anfangsgeschwindigkeit $v_0 = 6$ m/s.
   a) Stellen Sie das Zeit-Weg-, das Zeit-Geschwindigkeit- und das Zeit-Beschleunigung-Gesetz auf.
   b) Berechnen Sie, wann und wo der Körper umkehrt.
   c) Berechnen Sie, wann er die Ausgangslage erreicht.
   d) Zeichnen Sie das Zeit-Weg-, das Zeit-Geschwindigkeit- und das Zeit-Beschleunigung-Diagramm.
4. Zu einer geradlinigen Bewegung gehört das Zeit-Geschwindigkeit-Diagramm der folgenden Abbildung:

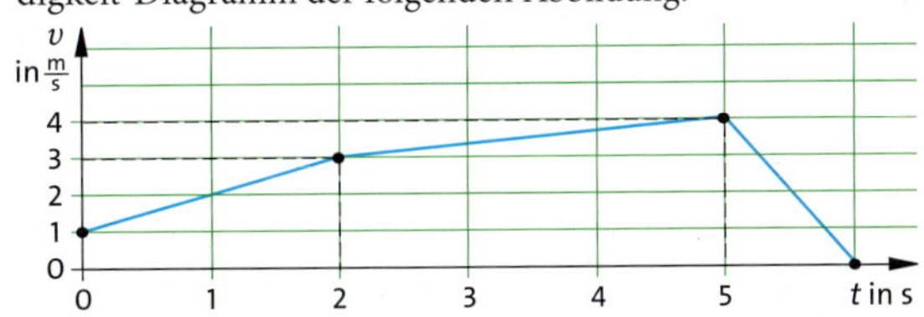

   a) Berechnen Sie für die drei Intervalle die Beschleunigungen und zeichnen Sie das zugehörige Zeit-Beschleunigung-Diagramm.
   b) Geben Sie die drei Bewegungsgesetze an.
   c) Berechnen Sie die zurückgelegten Teilwege und den Gesamtweg.
5. Zeichnen Sie für die folgenden Bewegungen jeweils ein Zeit-Weg-, ein Zeit-Geschwindigkeit- und ein Zeit-Beschleunigung-Diagramm.
   a) Ein Körper bewegt sich mit konstanter Bremsbeschleunigung a auf einen Punkt R zu, wo er zum Stillstand kommt; dann entfernt er sich sofort mit der konstanten Beschleunigung $-2\,a$ in gleicher Richtung von R weg.
   b) Ein Körper bewegt sich mit konstanter negativer Beschleunigung $a < 0$ von einem Punkt A weg. (*Hinweis*: Überlegen Sie, wie diese Bewegung abläuft, wenn sie sich über einen sehr langen Zeitraum erstreckt.)

Methode

Messwerterfassung und -auswertung durch Videoanalyse und Tabellenkalkulation

Mithilfe moderner Videoanalyse-Programme lassen sich aus digitalen Videos Ortsangaben für unterschiedliche Zeitpunkte der Bewegung eines Körpers erfassen. Zunächst muss dazu ein digitales Video der Bewegung aufgenommen werden. Hierzu genügt schon ein gutes Fotohandy oder eine Digitalkamera mit Videofunktion. Bei der Aufnahme des Videos sind Verzerrungen und Schrägaufnahmen zu vermeiden und es muss ein Bezugsobjekt bekannter Größe aufgenommen werden, um anschließend die Bildpositionen in reale Ortskoordinaten umrechnen zu können. Aus der Anzahl der pro Sekunde von der Kamera aufgezeichneten Bilder (engl.: frames) lässt sich der zur abgebildeten Position gehörige Zeitpunkt bestimmen. Das Verfahren der Videoanalyse bietet sich besonders für schnell ablaufende und experimentell sonst nur schwierig erfassbare Bewegungen an.

Als Beispiel wird die Bewegung des Gleiters auf der geneigten Luftkissenfahrbahn aus dem Versuch auf Seite 12 aufgezeichnet. Nachdem der Koordinatenursprung durch Anklicken festgelegt wurde, werden nun Bild für Bild die Ortskoordinaten des bewegten Körpers durch Anklicken bestimmt und der zugehörigen Zeit zugeordnet.

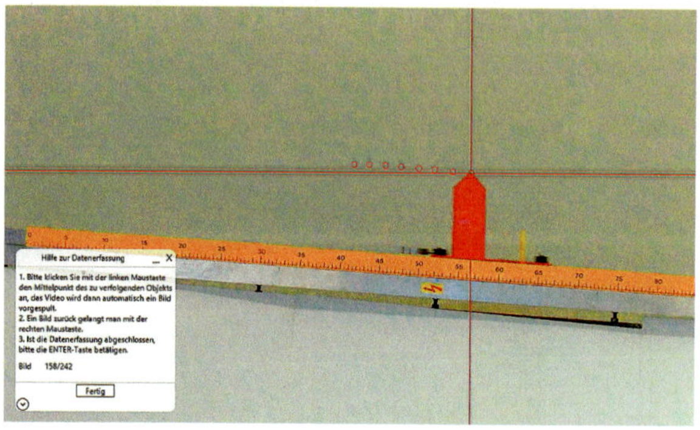

Einige Videoanalyse-Programme bieten die Möglichkeit, die Erfassung der Koordinaten automatisch durchzuführen. Hierzu wird der sich bewegende Körper durch seine Farbwerte erfasst, die durch das Programm in jedem Bild gesucht werden und die so eine Registrierung der Ortskoordinaten des Körpers erlauben.

Die Messwerte, die das Videoanalyse-Programm liefert, können in Tabellen oder Diagrammen weiter ausgewertet werden. Zur Auswertung auf dem Computer oder dem GTR bietet sich ein Tabellenkalkulationsprogramm an. Videoanalyse-Programme enthalten häufig bereits selbst als Untermodul ein vollwertiges Tabellenkalkulationsprogramm oder bieten eine Exportfunktion zum Übertragen der Daten in gängige Tabellenkalkulationsprogramme an. Tabellenkalkulationsprogramme sind besonders dann nützlich, wenn die zu bearbeitende Datenmenge sehr umfangreich ist, was bei der Videoanalyse oft der Fall ist.

Zur besseren Übersicht werden bei der vorliegenden Videoanalyse nur einige wenige Messdaten in der Tabelle betrachtet.

	B	C	D	E	F	G
1	s in m	v in m/s	a in m/s²	s = 0,5*aM*t²		
2	0,000	0,000		0		
3	0,004	0,077	0,70	0,004239	Mittelwert:	
4	0,017	0,156	0,71	0,0169561		
5	0,038	0,231	0,70	0,0381513	aM=	0,7006667
6	0,068	0,308	0,70	0,0678245		
7	0,104	0,380	0,69	0,1059758	vM=	0,5786375
8	0,152	0,462	0,70	0,1526052		
9	0,208	0,539	0,70	0,2077126		
10	0,271	0,616	0,70	0,2712981	s=vM t=	0,9547519
11	0,333	0,673	0,68	0,3433617		
12	0,424	0,770	0,70	0,4239033		
13	0,512	0,847	0,70	0,512923		
14	0,627	0,950	0,72	0,6104208		
15	0,716	1,001	0,70	0,7163966		
16	0,842	1,093	0,71	0,8308505		
17	0,953	1,155	0,70	0,9537825		

Die Spalten A, B, C, D enthalten die Messwerte, die das Videoanalyse-Programm geliefert hat. In der Tabellenzelle G5 wird mit der Mittelwertfunktion des Tabellenkalkulationsprogramms die mittlere Beschleunigung aM berechnet. Analog wird in der Zelle G7 die mittlere Geschwindigkeit vM bestimmt. Zur Überprüfung des Zeit-Weg-Gesetzes einer gleichmäßig beschleunigten Bewegung werden in Spalte E nach der Formel $s = \frac{1}{2} a t^2$ die theoretischen Werte berechnet und mit den gemessenen Werten aus Spalte B verglichen. Der Inhalt der Zelle E6 zum Beispiel ist durch den Ausdruck 0,5*aM*A6*A6 bestimmt, wobei A6 die Zeit $t = 0{,}44$ s und aM die mittlere Beschleunigung enthält. (aM ist dabei ein Name, der der Zelle G5 gegeben wurde, um zu verhindern, dass beim Kopieren der Tabellenformel in andere Zellen der Spalte E der Bezug zu dem Inhalt der Zelle G5 verloren geht.) Durch Kopieren des Inhalts von E6 in die anderen Zellen der Spalte E lassen sich dann die zurückgelegten Wege für die anderen Zeiten bestimmen. Im Formelausdruck verändern sich die relativen Bezüge nach dem Kopieren von Zelle E6 in Zelle E7 automatisch, sodass in E7 der Ausdruck 0,5*aM*A7*A7 ausgewertet wird, was dem bis zum Zeitpunkt $t = 0{,}55$ s (Inhalt von Zelle A7) zurückgelegten Weg s entspricht.

Tabellenkalkulationsprogramme bieten auch die Möglichkeit, durch Ermittlung des „TRENDs“ eventuelle funktionale Zusammenhänge zwischen den Messdaten zu ermitteln. Es werden verschiedene Typen von Ausgleichskurven angeboten, die versuchsweise durch die Datenpunkte gelegt werden können. Die Kurve, die ein *Bestimmtheitsmaß* nahe 1 hat, ist dann ein guter Kandidat für einen eventuellen funktionalen Zusammenhang. In dem Zeit-Weg-Diagramm **(Abb. a)** werden die Daten am besten durch die quadratische Trendlinie
$s(t) = 0{,}3503916397 \cdot t^{2{,}000693168}$
wiedergegeben, was der theoretischen Kurve
$s(t) = 0{,}5 \cdot 0{,}7 \text{ m/s}^2 \cdot t^2$ entspricht.

a) Zeit-Weg-Diagramm

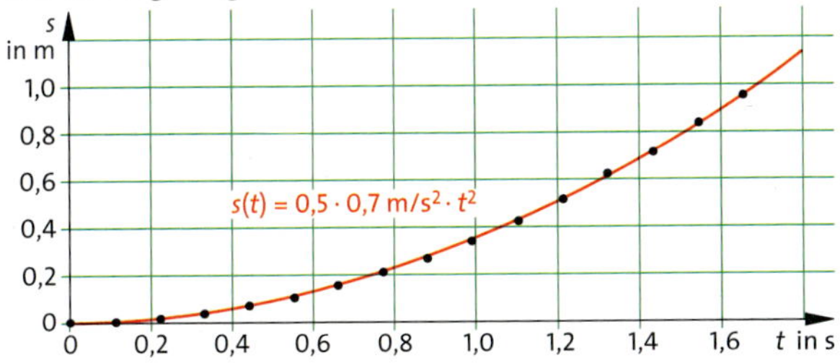

b) Zeit-Geschwindigkeit-Diagramm

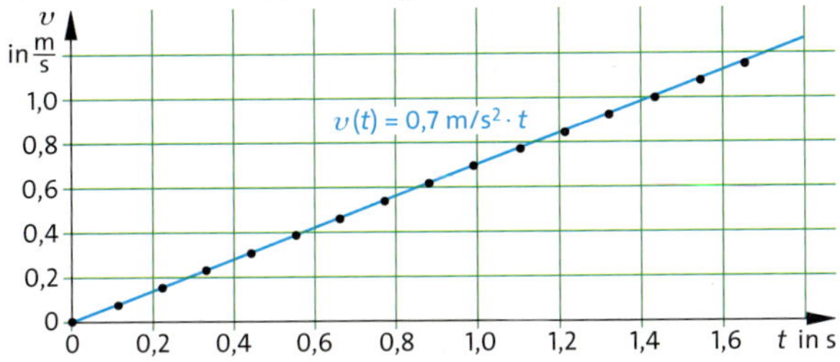

c) Zeit-Beschleunigung-Diagramm

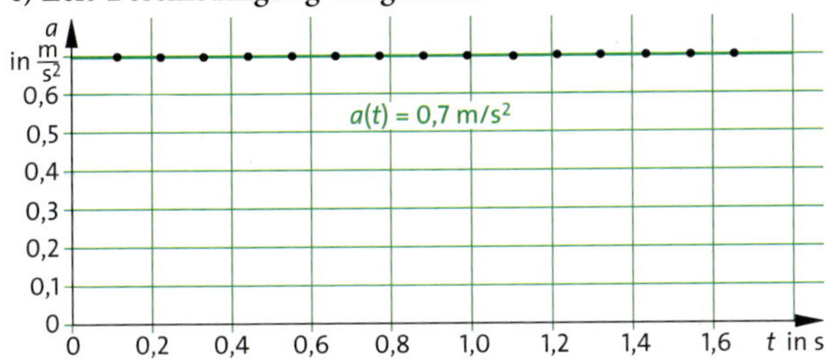

In der Zelle G10 ist der Weg berechnet, den der Gleiter mit der mittleren Geschwindigkeit vM ≈ 0,577 m/s in der Gesamtzeit $t = 1{,}65$ s zurücklegen würde. Das stimmt in guter Näherung mit dem gemessenen Wert in Zelle B17 überein. Dieses Ergebnis war zu erwarten, da der Inhalt der Dreiecksfläche unter der Zeit-Geschwindigkeit-Kurve (blaue Kurve unten) für die gleiche Zeitspanne mit dem Inhalt der Rechteckfläche unter der Zeit-Geschwindigkeit-Kurve einer Bewegung, die mit der konstanten Geschwindigkeit vM abläuft (rote Kurve unten), übereinstimmt.

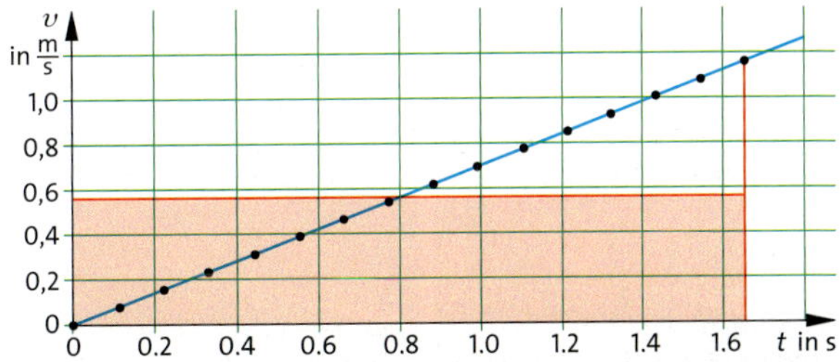

Tabellenkalkulationsprogramme bieten eine Reihe von **Trendlinientypen** an. Typische Vertreter sind „lineare“, „polynomiale“ und „exponentielle“ Trendlinien. Die Entscheidung für eine Trendlinienart wird dabei aufgrund physikalischer Anhaltspunkte getroffen, die für die eine oder andere Art sprechen. Die Güte der Annäherung einer Trendlinie an gegebene Messpunkte kann dann durch das *Bestimmtheitsmaß* beurteilt werden. Je näher der Betrag des Bestimmtheitsmaßes am Wert 1 liegt, umso besser ist die Trendlinie an die Messpunkte angepasst.
Einige Tabellenkalkulationsprogramme bieten die Möglichkeit, nachträglich die Parameter der Trendlinie zu verändern, um so zu einer besseren Annäherung zu kommen. Diese nachträgliche Kurvenanpassung wird als "Fitten" bezeichnet.

Aufgaben

1. Ein Sportwagen beschleunigt von 0 auf 100 km/h in 3,4 Sekunden, von 0 auf 200 km/h in 9,4 Sekunden und von 0 auf 300 km/h in 23,0 Sekunden.
a) Berechnen Sie jeweils die mittlere Beschleunigung für die Geschwindigkeitszunahme von 0 auf 100 km/h, von 100 km/h auf 200 km/h und von 200 km/h auf 300 km/h.
b) Berechnen Sie unter der Annahme einer gleichmäßigen Beschleunigung von 0 auf 300 km/h die hierbei zurückgelegte Strecke.

2. Der Airbus A 380 erreicht beim Start nach 30 Sekunden eine Geschwindigkeit von 270 km/h. Berechnen Sie die mittlere Beschleunigung und die Länge der dabei zurückgelegten Strecke.

3. Zu einer bestimmten Zeit $t_1 = 3{,}0$ s bewegt sich ein Körper mit der Geschwindigkeit $v_1 = 2{,}6$ m/s; zur Zeit $t_2 = 8{,}0$ s ist seine Geschwindigkeit $v_2 = -1{,}5$ m/s. Berechnen Sie seine mittlere Beschleunigung.

4. Eine U-Bahn legt zwischen zwei Stationen einen Weg von 3 km zurück. Berechnen Sie aus der mittleren (betragsmäßig gleichen) Anfahrts- und Bremsbeschleunigung $a = 0{,}6$ m/s² und der Höchstgeschwindigkeit $v_{max} = 90$ km/h den Anfahrweg, den Bremsweg, die Wegstrecke der gleichförmigen Bewegung und die einzelnen Fahrzeiten.

5. Der ICE 3 beschleunigt in 50 Sekunden auf eine Geschwindigkeit von 100 km/h, in 130 Sekunden auf 200 km/h, in 6 Minuten auf 300 km/h und in 11 Minuten auf seine Höchstgeschwindigkeit von 330 km/h.
a) Berechnen Sie die (mittleren) Beschleunigungen.
b) Stellen Sie den zeitlichen Verlauf der Geschwindigkeit grafisch dar und berechnen Sie für die einzelnen Zeitintervalle jeweils die mittlere Beschleunigung.
c) Aus der Höchstgeschwindigkeit von 330 km/h bremst der ICE 3, wenn Generator-, Wirbelstrom- und Druckluftbremsen zu 100 % wirksam sind, mit der mittleren Beschleunigung von $-1{,}24$ m/s². Berechnen Sie die Länge des Bremsweges und die Zeit, bis der Zug zum Stehen kommt.

6. Vor einem Zug, der mit der Geschwindigkeit $v_1 = 120$ km/h dahinfährt, taucht plötzlich aus dem Nebel in 1 km Entfernung ein Güterzug auf, der in derselben Richtung mit $v_2 = 40$ km/h fährt. Der Zug bremst mit konstanter Beschleunigung, sodass sein Bremsweg 4 km beträgt.
a) Berechnen Sie die Dauer des Bremsvorgangs.
b) Berechnen Sie mithilfe der Lösung aus a), ob es zu einem Zusammenstoß kommt.
c) Lösen Sie die Frage nach einem möglichen Zusammenstoß mithilfe der Bewegungsgesetze.

1.1.4 Bewegungen im Straßenverkehr

Um sich sicher im Straßenverkehr bewegen zu können, müsste man die Bewegungsgesetze beherrschen. Weil das nicht jeder kann, gibt es einfache Faustregeln.

Sicherheitsabstand

Als **Sicherheitsabstand** zu einem vorausfahrenden Fahrzeug gilt außerhalb geschlossener Ortschaften der *„Zwei-Sekunden-Abstand"* und innerhalb von Ortschaften der *„Ein-Sekunden-Abstand"*. Das sind die Strecken, die in einer bzw. zwei Sekunden durchfahren werden.

Außerorts:
Zwei-Sekunden-Abstand
z. B. bei 90 km/h = 25 m/s:
Sicherheitsabstand 50 m
(Abstand von zwei Leitpfosten)

Innerorts:
Ein-Sekunden-Abstand
z. B. bei 50 km/h ≈ 14 m/s:
Sicherheitsabstand 14 m
(etwa drei Wagenlängen)

Reaktions- und Bremsweg

Beim Bremsen setzt sich der *Anhalteweg* aus dem *Reaktionsweg* und dem (eigentlichen) *Bremsweg* zusammen. Für die beiden Teilwege gelten folgende Faustformeln (Reaktionszeit ca. 1 s):

$$\text{Reaktionsweg} = 3 \cdot \left(\frac{\text{Geschwindigkeit}}{10}\right)$$

$$\text{Bremsweg} = \left(\frac{\text{Geschwindigkeit}}{10}\right)^2$$

(Weg in m, Geschwindigkeit in km/h)

Beispiel Überholen

Beim Überholen muss mindestens der doppelte Überholweg frei vom Gegenverkehr eingesehen werden können. Der Überholweg (**Abb. 16.1**) beginnt mit dem Sicherheitsabstand s_1 zwischen beiden Fahrzeugen.
Wird bei gleichbleibender Geschwindigkeit überholt, so sollte die Geschwindigkeit des überholenden Fahrzeugs mindestens um ein Drittel größer sein als die des überholten Fahrzeugs.

Ein Auto der Länge $l_A = 5{,}0$ m überholt auf der Autobahn einen Lastwagen der Länge $l_B = 18{,}0$ m, hinter dem es einige Zeit im Sicherheitsabstand s_1 mit der Geschwindigkeit $v_0 = 90{,}0$ km/h = 25 m/s hergefahren ist, mit der konstanten Beschleunigung $a_A = 1{,}86$ m/s². Für den während der gesamten Überholzeit $t_Ü$ zurückgelegten Weg $s_Ü = v_A t_Ü + \frac{1}{2} a_A t_Ü^2$ müssen auch die Sicherheitsstände s_1 hinter und s_2 vor dem Lastwagen, die vom Lastwagen in der Zeit $t_Ü$ gefahrene Strecke s_B, die Länge l_B des Lastwagens und die Länge l_A des Autos berücksichtigt werden: $s_Ü = s_1 + s_b + l_B + s_2 + l_A$. Da die Sicherheitsabstände die vom Lastwagen in 2 Sekunden gefahrenen Strecken $s_1 = s_2 = 25 \text{ m/s} \cdot 2 \text{ s} = 50$ m sind und $s_b = v_0 t_Ü$ ist, ergibt sich für die Überholzeit

$$t_Ü = \sqrt{\frac{2 \cdot (2 \cdot 50 + 18 + 5) \text{ m}}{1{,}86 \text{ m/s}^2}} = 11{,}5 \text{ s}$$

und für den Überholweg $s_Ü \approx 410{,}5$ m. Am Ende hat das Auto die Geschwindigkeit $v = v_0 + a_A t_Ü = 46{,}4$ m/s = 167 km/h erreicht.

Merke: Überschätzen Sie nie die Entfernung des Gegenverkehrs! Unterschätzen Sie nie die Geschwindigkeit des Gegenverkehrs!

Bremsbeschleunigungen

Kraftfahrzeuge müssen auf trockener Strecke eine mittlere Bremsbeschleunigung von 5,0 m/s² erreichen, Kraftfahrzeuge mit einer bauartbeschränkten Höchstgeschwindigkeit von maximal 25 km/h eine von 3,5 m/s².
Je nach Fahrbahn gelten folgende Richtwerte für die Bremsbeschleunigung:

Auto (gute Reifen)

Beton, trocken	8–10 m/s²
Beton, nass	4–5 m/s²
Schnee:	2 m/s²
Eis	2 m/s²
Glatteis	1 m/s²
Glatteis, nass	0,5 m/s²

Motorroller (trockene Straße und gute Reifen)

Bremsen	mit beiden Rädern	8 m/s²
	mit Vorderrad allein	5 m/s²
	mit Hinterrad allein	3 m/s²

Fahrrad (trockene Straße)

zwei normale Bremsen	4 m/s²
mit Scheibenbremsen	7 m/s²

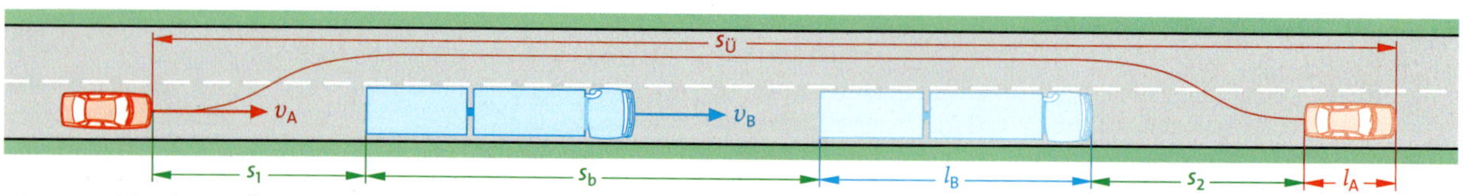

16.1 Der Ablauf eines Überholvorgangs

1.1.5 Fallbewegungen

Mit seinem Sprung aus der Stratosphäre erregte der Extremsportler Felix BAUMGARTNER am 14. Oktober 2012 großes Aufsehen. Er sprang aus einer Höhe von 38 969 m und erreichte als Höchstgeschwindigkeit 1357,6 km/h. Der erste Teil des Sprungs erfolgte nahezu als *freier Fall*, was darauf zurückzuführen ist, dass es in der Stratosphäre praktisch keine Reibungskräfte gibt, die die Bewegung hätten abbremsen können. In tieferen Schichten der Erdatmosphäre nahm die Bremswirkung durch den Luftwiderstand dann aber zu.

Der Bewegungszustand eines zur Erde fallenden Körpers ändert sich fortwährend – er wird beschleunigt. Die Kraft, die diese Bewegungsänderung hervorruft, ist die *Gewichtskraft* des Körpers, mit der die Erde den Körper anzieht.

Versuch 1: In einer (längeren) Glasröhre beginnen ein Bleiplättchen und eine Flaumfeder gleichzeitig zu fallen, indem die senkrecht gehaltene Röhre schnell um 180° gedreht wird (**Abb. 17.1 a**). Der Versuch wird zunächst mit luftgefüllter Röhre durchgeführt und ein zweites Mal, nachdem die Röhre (fast) luftleer gepumpt wurde.
Beobachtung und *Deutung:* Bleiplättchen und Feder erreichen in der luftleeren Röhre den Boden zur gleichen Zeit, da hier Auftrieb und Luftwiderstand ausgeschaltet sind. ◂

Beide Körper fallen in der luftleer gepumpten Röhre allein unter Einwirkung ihrer Gewichtskraft. Dabei ist die Fallzeit der Körper unabhängig von der jeweiligen Größe der Gewichtskraft.

> Die Fallbewegung eines Körpers, auf den allein seine Gewichtskraft einwirkt, heißt **freier Fall.** Alle Körper fallen im freien Fall gleich schnell.

Da der Körper aus der Ruhe zu fallen beginnt, muss es sich beim freien Fall um eine beschleunigte Bewegung handeln, für die das Zeit-Weg-Gesetz $s = \frac{1}{2} a t^2$ gilt.

Versuch 2: Für das Bleiplättchen (oder die Flaumfeder) aus Versuch 1 wird eine Videoanalyse durchgeführt (→ S. 14).
Auswertung: **Tab. 17.1 b)** zeigt die Messwerte. Ihre grafische Darstellung im Zeit-Weg-Diagramm der **Abb. 17.1 c)** legt die Vermutung nahe, dass die Bewegung gleichmäßig beschleunigt abläuft. Die Tabellenkalkulation liefert für die Trendlinie die Gleichung $s(t) = 4{,}9\ t^2$. Die Fallwege s müssen in diesem Fall proportional zum Quadrat der Fallzeiten t sein. Bestätigt wird dies durch das t^2-s-Diagramm der **Abb. 17.1 d)**: Die Messpunkte liegen auf einer Ursprungsgeraden; das bedeutet, dass der Weg s proportional zu t^2 ist. Damit ergibt sich das Zeit-Weg-Gesetz zu $s = k t^2$ mit $k = 4{,}90\ \text{m/s}^2$. Das gleiche Ergebnis liefert die Gleichung der Trendlinie, die mithilfe der Tabellenkalkulation bestimmt wurde.

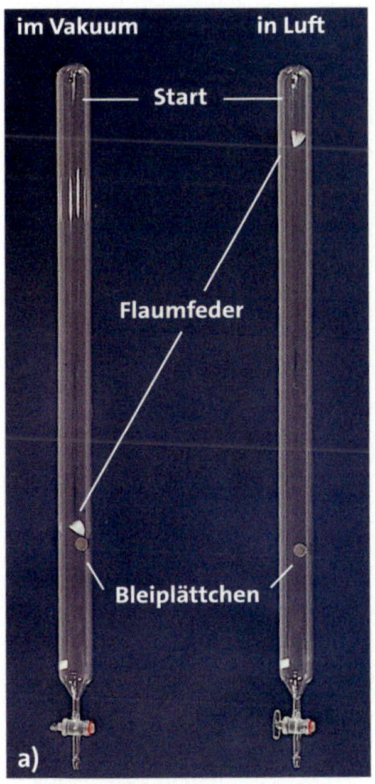

b)

	A	B	C
1	t / s	t² / s²	s / m
2	0,00	0,0000	0,0000
3	0,03	0,0009	0,0044
4	0,06	0,0036	0,0177
5	0,09	0,0081	0,0397
6	0,12	0,0144	0,0706
7	0,15	0,0225	0,1104
8	0,18	0,0324	0,1589
9	0,21	0,0441	0,2163
10	0,24	0,0576	0,2825
11	0,27	0,0729	0,3576
12	0,30	0,0900	0,4415
13	0,33	0,1089	0,5342
14	0,36	0,1296	0,6357
15	0,39	0,1521	0,7461
16	0,42	0,1764	0,8652
17	0,45	0,2025	0,9933

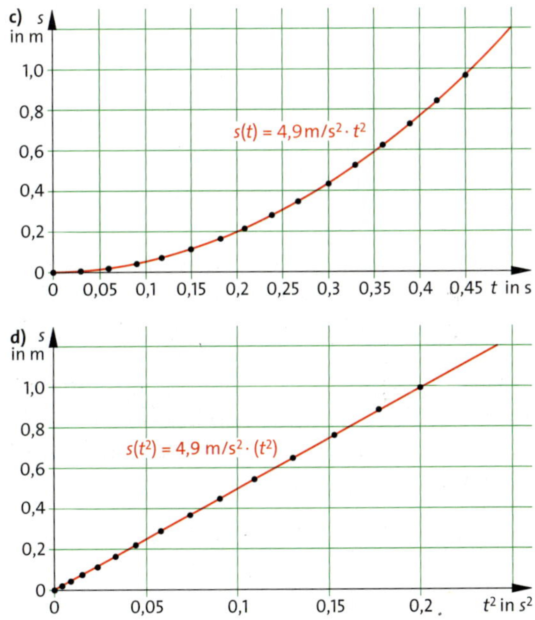

17.1 a) In der luftleeren Röhre fallen Bleiplättchen und Feder gleich schnell; **b)** Ergebnisse der Videoanalyse aus Versuch 2; **c)** t-s-Diagramm der Fallbewegung; **d)** t^2-s-Diagramm, aus dessen linearem Verlauf das Bewegungsgesetz $s = k t^2$ abgelesen werden kann.

Ganz offensichtlich liegt eine geradlinig gleichmäßig beschleunigte Bewegung vor, für die nach $s = \frac{1}{2} a t^2$ die Beschleunigung von $a = 9{,}80 \text{ m/s}^2$ ermittelt wird. Diese Beschleunigung wird *Fall-* oder *Erdbeschleunigung g genannt.* ◄

> Der freie Fall ist eine geradlinig gleichmäßig beschleunigte Bewegung mit der *für alle Körper am gleichen Ort* konstanten **Fall-** oder **Erdbeschleunigung** g.
> Die Bewegungsgesetze des freien Falls lauten:
> $s = \frac{1}{2} g t^2; \quad v = g t; \quad a = g$
> Die Endgeschwindigkeit v hängt von der Fallhöhe s ab:
> $v^2 = 2 g s$ oder $v = \sqrt{2 g s}$

Die Fall- oder Erdbeschleunigung g beträgt in Meereshöhe auf 45° geografischer Breite $g = 9{,}81 \text{ m/s}^2$ und ist ortsabhängig (**Tab. 18.1**). Sie hängt sowohl von der geografischen Breite als auch von der Höhe über dem Meeresspiegel ab. Die Ortsabhängigkeit beruht auf der Abplattung der Erde und der Drehung der Erde um ihre Achse. Am Äquator ist $g = 9{,}78 \text{ m/s}^2$, am Pol $9{,}83 \text{ m/s}^2$. Ferner ändert sich g mit dem Abstand vom Erdmittelpunkt und ist daher für die Raumfahrt eine wichtige Größe.

Äquator	Düsseldorf	Köln	Südpol
$9{,}780 \text{ m/s}^2$	$9{,}812 \text{ m/s}^2$	$9{,}811 \text{ m/s}^2$	$9{,}832 \text{ m/s}^2$

18.1 Einige Werte der Fallbeschleunigung

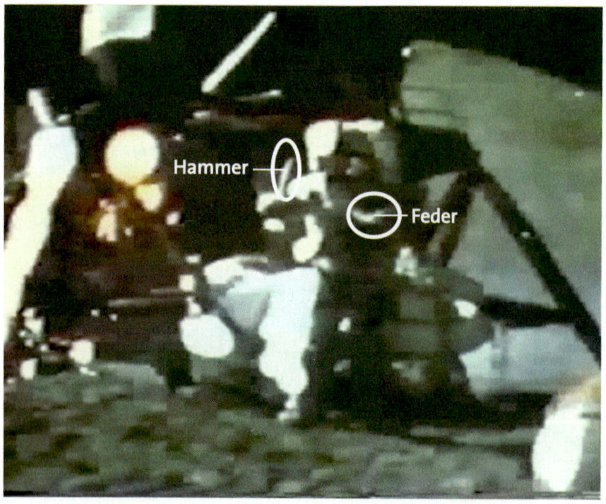

18.2 Videoanalyse des Fallversuchs auf dem Mond. Leider sind die Bilder nicht sehr kontrastreich, sodass per Hand der fallende Hammer oder die fallende Feder markiert werden müssen. Als Bezugslänge kann die Länge eines handelsüblichen Hammers dienen.

Beispiel Freier Fall auf dem Mond

Die Methode der Videoanalyse bietet die Möglichkeit, die Fallbeschleunigung auf dem Mond zu messen. Im Jahre 1971 bestätigte der Astronaut David R. Scott bei der Apollo-15-Mission das Ergebnis von Versuch 1, indem er auf dem Mond gleichzeitig einen Hammer und eine Feder zu Boden fallen ließ (**Abb. 18.2**).
Diesen Versuch gibt es als Videofilm; er kann daher durch Videoanalyse untersucht werden. Unter der Annahme, dass die Gegenstände auch auf dem Mond eine geradlinig gleichmäßig beschleunigte Fallbewegung ausführen, kann die Fallbeschleunigung bestimmt werden. Sie ergibt sich aus dem mit der Videoanalyse ermittelten Wert $t_F = 1{,}2 \text{ s}$ für die gesamte Fallzeit und aus der über die Referenzlänge (Länge des Hammerstiels) bestimmten gesamten Fallhöhe $h = 1{,}18 \text{ m}$ zu

$$g_{\text{Mond}} = \frac{2h}{t_F^2} = \frac{2 \cdot 1{,}18 \text{ m}}{(1{,}2 \text{ s})^2} \approx 1{,}64 \text{ m/s}^2,$$

was mit dem Literaturwert $g_{\text{Mond}} = 1{,}62 \text{ m/s}^2$ gut übereinstimmt. g_{Mond} beträgt nur ein Sechstel der Fallbeschleunigung auf der Erde. Dies hat zur Folge, dass die Gewichtskraft eines Körpers auf dem Mond auch nur ein Sechstel der Gewichtskraft dieses Körpers auf der Erde ist.

Weitere Methoden zur *g*-Bestimmung

Zur Bestimmung der Fallbeschleunigung g gibt es weitere Verfahren.

Direkte Messung von Fallzeiten oder Fallgeschwindigkeiten

Versuch 3: Eine Stahlkugel wird im Auslöser zwischen Stift und Stößel eines Fallgerätes gehalten und schließt über diese einen Kontakt. Beim Freigeben der Kugel mit dem Auslöser wird der Kontakt unterbrochen und ein Digitalzähler gestartet. Die Kugel fällt in den Fangteller des Fangschalters, wodurch die Zeit gestoppt wird (**Abb. 18.3**).
Auswertung: Aus der Fallhöhe h und der zugehörigen Fallzeit t_F wird die Fallbeschleunigung g bestimmt: $g = 2h/t_F^2$. ◄

Werden längs des Fallweges Lichtschranken angebracht, so kann aus dem Kugeldurchmesser und den jeweiligen Verdunklungszeiten die Geschwindigkeit v nach der durchfallenen Strecke s gemessen werden, woraus ebenfalls g bestimmt werden kann:
$g = v^2/(2s)$

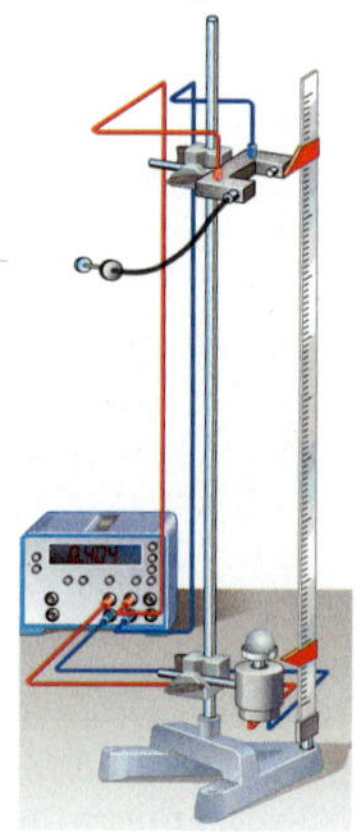

18.3 Kugelfallgerät

Messung mit dem Schwerependel

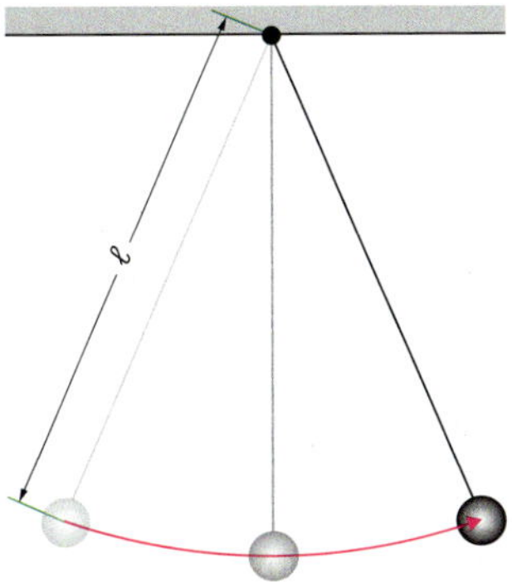

19.1 Schwerependel

Die Schwingungsdauer T eines Schwerependels ist die Zeitdauer für eine komplette Hin- und Herschwingung des Pendelkörpers. Sie hängt bei kleinen Ausschlägen gemäß der Formel

$$T = 2\pi\sqrt{\frac{l}{g}}$$

von der Pendellänge l und der Fallbeschleunigung g ab (→ 4.1.3).

Aus der Messung der Schwingungsdauer T eines Schwerependels bekannter Länge l ergibt sich dann

$$g = 4\pi^2\frac{l}{T^2}.$$

Aufgaben

1. Ein Kind lässt einen Stein von einer hohen Brücke fallen. Nach 4 Sekunden *sieht* es den Stein auf das Wasser treffen. (Der Luftwiderstand wird vernachlässigt.) Berechnen Sie
   a) die Höhe, aus der der Stein fallen gelassen wurde;
   b) die Geschwindigkeit, mit der der Stein auf der Wasseroberfläche auftrifft;
   c) die Zeit für die erste Hälfte seines Fallweges;
   d) die Zeit, die der Stein zum Durchfallen der letzten 20 m benötigt;
   e) die Zeit (seit dem Loslassen), nach der das Kind das Auftreffen des Steins *hört*. (Schallgeschwindigkeit 320 m/s)
2. Zur Bestimmung der Erdbeschleunigung wird mehrmals ein Stein von einem $s = 19{,}85$ m hohen Turm fallen gelassen; mit verschiedenen Stoppuhren werden jeweils die Fallzeiten gemessen. Bestimmen Sie die Erdbeschleunigung aus dem Mittelwert der neun Zeitmessungen: 2,00 s; 2,04 s; 1,99 s; 2,02 s; 2,06 s; 1,96 s; 1,97 s; 2,01 s; 2,07 s.
3. Bringen Sie an zwei herabhängenden dünnen, mindestens 2 m langen Bindfäden Schraubenmuttern so an, dass die Abstände der Muttern bei der einen Schnur gleich sind und bei der anderen sich vom unteren Ende aus wie 1 : 4 : 9 : 16 verhalten.
   Beschreiben und erklären Sie ihre Beobachtungen, wenn Sie die Fallschnüre aus einer Höhe fallen lassen, bei der die untere Mutter gerade den Boden berührt.
4. „Gurtmuffel" behaupten, dass sie sich in einem Auto deshalb nicht anschnallen müssten, weil sie sich ohne Probleme mit den Händen am Armaturenbrett abstützen könnten, falls das Auto durch einen Auffahrunfall praktisch sofort zum Stillstand käme. Untersuchen Sie, ob diese Ansicht berechtigt ist, indem Sie die „Auftreffgeschwindigkeiten" beim freien Fall aus unterschiedlichen Höhen mit üblichen Geschwindigkeiten eines Autos im Straßenverkehr vergleichen und die Möglichkeit erörtern, ob sich ein Mensch beim Auftreffen auf dem Boden mit den Händen abstützen könnte.

Exkurs

GALILEI und die Fallgesetze

Die Fallgesetze hat GALILEI (1564–1642) durch Überlegung und nicht durch Versuche am Schiefen Turm von Pisa – so will es nur die Legende – gewonnen. Er stützte sich auf folgende Beobachtungen: In Quecksilber sinkt ein Goldstück, während ein Körper aus Blei auf dem Quecksilber schwimmt. Im Wasser „fallen" beide, und zwar das Goldstück deutlich schneller als der Bleikörper. Beim Fall in Luft bewegen sich beide fast „gleich schnell". „Angesichts dessen glaube ich, dass, wenn man den Widerstand der Luft ganz aufhöbe, alle Körper gleich schnell fallen" (GALILEI in den *„Discorsi"*, *„Unterredungen und mathematische Demonstrationen über zwei neue Wissenszweige, die Mechanik und die Fallgesetze betreffend"*, 1638).

GALILEI war überzeugt, dass die Fallgeschwindigkeit einem besonders einfachen Gesetz genügt, und verwarf von den Alternativen, dass sie direkt proportional entweder zum Fallweg oder zur Fallzeit wächst, die erste. Wenn aber die Geschwindigkeit gleichmäßig von der Anfangsgeschwindigkeit $v_0 = 0$ bis zur Endgeschwindigkeit v_e mit der Fallzeit ansteigt, d.h. dass $v = ct$ ist, dann legt ein fallender Körper in der Zeit t_e die gleiche Strecke s_e zurück wie ein anderer, der sich während dieser Zeit gleichförmig mit der mittleren Fallgeschwindigkeit $\overline{v}$ bewegt.

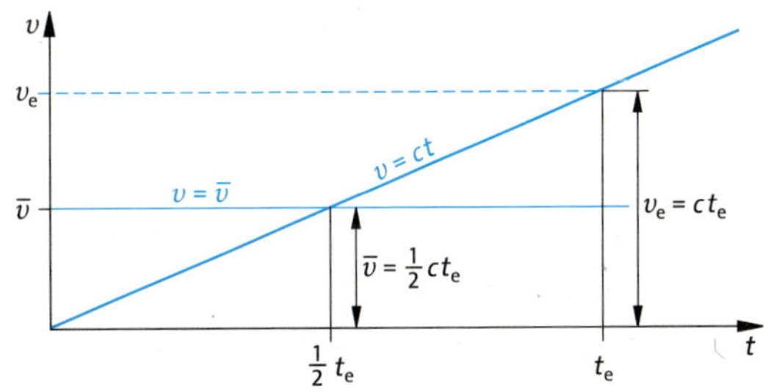

Daraus folgt, dass bei der gleichmäßig beschleunigten Bewegung aus der Ruhe heraus die mittlere Geschwindigkeit gleich der halben Endgeschwindigkeit ist.

Mit $\overline{v} = \frac{1}{2}(0 + v_e) = \frac{1}{2}v_e$ folgt aus $s_e = \overline{v}\,t_e$

$$s_e = \tfrac{1}{2}v_e t_e.$$

Mit $v_e = c\,t_e$ wird daraus schließlich

$$s_e = \tfrac{1}{2}c\,t_e^2.$$

GALILEI erhielt aus dieser Überlegung also das bekannte Zeit-Weg-Gesetz $s = \frac{1}{2}at^2$ der gleichmäßig beschleunigten Bewegung.

GALILEI überprüfte die Fallgesetze an der berühmten Fallrinne. Statt direkt den freien Fall zu untersuchen, ließ er Kugeln auf einer schräg gestellten Holzrinne hinablaufen. Die Laufzeiten auf der Fallrinne müssten gegenüber den Fallzeiten im Verhältnis der Neigung der Fallrinne gedehnt sein, die sich auf diese Weise messen ließen, so GALILEI. Er bestimmte die Zeiten aus der Menge Wasser, das gleichmäßig aus einer kleinen Bohrung eines wassergefüllten Eimers floss.

1.2 Kräfte und Bewegungsänderungen

Viele Körper bewegen sich im Laufe der Zeit mit unterschiedlichen Geschwindigkeiten. Für diese Bewegungsänderungen sind stets Kräfte verantwortlich. Der genaue Zusammenhang zwischen Kräften und Bewegungsänderungen soll jetzt untersucht werden.

1.2.1 Trägheit und Masse

Wer schon einmal in einem abrupt bremsenden Auto saß, hat erfahren, wie der eigene Körper eine Bewegung nach vorn vollführte. Dies kann beim Aufprall auf das Lenkrad, das Armaturenbrett oder die Kopfstütze des Vordersitzes schmerzhaft enden. Eine ähnliche Situation zeigt die Simulation eines Fahrradunfalls mit einem Dummy **(Abb. 20.1)**: Das Fahrrad prallt gegen die feste Wand und wird dadurch abgebremst. Die Puppe dagegen, die nicht fest mit dem Fahrrad verbunden ist, macht diese spontane Änderung des Bewegungszustandes nicht mit. Sie folgt dem sogenannten **Trägheitsprinzip** und bewegt sich geradlinig mit der ursprünglichen Geschwindigkeit weiter, bis sie gegen die Wand prallt, wo sie abgebremst wird. Die Bildfolge (wie auch der nächste Versuch) illustriert GALILEIS Trägheitsprinzip, eines der wichtigen Grundgesetze der Mechanik.

Das Trägheitsprinzip

Versuch 1: Auf einer waagerechten Luftkissenfahrbahn befindet sich ein Gleiter, der durch einen nahezu gewichtslosen Faden über eine Rolle mit einem Wägestück verbunden ist. Dieses Wägestück wird nach einer gewissen Strecke von einer Platte aufgefangen. Die Bewegung des Gleiters wird erfasst.
Ergebnis: Zunächst wird der Gleiter immer schneller, bis das Wägestück nach Durchfallen der Höhe h aufgefangen wird. Ab diesem Zeitpunkt bewegt sich der Gleiter dann mit der zuletzt beim Beschleunigungsvorgang erreichten Endgeschwindigkeit v_e gleichförmig weiter. Wirken keine Kräfte mehr auf den Gleiter, so behält dieser offenbar seine Geschwindigkeit bei. ◄

Galilei'sches Trägheitsprinzip: Jeder Körper behält seinen Zustand der Ruhe oder der gleichförmigen geradlinigen Bewegung bei, falls er nicht durch äußere Einwirkungen gezwungen wird, seinen Zustand zu ändern.

Kommt bei einem Autounfall ein Auto durch einen Aufprall zum Stillstand, so bewegen sich nicht angeschnallte Insassen nach dem Trägheitsprinzip so lange mit der Geschwindigkeit weiter, die das Auto unmittel-

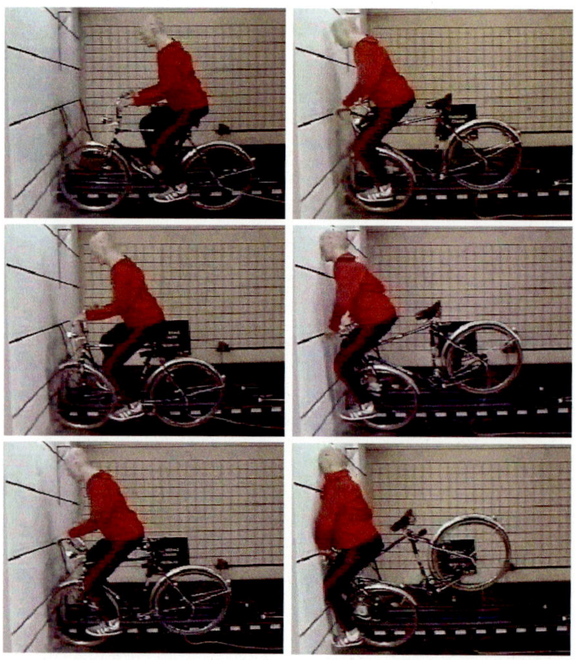

20.1 Die Bildsequenz zeigt einen Crashtest mit einem Fahrrad. Während das Fahrrad beim Aufprall auf die Wand abgebremst wird, bewegt sich der Dummy geradlinig mit seiner ursprünglichen Geschwindigkeit weiter.

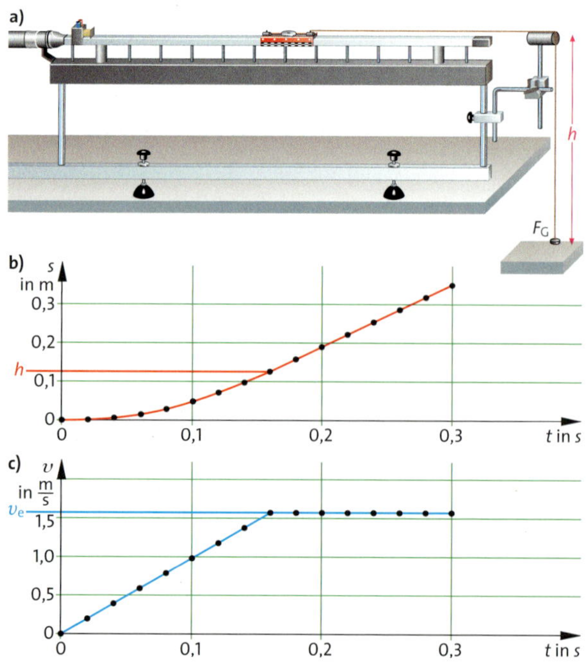

20.2 a) Ein Gleiter auf einer Luftkissenfahrbahn wird durch die Gewichtskraft eines Wägestücks beschleunigt, bis das Wägestück von einer Platte aufgefangen wird. **b)** Zeit-Weg-Diagramm; **c)** Zeit-Geschwindigkeit-Diagramm dieser Bewegung

bar vor dem Aufprall hatte, bis sie auf das Lenkrad oder die Frontscheibe prallen. Dort werden sie abrupt abgebremst und können sich schwere Verletzungen zuziehen. Sicherheitsgurte und Airbags sollen das Verletzungsrisiko bei einem solchen Aufprall vermindern: Sie bremsen die Insassen verhältnismäßig „sanft" ab und verteilen die Belastung auf eine größere Fläche (→ Exkurs S. 30).

Die Masse

Nach dem Trägheitsgesetz bedarf es einer äußeren Einwirkung – einer **Kraft** – um Richtung oder Betrag der Geschwindigkeit eines Körpers zu ändern. Zum Beispiel ändert ein Fußball seine Geschwindigkeit, wenn er von einem Spieler mit dem Fuß gestoßen wird.

Verschiedene Körper reagieren auf die gleiche Krafteinwirkung allerdings mit unterschiedlichen Geschwindigkeitsänderungen. Erfahrbar wird dies zum Beispiel, wenn beim Weitwurf statt eines Balls eine Eisenkugel geworfen wird. Bei gleicher „Wurfstärke" fällt die Geschwindigkeitsänderung der Eisenkugel viel geringer aus als die des Balls. Die Eigenschaft der Körper, die für die unterschiedliche Geschwindigkeitsänderung (bei gleicher Einwirkung/gleicher einwirkender Kraft) verantwortlich ist, heißt **träge Masse**.

Versuch 2: Auf den Gleiter aus Versuch 1 werden unterschiedliche Wägestücke gelegt. Das angehängte Wägestück und die Fallhöhe h werden nicht verändert.
Ergebnis: Die entsprechenden Messungen ergeben, dass die erreichte Endgeschwindigkeit des Gleiters umso kleiner ist, je mehr Wägestücke auf ihm liegen. ◂

Der Versuch bestätigt, dass ein Körper umso „träger" auf Änderungen seines Bewegungszustandes reagiert, je größer seine Masse ist.

Die *Masse m* ist neben dem Weg und der Zeit die dritte **Grundgröße** der Mechanik (→ S. 9), ihre Einheit ist das *Kilogramm:* 1 kg. Die Einheit der Masse ist zurzeit noch durch den *Internationalen Kilogramm-Prototyp* festgelegt, einen Zylinder aus Platin-Iridium, der im Internationalen Büro für Maß und Gewicht in Sèvres, einem Vorort von Paris, aufbewahrt wird (**Abb. 21.1**).

> Zwei Körper haben die **gleiche Masse**, wenn sie durch die gleiche Kraft die gleiche Beschleunigung erfahren – bei ansonsten gleichen Bedingungen.
> Eine Masse ist n-mal so groß wie eine Vergleichsmasse, wenn sie – bei gleichen Bedingungen – durch die gleiche Kraft die $1/n$-fache Beschleunigung erfährt wie die Vergleichsmasse.

21.1 Das Urkilogramm und eine Streichholzschachtel zum Vergleich

Im Experiment zeigt sich eine erstaunliche Tatsache: Werden Körper mit *gleicher (träger) Masse* auf einer Waage gewogen, sind sie auch *gleich schwer.* Sie haben die gleiche **schwere Masse**. Zwischen *träger* und *schwerer* Masse wird daher im Folgenden nicht mehr unterschieden.

Aufgaben

1. In vielen Autos sind die Kopfstützen zu niedrig eingestellt. Deshalb kommt es bei eigentlich harmlosen Auffahrunfällen oft zu einem Schleudertrauma. Erläutern Sie die Funktion und die korrekte Einstellung von Kopfstützen.
2. Die International Space Station (ISS) umkreist die Erde in nur 400 km Höhe. Begründen Sie, warum die Astronauten trotz der fast unverminderten Erdanziehung schwerelos sind. Entwerfen Sie ein Freihandexperiment zur „Schwerelosigkeit".
3. Informieren Sie sich über die Festlegungen der Basiseinheiten im SI-Einheitensystem und erläutern Sie, warum die derzeitige Festlegung der Einheit der Masse ungünstig ist.
4. Airbag – ein Lebensretter
   a) Recherchieren Sie den Aufbau und die Funktionsweise eines Airbags.
   b) Stellen Sie ein Poster her, auf dem Sie die Funktionsweise eines Airbags darstellen und auf die Frage eingehen, weshalb aus physikalischer Sicht ein Aufprall auf einen Airbag harmloser abläuft als der Aufprall auf Lenkrad, Armaturenbrett oder Frontscheibe.
5. Erläutern Sie, warum Folgendes gelingt:
   a) Aus einer Säule von glatten Bauklötzen kann durch einen gezielten Schlag mit einem dünnen Stab ein Klotz herausgeschlagen werden, ohne dass die Säule umfällt.
   b) Eine Tischdecke kann unter dem Geschirr, das auf einem Tisch steht, ruckartig weggezogen werden, ohne dass das Geschirr umfällt.
   c) Ein dünner Holzstab, der auf den Rändern zweier Trinkgläser gelagert ist, kann mit einem Schlag zerbrochen werden, ohne dass die Trinkgläser zu Bruch gehen.
6. Eine Skaterin springt bei voller Fahrt von ihrem Skateboard ab. Erörtern Sie, was sie tun sollte, um nicht zu stürzen.
7. Ein Kind auf dem Rücksitz eines Autos hält einen Luftballon an einer Schnur. Beschreiben Sie die Bewegung des Ballons, wenn das Auto anfährt, mit konstanter Geschwindigkeit fährt oder abbremst.

1.2.2 Die Grundgleichung der Mechanik

Um den Bewegungszustand eines Körpers zu ändern, muss nach dem Trägheitsprinzip eine Kraft auf ihn einwirken. Ein Eishockeyspieler sorgt durch einen Schlag mit dem Schläger dafür, dass der Puck seinen Bewegungszustand so ändert, dass er zu einem Mitspieler gelangt. Durch den Schlag hat der Spieler kurzzeitig eine Kraft auf den Puck ausgeübt, die dessen Geschwindigkeit um Δv geändert hat.

Welcher Zusammenhang besteht zwischen der Bewegungsänderung eines Körpers und der Kraft, die auf ihn einwirkt? Um diese Frage zu klären, werden die folgenden Experimente durchgeführt.

Versuch 1: Im Fahrbahnversuch (**Abb. 22.1**) wird durch Wegnehmen von Wägestücken die Gewichtskraft, die an dem System „Gleiter und Wägestücke" zieht, vermindert. Damit die sich bewegende Gesamtmasse $m = m_W + m_G$ des Gleiters und der Wägestücke stets gleich bleibt, werden die weggenommenen Wägestücke auf den Gleiter gelegt.
Ergebnis: Die Steigung $\Delta v/\Delta t$ der t-v-Geraden ist bei konstanter Gesamtmasse (Gleiter plus Wägestücke) proportional zur Masse der angehängten Wägestücke, also auch zur Gewichtskraft dieser Wägestücke (**Abb. 23.1**): $\Delta v/\Delta t \sim F$. ◂

Versuch 2: Der Aufbau ist der gleiche wie in Versuch 1. Die Masse m_W der Wägestücke bleibt konstant. Auf den Gleiter wird zusätzlich die Masse $m_W + m_G$, $2(m_W + m_G)$ usw. gelegt, sodass sich die bewegte Gesamtmasse m verdoppelt, verdreifacht usw.
Ergebnis: Die Steigung $\Delta v/\Delta t$ der t-v-Geraden ist bei konstanter Gewichtskraft der angehängten Wägestücke zur Gesamtmasse (Gleiter und Wägestücke) umgekehrt proportional: $\Delta v/\Delta t \sim 1/m$. ◂

Werden die experimentell gewonnenen Proportionalitäten für eine Bewegung zusammengefügt, ergibt sich

$$\frac{\Delta v}{\Delta t} \sim \frac{F}{m} \quad \text{oder} \quad F = C\,m\frac{\Delta v}{\Delta t}.$$

Wird $C = 1$ gesetzt, wird die Gleichung zur Definition der Kraft:

$$F = m\frac{\Delta v}{\Delta t}$$

Für die Einheit der Kraft ergibt sich daraus

$$[F] = [m]\frac{[\Delta v]}{[\Delta t]} = 1\ \text{kg} \cdot \frac{1\ \text{m/s}}{1\ \text{s}} = 1\,\frac{\text{kg m}}{\text{s}^2}.$$

Zu Ehren Newtons, der den obigen Zusammenhang entdeckte, wird die Einheit der Kraft **Newton** genannt, abgekürzt 1 N:

$$1\ \text{N} = 1\,\frac{\text{kg m}}{\text{s}^2}$$

> Wirkt die Kraft F während der Zeitspanne Δt auf einen Körper der Masse m, so erfährt dieser eine Geschwindigkeitsänderung Δv, für die gilt:
> $$\Delta v = \frac{F}{m}\Delta t$$

Durch diese Beziehungen lassen sich die Ergebnisse der Versuche 1 und 2 deuten. Auch die Tatsache, dass nach dem Auffangen des Wägestücks der Gleiter mit konstanter Geschwindigkeit weiterfährt (→ **Abb. 20.2**), lässt sich mithilfe der obigen Formel erklären: Aus $F = 0$ ergibt sich die Geschwindigkeitsänderung $\Delta v = 0$, d. h.

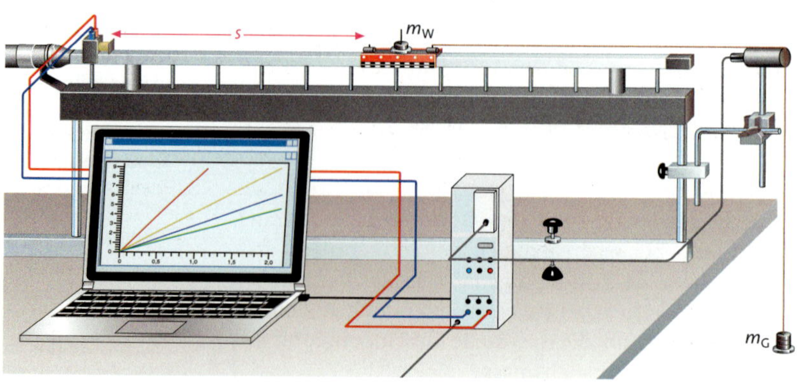

22.1 Auf einer waagerecht austarierten Fahrbahn zieht die Gewichtskraft angehängter Wägestücke der Gesamtmasse m_G an einem mit Massestücken der Gesamtmasse m_W beladenen Gleiter. Die Wägestücke sind über einen sehr leichten, über eine Rolle laufenden Faden mit dem Gleiter verbunden. Anfangs wird der Gleiter durch einen Elektromagneten gehalten. Wird der Elektromagnet ausgeschaltet, so werden die Messwerte für t, s und v computergestützt aufgezeichnet.

die Geschwindigkeit des Gleiters ändert sich nicht mehr. Je länger die Kraft F auf den Gleiter einwirkt oder je größer die Kraft F ist, umso größer ist die Geschwindigkeitsänderung Δv bei unveränderter Masse m des bewegten Systems.

Da $\Delta v/\Delta t$ die Beschleunigung a ist, lässt sich die obige Beziehung auch in der folgenden Form ausdrücken:

Grundgleichung der Mechanik:
Die Beschleunigung a eines Körpers ist der Gesamtkraft F, die auf den Körper der Masse m einwirkt, direkt proportional und der Masse m des Körpers umgekehrt proportional:

$$a = \frac{F}{m}$$

Umstellen ergibt $F = m\,a$.
Kurz und einprägsam formuliert:
„Kraft gleich Masse mal Beschleunigung".

Eine Kraft von 1 N erteilt einem Körper der Masse 1 kg die Beschleunigung 1 m/s^2; in jeder Sekunde wächst seine Geschwindigkeit also um 1 m/s.
Da jeder frei fallende Körper eine gleichmäßig beschleunigte Bewegung mit der Fallbeschleunigung g ausführt und auf ihn nur seine Gewichtskraft F_G wirkt, gilt für die Gewichtskraft $F_G = m\,g$.

Die Gewichtskraft F_G eines Körpers der Masse m ist $F_G = m\,g$.

Wie die Fallbeschleunigung ist die Gewichtskraft eines Körpers vom Ort, an dem sich der Körper befindet, abhängig.

Im Bremer Fallturm (**Abb. 23.2 a**) werden Versuche in der *Schwerelosigkeit* durchgeführt. Dazu fällt eine Kapsel, in der das Experiment aufgebaut ist, in einer 110 m langen evakuierten Fallröhre lotrecht nach unten. Ein Körper, der sich in dieser Kapsel befindet, fällt ebenfalls frei. Der Körper und die Kapsel führen also eine geradlinig gleichmäßig beschleunigte Bewegung bezogen auf die Erde aus. Bezogen auf die Kapsel ruht der Körper, sodass sich nach dem Trägheitsprinzip die Kräfte, die auf ihn in der Kapsel wirken, aufheben müssen. Da in der Kapsel die Schwerkraft aufgehoben ist, ist der Körper *schwerelos*.

Auf einen Körper, der sich im Zustand der Schwerelosigkeit befindet, wirkt allein seine Gewichtskraft ein. Ein solcher Zustand wird zum Beispiel auf sogenannten *Parabelflügen* mit Flugzeugen erreicht. Sie dienen dazu, Astronauten auf ihren Einsatz im Weltraum vorzubereiten (**Abb. 23.2 b**).

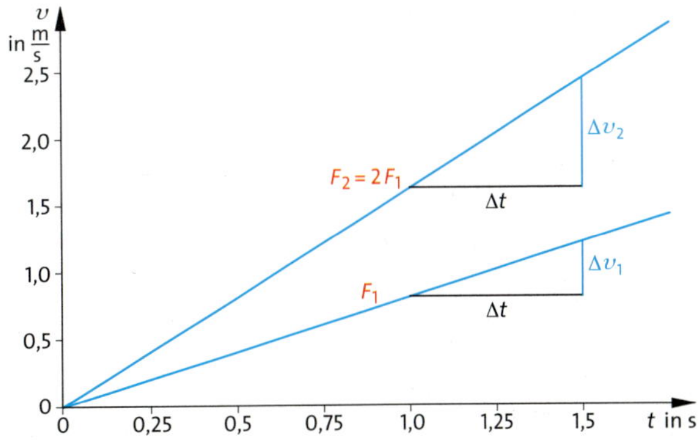

23.1 Eine doppelt so große Kraft ruft bei gleicher Masse eine doppelt so große Beschleunigung hervor.

23.2 a) Bremer Fallturm
b) Astronauten beim Training der Schwerelosigkeit während eines Parabelfluges

Aufgaben

1. Ein Auto ($m = 900$ kg) erfährt die Beschleunigung $a = 4{,}5\ m/s^2$. Berechnen Sie die Kraft, die dabei von den Rädern auf das Auto übertragen wird.
2. Ein Junge bringt einen Ball der Masse $m = 0{,}3$ kg in der Zeit $\Delta t = 0{,}2$ s aus der Ruhe auf die Geschwindigkeit $v = 8$ m/s. Berechnen Sie, welche (durchschnittliche) Kraft er dabei auf den Ball ausübt.
3. Ein Zug mit der Gesamtmasse $m = 600$ t erreicht beim Anfahren auf einer Strecke von 2,45 km die Geschwindigkeit 120 km/h. Berechnen Sie die konstante Kraft, mit der die Lokomotive den Zug zieht.
4. **a)** Begründen Sie, warum ein Auto der Masse m, das mit der Geschwindigkeit v gegen eine dicke Betonmauer fährt, eine größere Kraft „erfährt" als ein Auto, das ebenfalls die Masse m hat und mit der Geschwindigkeit v in einen Drahtzaun fährt. In beiden Fällen kommt das Auto zum Stillstand.
   b) Erläutern Sie, warum in Autos „Knautschzonen" zur Verringerung des Verletzungsrisikos eingebaut werden.
5. In einem Fahrstuhl wird die Gewichtskraft eines Körpers gemessen. Erklären Sie die Beobachtungen, die beim Anfahren, Fahren und Abbremsen gemacht werden.

1.3 Zusammensetzung und Zerlegung von Kräften und Bewegungen

Bewegungen verlaufen nicht immer geradlinig in einer Richtung. In einem Fußballspiel zum Beispiel wird der Ball kreuz und quer über das Spielfeld gespielt. Die Änderungen der Ballgeschwindigkeit und seiner Richtung kommen durch Kräfte zustande, die die Spieler mit dem Fuß oder dem Kopf auf den Ball ausüben. Kräfte und die Bewegungsgrößen Weg, Geschwindigkeit und Beschleunigung werden erst dann vollständig beschrieben, wenn neben ihrem Betrag auch ihre Richtung bekannt ist.

1.3.1 Vektoren in der Physik

Physikalische Größen, die durch Betrag und Richtung gekennzeichnet sind, werden **Vektoren** genannt. Größen, die bereits durch ihren Betrag vollständig bestimmt sind, heißen **Skalare**.

Gekennzeichnet werden Vektoren durch einen Pfeil über ihrem Formelzeichen. Vektoren sind z. B. der Weg $\vec{s}$, die Geschwindigkeit $\vec{v}$, die Beschleunigung $\vec{a}$ und die Kraft $\vec{F}$. Die Zeit t und die Masse m sind dagegen Skalare.

b)

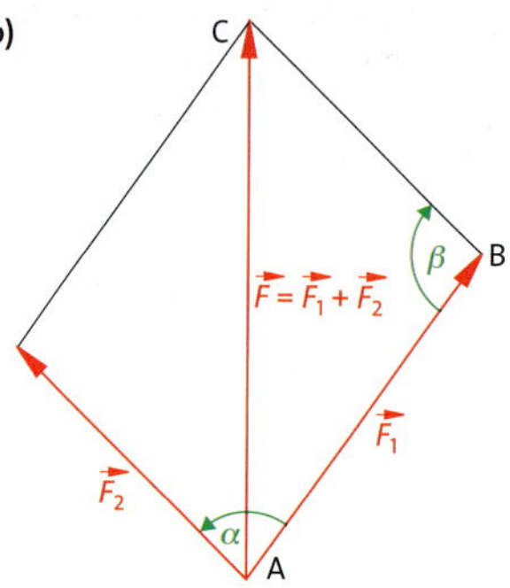

24.1 a) Eine Trampolin-Bungeespringerin und die auf sie wirkenden Kräfte; **b)** Zusammensetzung der Bungeeseilkräfte $\vec{F_1}$ und $\vec{F_2}$ zur resultierenden Kraft $\vec{F} = \vec{F_1} + \vec{F_2}$

In einem zuvor festgelegten Bezugssystem wird ein Vektor grafisch durch einen Pfeil dargestellt, dessen Richtung die Richtung der vektoriellen Größe ist und dessen Länge dem *Betrag der vektoriellen Größe* entspricht.

Versuch 1: Eine Trampolin-Bungeespringerin, deren Gewichtskraft $\vec{F_G}$ lotrecht nach unten wirkt, wird durch die von den elastischen Bungeeseilen ausgeübten Kräfte $\vec{F_1}$ und $\vec{F_2}$ beim Fallen gebremst und wieder nach oben beschleunigt.
Erklärung: Die Kräfte $\vec{F_1}$ und $\vec{F_2}$ der Bungeeseile setzen sich zu einer *resultierenden Kraft* $\vec{F} = \vec{F_1} + \vec{F_2}$ zusammen. Die *Vektorsumme* von $\vec{F_1}$ und $\vec{F_2}$ wirkt bei der Abwärtsbewegung der Gewichtskraft F_G der Springerin entgegen, sodass letztendlich nur die Kräftedifferenz $F_G - F$ die Springerin beschleunigt. Da die Kräfte $\vec{F_1}$ und $\vec{F_2}$ mit wachsender Dehnung der Bungeeseile zunehmen, entspricht an einem bestimmten Punkt der Betrag der resultierenden Kraft $\vec{F}$ dem Betrag der Gewichtskraft $\vec{F_G}$. Die Summe aller an der Springerin angreifenden Kräfte ist dann (kurzfristig) null. Die Springerin bewegt sich jedoch nach dem Trägheitsprinzip über diesen Punkt hinaus, wodurch die Seilkräfte wegen der größer werdenden Dehnung weiter ansteigen und die resultierende Kraft $\vec{F}$ größer wird als die Gewichtskraft $\vec{F_G}$. Die Springerin wird dann von der Kräftedifferenz $F - F_G$ nach oben beschleunigt. ◂

Da die Kräfte unterschiedliche Richtungen haben, kann der Betrag der resultierenden Kraft nicht einfach durch die Summe der Beträge der einzelnen Kräfte berechnet werden. Der Betrag der Gewichtskraft sei $F_G = 350$ N und die Beträge der Kräfte $\vec{F_1}$ und $\vec{F_2}$ in dem in **Abb. 24.1** dargestellten Moment $F_1 = 146$ N und $F_2 = 118$ N. Ist der Winkel zwischen $\vec{F_1}$ und $\vec{F_2}$ $\alpha = 81{,}42°$, folgt für den Winkel $\beta = 180° - \alpha = 98{,}58°$. Wird nun der Cosinussatz auf das Dreieck ABC **(Abb. 24.1 b)** angewandt, folgt für den Betrag der resultierenden Kraft $\vec{F}$, der durch die Länge der Strecke AC repräsentiert wird:

$$F = \sqrt{F_1^{\,2} + F_2^{\,2} - 2\,F_1 F_2 \cos(\beta)} =$$
$$= \sqrt{146^2 + 118^2 - 2 \cdot 146 \cdot 118 \cdot \cos(98{,}58°)}\ \text{N}$$
$$\approx 201\ \text{N}$$

Liegen die Kraftvektoren dagegen auf einer Geraden, so wie dies für $\vec{F_G}$ und $\vec{F}$ der Fall ist, lässt sich der Betrag einfach durch Addition (wenn die Vektoren in die gleiche Richtung zeigen, also parallel sind) oder durch Subtraktion (wenn die Vektoren in entgegengesetzte Richtungen zeigen, also antiparallel sind) gewinnen. Im Fall von **Abb. 24.1 a)** ist die beschleunigende Kraft $\vec{F_G} + \vec{F}$ nach unten gerichtet und hat den Betrag
$F_G - F = 350\ \text{N} - 201\ \text{N} = 149\ \text{N}$.

Nach der Grundgleichung der Mechanik ergibt sich mit $m = F_G / g = 350\ \text{N} / 9{,}81\ \text{m/s}^2 = 35{,}7\ \text{kg}$ für die Beschleunigung der Betrag

$$a = \frac{F_G - F}{m} = \frac{149\ \text{N}}{35{,}7\ \text{kg}} \approx 4{,}2\ \text{m/s}^2.$$

Da die beschleunigende Kraft zu diesem Zeitpunkt nach unten zeigt und die Masse ein positiver Skalar ist, ist auch der Beschleunigungsvektor $\vec{a}$ nach unten gerichtet; $\vec{a}$ wird daher parallel zum Vektor $\vec{F_G} + \vec{F}$ gezeichnet, hat aber nur das $1/m$-Fache von dessen Länge.

Vektorielle Größen werden **addiert**, indem ihre repräsentierenden Pfeile mit gemeinsamem Anfangspunkt in einem Parallelogramm zusammengesetzt werden. Ihre **Summe** ist der vom gemeinsamen Anfangspunkt ausgehende Diagonalpfeil.
Vektorielle Größen werden mit **positiven Skalaren multipliziert**, indem ihr Betrag mit dem Skalar multipliziert wird und die Richtung erhalten bleibt. Multiplikation mit einem **negativen Skalar** kehrt zusätzlich die Richtung des repräsentierenden Pfeils um.

Wird zur Beschreibung einer Bewegung ein Bezugssystem festgelegt, so zeigt der Vektor $\vec{s}$ vom Koordinatenursprung zum momentanen Ort des Körpers.
Befindet sich der Körper zum Zeitpunkt t_1 am Ort $\vec{s_1}$ und zu einem etwas späteren Zeitpunkt t_2 am Ort $\vec{s_2}$, so ist seine Geschwindigkeit

$$\vec{v} = \frac{\Delta \vec{s}}{\Delta t} = \frac{\vec{s_2} - \vec{s_1}}{t_2 - t_1}$$

ein Vektor, der parallel zum Differenzvektor $\Delta \vec{s}$ verläuft, da $t_2 - t_1 > 0$ die Richtung nicht verändert.
Hat ein Körper zum Zeitpunkt t_1 die Geschwindigkeit $\vec{v_1}$ und zu einem etwas späteren Zeitpunkt t_2 die Geschwindigkeit $\vec{v_2}$, so ist die Beschleunigung

$$\vec{a} = \frac{\Delta \vec{v}}{\Delta t} = \frac{\vec{v_2} - \vec{v_1}}{t_2 - t_1}$$

ein Vektor, der parallel zum Differenzvektor $\Delta \vec{v}$ verläuft, da $t_2 - t_1 > 0$ ist. Eine Bewegung ist also auch dann beschleunigt, wenn sich nur die Richtung des Geschwindigkeitsvektors im Laufe der Zeit ändert.

Nach der Grundgleichung der Mechanik $\vec{F} = m\vec{a}$ erfährt ein Körper mit der Masse m durch eine Kraft $\vec{F}$ eine Beschleunigung $\vec{a}$, die parallel zum Vektor der Kraft ist.

In vektorieller Form lauten die allgemeinen Gleichungen einer Bewegung mit konstanter Beschleunigung

$$\vec{s} = \vec{s_0} + \vec{v_0}\, t + \tfrac{1}{2}\vec{a_0}\, t^2; \quad \vec{v} = \vec{v_0} + \vec{a_0}\, t; \quad \vec{a} = \vec{a_0}\,.$$

Methode

Zerlegung vektorieller Größen

Physikalische Vorgänge lassen sich oft leichter analysieren, wenn die zugrunde liegenden vektoriellen Größen vollständig in *geeignete* Teilvektoren, sogenannte **Komponenten**, zerlegt werden.
Beispielsweise kann die Kraft $\vec{F_H}$, die einen Wagen im Leerlauf auf einer schiefen Ebene bergab beschleunigt, dadurch ermittelt werden, dass die Gewichtskraft $\vec{F_G}$ des Wagens in eine zur schiefen Ebene parallele Komponente $\vec{F_H}$ und in eine zur schiefen Ebene senkrechte Komponente $\vec{F_N}$ zerlegt wird. Dabei muss für die Komponenten $\vec{F_G} = \vec{F_H} + \vec{F_N}$ gelten.

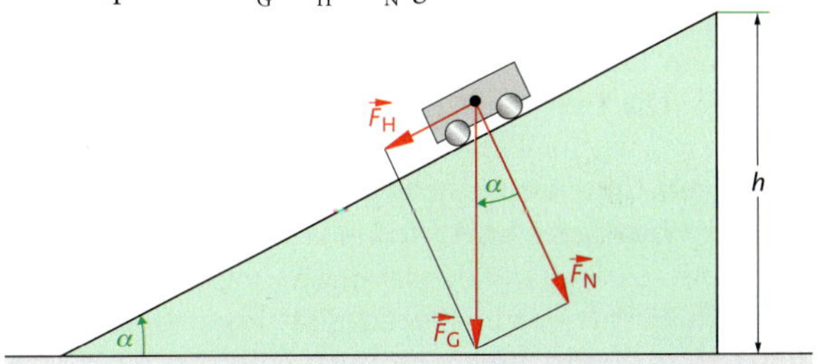

Die **Normalkraft** $\vec{F_N}$ ist die Kraft, mit der der Wagen auf die schiefe Ebene drückt; die **Hangabtriebskraft** $\vec{F_H}$ beschleunigt den Wagen bergab. Die Beträge dieser Kräfte hängen mit dem Neigungswinkel α zusammen: $F_N = F_G \cos(\alpha)$, $F_H = F_G \sin(\alpha)$.
Kann sich der Wagen reibungsfrei bewegen, so erfährt er eine Beschleunigung $\vec{a_H}$ parallel zur schiefen Ebene mit dem Betrag $a_H = g \sin(\alpha)$. Je flacher die schiefe Ebene geneigt ist, umso kleiner ist a_H. Diese „verlangsamte" Fallbeschleunigung nutzte auch GALILEI für seine Fallrinnenversuche zur Herleitung der Fallgesetze.

Bei der Zerlegung vektorieller Größen in geeignete Komponenten können diese Komponenten als voneinander unabhängige Größen behandelt werden, sie beeinflussen einander nicht. Oft erweist sich die Zerlegung in Komponenten, die parallel zu Koordinatenachsen verlaufen, als geeignet. Durch Zusammensetzen dieser Komponenten lassen sich die ursprünglichen Größen wiedergewinnen. Diese Tatsache wird als **Superpositionsprinzip** bezeichnet.

Aufgaben

1. Eine junge Frau will einen 250 m breiten Fluss
① ohne Anschwimmen gegen die Strömung,
② mit Anschwimmen gegen die Strömung
durchqueren. Sie kann längere Zeit mit der Geschwindigkeit $v = 1{,}1$ m/s schwimmen. Die Fließgeschwindigkeit des Wassers betrage ① $w_1 = 1$ m/s bzw. ② $w_2 = 1{,}5$ m/s.
a) Berechnen Sie jeweils, wie lange sie für die Flussquerung braucht, wie weit sie abgetrieben wird und wie groß ihre Geschwindigkeit relativ zum Grund ist.
b) Untersuchen Sie, ob die Schwimmerin in beiden Fällen so schwimmen kann, dass sie genau gegenüber am Flussufer ankommt.

1.3.2 Wurfbewegungen

Wurfbewegungen sind ein gutes Beispiel dafür, dass sich komplizierte Bewegungen leichter untersuchen lassen, wenn sie in geeignete Teilbewegungen zerlegt werden.

Der waagerechte Wurf

Versuch 1: Aus einem waagerecht gehaltenen Schlauch tritt ein Wasserstrahl aus (**Abb. 26.1 a**). Die Bahnkurve der Wassertropfen wird punktweise in einem (s_x, s_y)-Bezugssystem aufgenommen und mit einer Trendlinie aus einem Tabellenkalkulationsprogramm angenähert.
Ergebnis: Die Trendlinie, die am besten zu den Messungen „passt", ist eine Parabel: $s_y = -0{,}24\ \mathrm{m}^{-1}\, s_x^{\ 2}$. Die Wassertropfen führen eine Bewegung aus, die als **waagerechter Wurf** bezeichnet wird. ◂

Versuch 2: Aus einem Wurfapparat lösen sich gleichzeitig zwei Kugeln; eine von ihnen fällt lotrecht zu Boden, die andere führt einen waagerechten Wurf aus (**Abb. 26.1 b**). Durch eine Mehrfachbelichtung, deren Teilaufnahmen in gleichen zeitlichen Abständen erfolgen, werden die Bewegungen aufgezeichnet.
Ergebnis: Die Aufnahme zeigt, dass die Kugeln in gleichen Zeiten die gleichen Höhen Δs_y durchfallen haben, und dass die Kugel, die den waagerechten Wurf ausführt, in waagerechter Richtung in gleichen Zeiten stets die gleiche Strecke Δs_x zurückgelegt hat. ◂

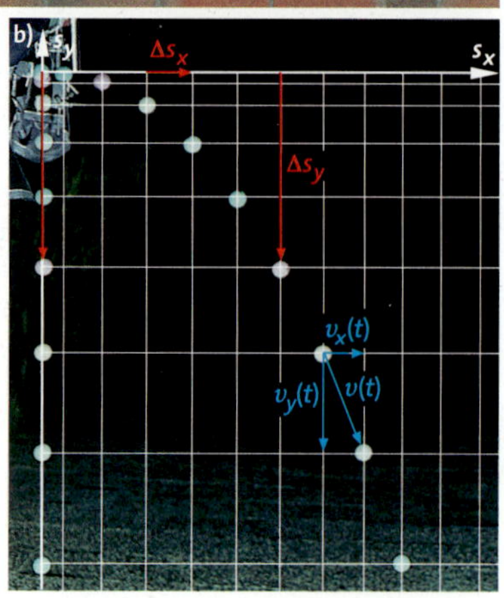

26.1 a) Ein Wasserstrahl verlässt waagerecht eine Düse, die Wassertropfen führen einen waagerechten Wurf aus; **b)** Vergleich eines waagerechten Wurfs mit einem freien Fall

Die Bewegung des waagerechten Wurfs kann in zwei voneinander unabhängige Teilbewegungen zerlegt werden: in eine waagerecht in Richtung der s_x-Achse verlaufende gleichförmige Bewegung mit konstanter Geschwindigkeit und in einen lotrecht längs der negativen s_y-Achse verlaufenden freien Fall. Die Zeit-Weg-Gesetze dieser Teilbewegungen

$$s_x = v_{0x}\, t; \quad s_y = -\tfrac{1}{2} g t^2$$

ergeben das Zeit-Weg-Gesetz des waagerechten Wurfs

$$\vec{s} = \vec{s}_x + \vec{s}_y = \vec{v}_{0x}\, t + \tfrac{1}{2} \vec{g}\, t^2,$$

wobei der Vektor der Fallbeschleunigung nach unten, also in Richtung der negativen s_y-Achse zeigt.

Um die Bahnkurve des Körpers zu ermitteln, wird die Zeit $t = s_x / v_{0x}$ in die Gleichung für s_y eingesetzt:

$$s_y = -\tfrac{1}{2} g \left(\frac{s_x}{v_{0x}}\right)^2 = -\frac{g}{2\, v_{0x}^{\ 2}}\, s_x^{\ 2}$$

Dies entspricht der in Versuch 1 experimentell ermittelten Wurfparabel. Diese Parabel ist nach unten geöffnet mit Scheitel im Startpunkt der Wurfbewegung.

Aus der Gleichung der Bahnkurve kann die **Wurfweite** w in Abhängigkeit von der Fallhöhe h bestimmt werden, denn aus $h = w^2 g / (2\, v_{0x}^{\ 2})$ folgt

$$w = \sqrt{\frac{2h}{g}}\, v_{0x}\,.$$

Die **Wurfdauer** beträgt

$$t_\mathrm{w} = \frac{w}{v_{0x}} = \sqrt{\frac{2h}{g}}\,.$$

Die Zeit-Geschwindigkeit-Gesetze der Teilbewegungen

$$\vec{v}_x = \vec{v}_{0x}; \quad \vec{v}_y = \vec{g}\, t$$

ergeben das Zeit-Geschwindigkeit-Gesetz des waagerechten Wurfs

$$\vec{v} = \vec{v}_x + \vec{v}_y = \vec{v}_{0x} + \vec{g}\, t.$$

Der Betrag der Geschwindigkeit ist

$$v = \sqrt{v_x^{\ 2} + v_y^{\ 2}} = \sqrt{v_{0x}^{\ 2} + (g t)^2}\,.$$

Da auf den Körper lediglich seine Gewichtskraft in Richtung der negativen s_y-Achse wirkt, ist das Zeit-Beschleunigung-Gesetz des waagerechten Wurfs

$$\vec{a} = \vec{g}\,.$$

Der waagerechte Wurf besteht aus einer gleichförmigen Bewegung in waagerechter Richtung und einer gleichmäßig beschleunigten Bewegung in lotrechter Richtung zur Erde mit den Bewegungsgesetzen

$$\vec{s} = \vec{v}_{0x}\, t + \tfrac{1}{2} \vec{g}\, t^2; \qquad \vec{v} = \vec{v}_{0x} + \vec{g}\, t; \qquad \vec{a} = \vec{g}\,.$$

Der lotrechte Wurf nach oben

Der lotrechte Wurf eines Körpers nach oben (**Abb. 27.1 a**) lässt sich ebenfalls in zwei Teilbewegungen zerlegen: Die erste Teilbewegung ergibt sich, wenn der Körper aus der Anfangshöhe h_0 mit der Geschwindigkeit $\vec{v}_0$ lotrecht nach oben abgeworfen wird. Diese Teilbewegung erfolgt ohne Einfluss von Kräften, ist also eine geradlinig gleichförmige Bewegung. Die zweite Teilbewegung ist der freie Fall des Körpers lotrecht nach unten. Aus der Überlagerung beider Bewegungen ergeben sich die Gesetze des lotrechten Wurfs nach oben:

$$\vec{s} = \vec{s}^{\uparrow} + \vec{s}^{\downarrow} = \vec{h}_0 + \vec{v}_0 t + \tfrac{1}{2}\vec{g}\, t^2 ,$$

$$\vec{v} = \vec{v}^{\uparrow} + \vec{v}^{\downarrow} = \vec{v}_0 + \vec{g}\, t ,$$

$$\vec{a} = \vec{a}^{\uparrow} + \vec{a}^{\downarrow} = \vec{g}$$

Da die Teilbewegungen antiparallel zueinander sind, kann mit den Beträgen gerechnet werden.

Die **Steigzeit** t_h ist verstrichen, wenn der Körper den höchsten Punkt seiner Bahn erreicht hat. Da er in diesem Punkt die Geschwindigkeit null hat, folgt aus $0 = v_0 - g t_h$ die Steigzeit $t_h = v_0/g$.

In dieser Zeit erreicht der Körper die **Wurfhöhe** h über der Abwurfhöhe h_0, für die gilt

$$h = s - h_0 = v_0 t_h - \tfrac{1}{2} g t_h^{\,2} = \frac{v_0^{\,2}}{2g} .$$

Der Wurf ist beendet, wenn der Körper wieder die Ausgangshöhe h_0 erreicht hat. Die dafür benötigte **Wurfdauer** t_W ergibt sich als positive Lösung der Gleichung

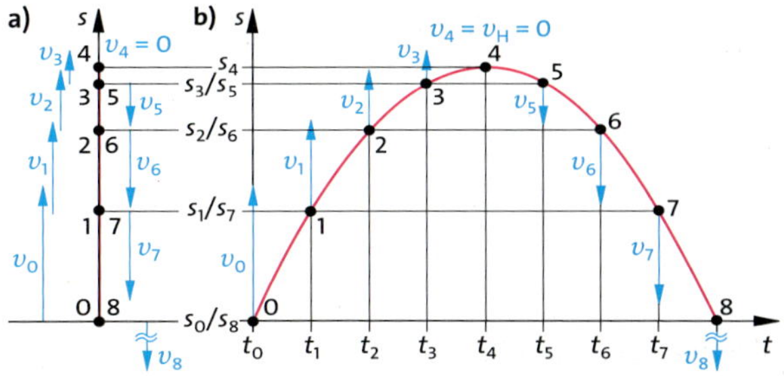

27.1 Lotrechter Wurf: **a)** die Bahnkurve, eine zweimal durchlaufene Strecke; **b)** das Zeit-Weg-Diagramm, ein Parabelbogen (mit einander entsprechenden Geschwindigkeitsvektoren)

$$h_0 = h_0 + v_0 t_W - \tfrac{1}{2} g t_W^{\,2} = h_0 + (v_0 - \tfrac{1}{2} g t_W)\, t_W \quad \text{zu}$$

$$t_W = 2\frac{v_0}{g} = 2\, t_h .$$

Die ideale Wurfbahn des lotrechten Wurfs nach oben ergibt im Zeit-Weg-Diagramm eine nach unten geöffnete Parabel (**Abb. 27.1 b**).

Aufgaben

1. Hilfslieferungen können bei günstigen Bedingungen aus einer Höhe von 30 m abgeworfen werden. Berechnen Sie, wie weit vor dem Ziel eine solche Lieferung abgeworfen werden muss, wenn das Flugzeug mit 180 km/h fliegt, und mit welcher Geschwindigkeit die Lieferung aufkommt.

Exkurs

Segeln – Kursnehmen mit Geschwindigkeitsvektoren

Vor Anker, am Steg oder an der Boje nimmt der Segler den *wahren Wind* mit der Geschwindigkeit $\vec{v}_W$ wahr. Auf einem Motorboot, das bei Flaute mit großer Geschwindigkeit dahin braust, misst er den *Fahrtwind*, dessen Geschwindigkeit $\vec{v}_F$ ist. Auf einem Segelboot in Fahrt beobachtet er ausschließlich den *scheinbaren Wind*, dessen Geschwindigkeit $\vec{v}_S$ ist. Der beobachtete scheinbare Wind kann durchaus schneller als der wahre Wind sein. Ein Segelboot fährt in den meisten Fällen nicht in Richtung der Mittelschiffsachse, es sei denn, es segelt genau vor dem Wind. Normalerweise wird das Boot durch den Wind seitlich verschoben.

Der Winkel zwischen gesteuertem und gesegeltem Kurs ist die *Abdrift*, die je nach Windstärke 4° bis 7° betragen kann. Bei Strömung, die nicht nur auf Flüssen, sondern auch auf Seen und auf dem Meer dadurch zustande kommt, dass der Wind das Wasser bewegt, ist zusätzlich die Stromversetzung zu berücksichtigen.

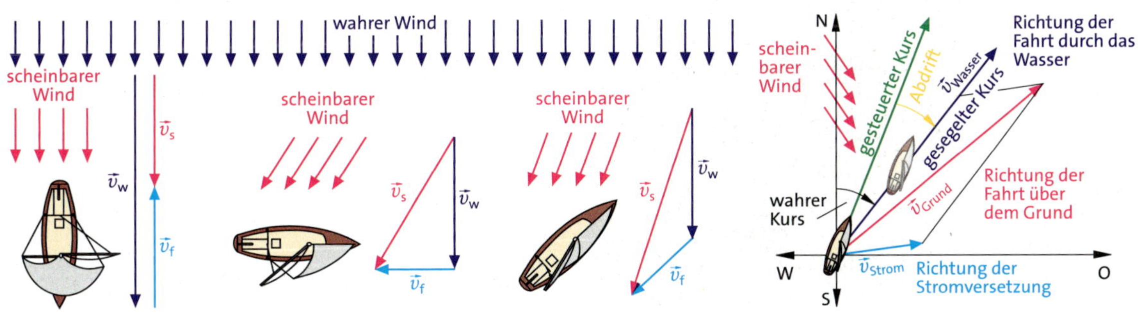

1.4 Die Newton'schen Axiome und ihre Anwendung

Im Jahr 1687 formulierte NEWTON in seinem Werk „*Philosophiae naturalis principia mathematica*“ erstmals die Grundgesetze der Mechanik. Er begründete mit den Principia unser heutiges naturwissenschaftliches Weltbild. Mehr als 200 Jahre lang waren sie das wichtigste Standardwerk der Physik. NEWTON formuliert die Gesetze der Mechanik als sogenannte *Axiome*, die als gültig vorausgesetzt und nicht aus anderen Aussagen oder Sätzen hergeleitet werden können. Aus ihnen können alle weiteren Aussagen durch rein logisch-mathematisches Schließen hergeleitet und durch Experimente überprüft werden.

1.4.1 Die Newton'schen Axiome

Das erste Newton'sche Axiom ist das Trägheitsprinzip (→ S. 20). Es beschreibt die Geradlinigkeit der kräftefreien Bewegung von Körpern in einem geeignet gewählten Bezugssystem:

Erstes Newton'sches Axiom (Trägheitsgesetz):
Ein Körper verharrt im Zustand der Ruhe oder der gleichförmigen geradlinigen Bewegung, solange keine äußeren Kräfte auf ihn wirken.

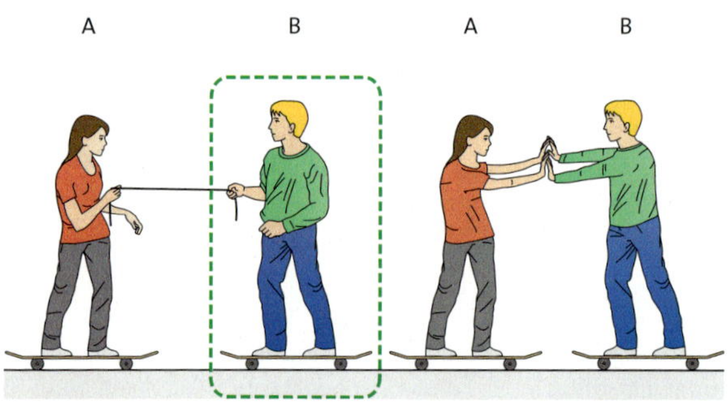

28.1 Auch wenn nur eine Person am Seil zieht oder sich abstößt – immer sind Kraft und Gegenkraft entgegengesetzt gleich.

28.2 Die Skateboarderin stößt einen Ball von sich weg. Durch die Gegenkraft wird sie selbst in die entgegengesetzte Richtung in Bewegung gesetzt (Rückstoß).

Das zweite Axiom enthält die **Grundgleichung der Mechanik** (→ S. 23):

Zweites Newton'sches Axiom:
Die Beschleunigung $\vec{a}$ eines Körpers ist proportional zur Gesamtkraft $\vec{F}$, die auf ihn einwirkt, und umgekehrt proportional zu seiner Masse m. Es gilt der Zusammenhang $\vec{a} = \vec{F}/m$ bzw. $\vec{F} = m\,\vec{a}$.

NEWTONS drittes Axiom befasst sich mit den Kräften bei der Wechselwirkung zweier Körper. Es lässt sich durch einfache Versuche plausibel machen.

Versuch 1: Zwei etwa gleich schwere, also etwa gleich träge Skateboarder stehen sich wie in **Abb. 28.1** gegenüber. Auch wenn nur einer von ihnen am Seil zieht, setzen sich beide in Bewegung. Das Gleiche gilt, wenn sich einer vom anderen abstößt. Immer ist die Kraft, die von A auf B ausgeübt wird, gleich groß und entgegengesetzt gerichtet wie die von B auf A ausgeübte Kraft. ◂

Das dritte Newton'sche Axiom besagt, dass Kräfte zwischen Körpern nie einzeln, sondern immer paarweise auftreten. Zu jeder Kraft (*actio*) auf einen Körper gehört stets eine gleich große, aber entgegengesetzt gerichtete Gegenkraft (*reactio*) auf einen anderen Körper.

Drittes Newton'sches Axiom (actio = reactio):
Übt ein Körper A die Kraft $\vec{F}_{A\to B}$ auf einen zweiten Körper B aus (actio), so übt umgekehrt auch B auf A die Gegenkraft $\vec{F}_{B\to A}$ aus (reactio). Sie ist entgegengesetzt gleich der ersten Kraft: $\vec{F}_{A\to B} = -\vec{F}_{B\to A}$.

Wechselwirkungskräfte

Die beiden Kräfte $\vec{F}_{A\to B}$ und $\vec{F}_{B\to A}$ werden als **Wechselwirkungskräfte** bezeichnet. Sie greifen immer an zwei verschiedenen Körpern an: Kraft und Gegenkraft wirken niemals auf den gleichen Körper.

Das Prinzip „Kraft gleich Gegenkraft“ („actio = reactio“) liegt auch dem als **Rückstoß** bezeichneten Phänomen zugrunde. Wenn eine Skateboarderin eine Kraft auf einen Ball ausübt, um ihn von sich wegzustoßen, wirkt eine ebenso große Gegenkraft auf sie selbst, die sie in die entgegengesetzte Richtung beschleunigt (**Abb. 28.2**). Auf diese Weise funktioniert auch der **Raketenantrieb** (→ S. 60): Statt des Balls werden von der Rakete heiße Verbrennungsgase ausgestoßen. Die durch das dritte Newton'sche Axiom beschriebene Rückstoßkraft beschleunigt die Rakete entgegengesetzt zur Richtung der ausgestoßenen Gase.

29.1 Steigerung der Sprungweite durch Hanteln

In der Antike wurden sportliche Höchstleistungen ebenso bewundert wie heute. Griechische Weitspringer bedienten sich eines Tricks, um ihre Sprungweite zu steigern (**Abb. 29.1**). In den Händen hielten sie steinerne Hanteln (*Halteres*) mit einer Masse von 1 – 4,5 kg, die sie während des Sprungs nach hinten schleuderten. Der Springer übt beim Wegschleudern eine Kraft auf die Hantel aus; die Gegenkraft beschleunigt ihn nach vorn.

Zwischen Kräften, die ein Gleichgewicht erzeugen, und Wechselwirkungskräften muss sorgfältig unterschieden werden:

- **Kräftegleichgewicht** herrscht, wenn *zwei* entgegengesetzt gleiche Kräfte an *einem* Körper angreifen.
- **Wechselwirkungskräfte** greifen immer an verschiedenen Körpern an: Die Skateboarderin übt eine Kraft *auf den Ball* aus. Die Gegenkraft *wirkt auf die Skateboarderin.* Für die Bewegung des Balles spielt letztere keine Rolle, denn sie wirkt ja auf die Skateboarderin.

Methode

Anwendung der Newton'schen Axiome

In den Newton'schen Axiomen sind die Grundgesetze der Mechanik kurz und prägnant formuliert. Vor ihrer Anwendung steht jedoch die **Modellbildung**, in der das jeweilige konkrete Problem für die Anwendung der Newton'schen Gesetze aufbereitet werden muss.

Der Prozess der Modellbildung beginnt mit einer Skizze und der Festlegung des betrachteten **Systems**, d. h. derjenigen Körper, deren Bewegung untersucht werden soll. In schwierig zu überblickenden Problemen werden die Systemgrenzen eingezeichnet (gestrichelte Linie in **Abb. 28.1**).
In einem zweiten Schritt werden die **äußeren Kräfte** identifiziert. Das sind alle diejenigen Kräfte, die über die Systemgrenzen hinweg *von außen* am System angreifen. In der Grundgleichung der Mechanik $\vec{F} = m\,\vec{a}$ bezeichnet $\vec{F}$ die Gesamtkraft, d. h. die *Summe aller äußeren Kräfte.* Die Beschleunigung $\vec{a}$, die sich daraus ergibt, bezieht sich auf den Schwerpunkt des betrachteten Systems.

Beispiel Skateboard

Welche Bewegung ergibt sich für Skateboarder B (**Abb. 28.1**), der das Seil festhält, während Skateboarderin A mit konstanter Kraft daran zieht?
Lösung:
Um die Bewegung von Skateboarder B zu beschreiben, ist es vorteilhaft, das in **Abb. 28.1** durch einen Rahmen abgegrenzte System zu betrachten. Die von Skater A auf Skaterin B ausgeübte Kraft $\vec{F}_{A \to B}$ wirkt über die Systemgrenzen und ist somit eine äußere Kraft. Skateboarderin B wird durch diese Kraft beschleunigt. Bei konstanter Kraft resultiert eine gleichmäßig beschleunigte Bewegung (→ 1.1.3).

Nur äußere Kräfte führen zur Beschleunigung eines Körpers. **Innere Kräfte**, die nur innerhalb des betrachteten Systems wirken, haben dagegen keinen Einfluss auf seine Bewegung. Wenn in **Abb. 28.1** die Systemgrenzen um beide Skateboarder gelegt werden, wirken in horizontaler Richtung nur innere Kräfte. Bei dieser Wahl der Systemgrenzen bleibt der Schwerpunkt in Ruhe.

Aufgaben

1. Geben Sie zwei weitere Beispiele an, bei denen sich Kraft und Gegenkraft unterscheiden lassen. Beschreiben Sie ihre Wirkung auf die Körper, an denen Sie angreifen.
2. Erläutern Sie, auf welchen Körper die Gegenkraft zur Gewichtskraft wirkt.
3. Die Erzählung des Barons Münchhausen, der behauptete, dass er sich an seinem eigenen Zopf aus dem Sumpf ziehen konnte, lässt sich leicht als Lügengeschichte entlarven, wenn der Körper des Barons das betrachtete System bildet.
Fertigen Sie eine Skizze zu Münchhausens Lügengeschichte an und kennzeichnen Sie das betrachtete System. Ordnen Sie alle auftretenden Kräfte nach inneren und äußeren Kräften ein.
4. Analysieren Sie die Situation in der folgenden Abbildung im Hinblick auf Kräftegleichgewicht und Wechselwirkungskräfte.

Exkurs

Sicherheitssysteme im Auto

In den vergangenen Jahrzehnten sind immer neue Sicherheitssysteme entwickelt worden, die die Insassen eines Autos bei einem Unfall vor Verletzungen bewahren sollen. Beispiele sind Sicherheitsgurt, Airbags und Knautschzone. Physikalisch lässt sich ihre Wirkungsweise aus einem einzigen Prinzip heraus verstehen: der Newton'schen Grundgleichung. Die Kraft, die während des Unfalls auf die Insassen wirkt, soll so klein wie möglich gehalten werden, damit die Verletzungsgefahr gering bleibt.

Bei einem Unfall erfährt ein Fahrzeuginsasse der Masse m in einer kurzen Zeit Δt eine starke Bremsbeschleunigung. Von der Anfangsgeschwindigkeit v wird er bis zum Stillstand abgebremst. Daher ist $\Delta v = 0 - v$. Nach der Newton'schen Grundgleichung wirkt dabei auf ihn die Kraft

$$F = m\frac{\Delta v}{\Delta t}.$$

Da sich die Masse der Person nicht ändern lässt und es im Augenblick des Unfalls auch zu spät ist, die Anfangsgeschwindigkeit zu verringern, bleibt eine einzige Möglichkeit zur Verringerung der Kraft: die Verlängerung der Zeitspanne Δt, in der die Person abgebremst wird. Eine Verlängerung der Abbremszeit ist aber gleichbedeutend mit einer Verlängerung des **Bremsweges** s_B für die Person. Für ihn wurde auf S. 13 die Formel

$$s_B = \frac{v^2}{2|a|}$$

hergeleitet. Durch Auflösen nach $|a|$ lässt sich die Bremsbeschleunigung, die die Person erfährt, mit ihrem Bremsweg verknüpfen:

$$|a| = \frac{v^2}{2 s_B}.$$

Je länger die Strecke, auf der die Person abgebremst wird, umso geringer ist die Bremsbeschleunigung und damit auch die Kraft, die auf die Person wirkt.

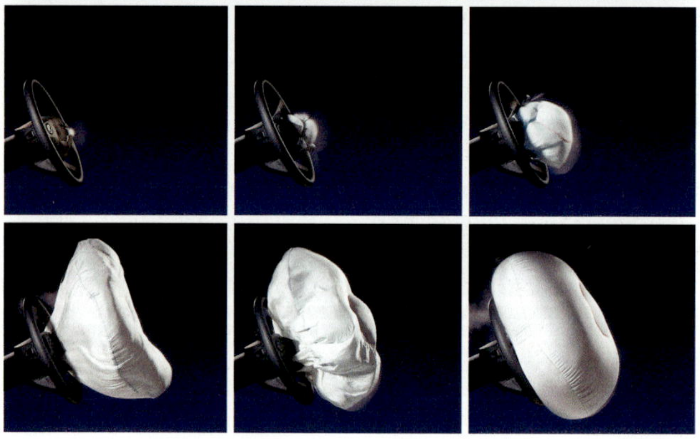

Knautschzone

Dass sich das Auto im Bild oben beim Aufprall auf den Mast so stark verformt, ist beabsichtigt. Die Front der Karosserie ist als *Knautschzone* ausgebildet; bei einem Unfall wird sie gezielt deformiert. Dadurch dauert es länger, bis das Auto endgültig zum Stillstand kommt. Die Abbremszeit Δt wird größer – das bedeutet eine geringere Beschleunigung für die Insassen. Die Entwicklungsabteilungen der Autohersteller planen sorgfältig, wie sich die Karosserie in verschiedenen Unfallsituationen verformen soll.

Wenn ein Auto mit 50 km/h aufprallt und dabei die Knautschzone um 50 cm deformiert wird, beträgt die Bremsbeschleunigung:

$$|a| = \frac{(50\ \text{km/h})^2}{2 \cdot 50\ \text{cm}} = 193\ \frac{\text{m}}{\text{s}^2} = 19{,}7\ g,$$

also knapp das 20-Fache der Erdbeschleunigung. Eine analoge Rechnung zeigt, dass bei einem Auto ohne Knautschzone, das sich nur um 10 cm verformt, die Bremsbeschleunigung bei 100 g liegt – ein Unterschied, der über Leben und Tod entscheiden kann.

Sicherheitsgurte

Die Sicherheitsgurte verteilen die auf die Insassen wirkenden Kräfte auf eine größere Fläche und verhindern, dass sie direkt auf das Lenkrad oder die Frontscheibe prallen und sich dabei schwere Verletzungen zuziehen. Aber die Sicherheitsgurte haben auch die Funktion, den Abbremsweg der Insassen zu verlängern. Sie bestehen aus einem Material, das sich bei einem Unfall um bis zu 15 % dehnt. Dadurch wird der Raum zwischen Sitz und Lenkrad als zusätzlicher Bremsweg für den Fahrer hinzugewonnen. Die Bremsbeschleunigung verringert sich entsprechend.

Weil sich die Sicherheitsgurte nur ein einziges Mal dehnen lassen, ist es vorgeschrieben, dass sie nach einem Unfall ausgetauscht werden müssen.

Airbags

Ein Airbag wird bei einem Unfall innerhalb von wenigen Hundertstel Sekunden durch einen Gas-Treibsatz aufgeblasen. Er schützt den Fahrer und die Insassen vor Verletzungen. Moderne Autos sind mit Front-, Seiten- und Kopfairbags ausgestattet, die in verschiedenen Unfallsituationen zum Einsatz kommen.

1.4.2 Haftkräfte und Reibungskräfte

Haftkräfte und Reibungskräfte treten dort auf, wo sich Körper berühren. Haftkräfte, meist Haftreibungskräfte genannt, sind von großer praktischer Bedeutung, weil ohne sie das Gehen und Laufen und ein Antrieb mit Rädern auf Straße oder Schiene nicht möglich wäre. Auch Nägel und Schrauben, Knoten, Keilriemen und Kupplungen halten nur, weil es Haftkräfte gibt. (Gleit-)Reibungskräfte treten auf, wenn sich berührende Körper gegeneinander bewegen, was zu Materialverschleiß und Energieverlust führt.

Wird ein Holzklotz mit konstanter Geschwindigkeit gleitend über eine Unterlage gezogen, so übt die Unterlage auf den Klotz eine Kraft aus, die mit der Zugkraft F_Z im Gleichgewicht steht, die **Gleitreibungskraft** F_R.

Versuch 1: Ein zunächst ruhender Holzklotz wird auf einer ebenen Unterlage gleitend in Bewegung gesetzt (**Abb. 31.1**). Dabei werden mit einem Computer-Messsystem die Zugkraft F_Z und der zurückgelegte Weg s erfasst. **Abb. 31.2** zeigt die Messergebnisse.
Beobachtung: Zu Beginn des Versuchs steigt die Zugkraft ständig an, aber der Holzklotz bleibt in Ruhe. Solange der Klotz ruht, übt die Unterlage die **Haftkraft** F_H auf ihn aus, die mit der Zugkraft im Gleichgewicht steht, ohne dass sich der Holzklotz in Bewegung setzt (links in **Abb. 31.2**). Sobald die Zugkraft F_Z einen bestimmten Wert, die **maximale Haftkraft** $F_{H\,max}$ übersteigt, beginnt der Klotz sich zu bewegen (rechts in **Abb. 31.2**). Danach muss die Zugkraft F_Z bei konstanter Gleitgeschwindigkeit lediglich die kleinere Gleitreibungskraft F_R kompensieren: Die Messwerte für die Zugkraft sind im rechten Teil kleiner als im linken. ◀

Versuch 2: Die maximale Haftkraft $F_{H\,max}$ und die Gleitreibungskraft F_R werden mithilfe einer schiefen Ebene bestimmt (**Abb. 31.3**). Der Neigungswinkel α wird so lange erhöht, bis sich der Körper gerade in Bewegung setzt. Dann ist die Komponente der Gewichtskraft parallel zur Oberfläche (die Hangabtriebskraft F_A) entgegengesetzt gleich der maximalen Haftreibungskraft $F_{H\,max}$. Gleitet der Körper bei verringertem Neigungswinkel nach einem Stoß mit konstanter Geschwindigkeit hinab, so ist die Hangabtriebskraft F_A gleich der Gleitreibungskraft F_R. ◀

Die maximale Haftkraft $F_{H\,max}$ und die Gleitreibungskraft F_R hängen nicht von der Größe der Berührungsfläche ab. Sie sind direkt proportional zur Normalkraft F_N, mit der ein Körper auf seine Unterlage drückt: $F_{H\,max} = f_H F_N$ bzw. $F_R = f_G F_N$. Die Gleitreibungskraft F_R ist unabhängig von der Geschwindigkeit.

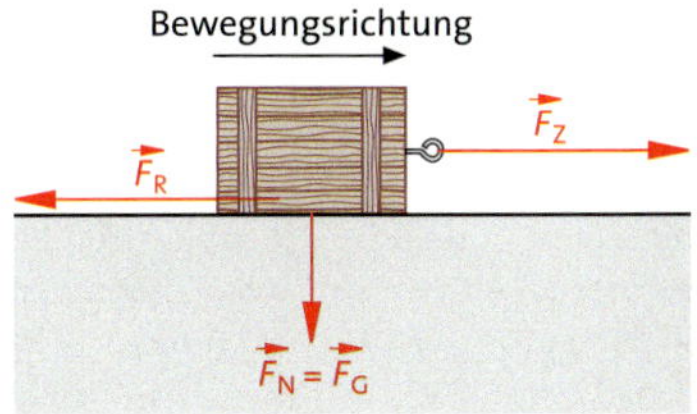

31.1 Die Zugkraft $\vec{F}_Z$ und ihre Gegenkraft, die Gleitreibungskraft $\vec{F}_R$, sind nur von der Normalkraft $\vec{F}_N$ abhängig.

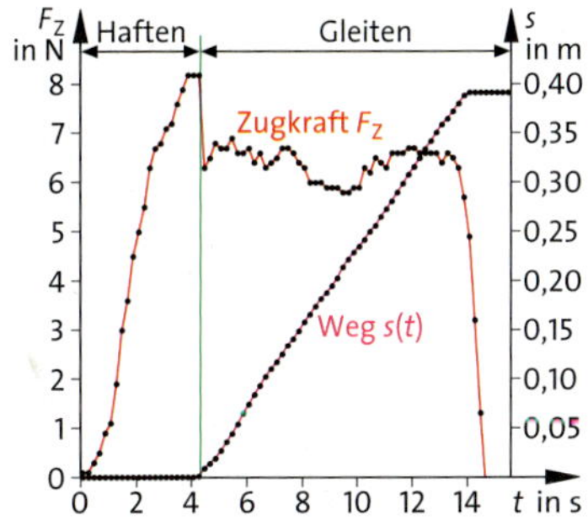

31.2 Messergebnisse für Zugkraft $\vec{F}_Z$ und Weg s beim Ziehen eines Holzklotzes über eine ebene Unterlage

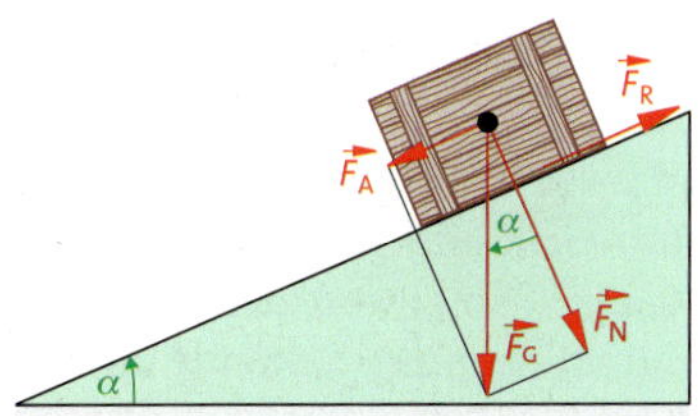

31.3 Bestimmung der Haftreibungszahl f_H und der Gleitreibungszahl f_G durch Einstellung des Neigungswinkels α

		f_H	f_G
Stahl auf Stahl	trocken	0,15–0,5	0,1–0,4
	gefettet	0,1	0,01
Stahl auf Teflon		0,04	0,04
Holz auf Holz		0,5	0,3
Ski auf Schnee		0,1–0,3	0,04–0,2
Reifen auf Straße	trocken	0,7–0,9	0,5–0,8
	nass	0,1–0,8	
	vereist	0,1–0,4	

31.4 Haftreibungszahlen f_H und Gleitreibungszahlen f_G. Sie hängen nur von der Beschaffenheit der Berührungsflächen ab.

Die Haftkraft kann größer werden als die Gleitreibungskraft. Sie ist stets kleiner oder gleich der maximalen Haftkraft: $F_H \leq F_{H\,max}$.

Aufgaben

1. Wird ein Besenstiel waagerecht auf die beiden Zeigefinger bei ausgestreckten Armen gelegt und werden die Hände nun langsam aufeinander zu bewegt, bleibt der Besenstiel stets im Gleichgewicht. Erklären Sie das Phänomen.

1.4.3 Die gleichförmige Kreisbewegung

Hubschrauber werden durch einen Rotor in der Luft gehalten. Der Auftrieb kommt dabei durch eine Schrägstellung der Rotorblätter zustande, die sich gleichförmig im Kreis drehen. Wenn die Spitzen der Rotorblätter die Schallgeschwindigkeit erreichen, treten aerodynamische Probleme auf, die zu starken Materialbelastungen führen oder gar die Flugsicherheit gefährden. Die Konstrukteure vermeiden daher schon beim Entwurf eines Hubschraubers, dass es zu einer solchen Situation kommt. Dazu müssen die Zusammenhänge zwischen den verschiedenen physikalischen Größen bekannt sein, die bei der Kreisbewegung auftreten, z. B. Frequenz und Umlaufzeit.

Die **Umlaufzeit** T einer Kreisbewegung ist der Quotient aus der Zeit t für n Umläufe und der Anzahl n der Umläufe. Der Kehrwert der Umlaufzeit T ist die **Frequenz** f der Kreisbewegung.
Umlaufzeit $T = \frac{t}{n}$; Frequenz $f = \frac{1}{T} = \frac{n}{t}$.

Die Einheit der Frequenz, $[f] = 1\ \text{Hz} = 1\ \text{s}^{-1}$, ist nach dem Physiker Heinrich Hertz (1857–1894) benannt. Je mehr Umdrehungen pro Sekunde stattfinden, desto größer ist die Frequenz. Der Zahlenwert der Frequenz gibt die Anzahl der Umdrehungen pro Sekunde an. Bei einer **gleichförmigen Kreisbewegung** sind Umlaufzeit bzw. Frequenz zeitlich konstant.

32.1 Die Spitzen der Rotorblätter eines Hubschraubers sollen die Schallgeschwindigkeit nicht erreichen.

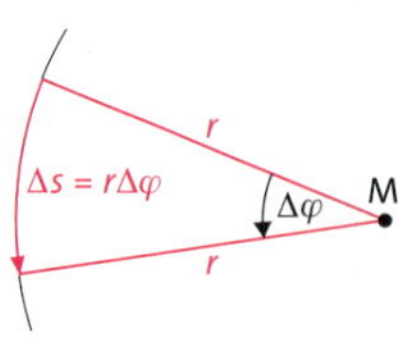

32.2 Zur Definition der Winkelgeschwindigkeit

Grad- und Bogenmaß

Für Winkelangaben wird grundsätzlich bei allen Rechnungen in den Naturwissenschaften und in der Technik das **Bogenmaß** verwendet. Das Bogenmaß eines Winkels $\Delta\varphi$ ist der Quotient aus dem Kreisbogen Δs, der zu $\Delta\varphi$ gehört, und dem Radius r (**Abb. 32.2**):

$$\Delta\varphi = \Delta s / r$$

Mathematisch gilt der folgende Zusammenhang:
Zum Winkel φ (in Grad) gehört der Bogen $b = 2\pi r \varphi$ (in Grad)/360°. Damit ergibt sich für den Zusammenhang zwischen Grad- und Bogenmaß

$$\varphi\ (\text{im Bogenmaß}) = \frac{b}{r} = \frac{\pi\varphi\ (\text{in Grad})}{360°}.$$

Die folgende Tabelle hilft bei der Umrechnung. Die Umrechnungsfaktoren links und rechts der Tabelle sind bei der Umrechnung in Pfeilrichtung zu verwenden.

$\cdot\frac{180°}{\pi}$ ↑	Gradmaß	90°	180°	360°	↓ $\cdot\frac{\pi}{180°}$
	Bogenmaß	$\frac{1}{2}\pi$	π	2π	

Winkelgeschwindigkeit und Bahngeschwindigkeit

Die **Winkelgeschwindigkeit** ω ist der Quotient aus dem Winkel im Bogenmaß $\Delta\varphi$ und der Zeit Δt:
$\omega = \Delta\varphi / \Delta t$

Zwei Punkte auf dem Rotorblatt eines Hubschraubers, deren Abstand von der Drehachse unterschiedlich ist, überstreichen in jeder Sekunde den gleichen Winkel $\Delta\varphi$: Sie haben die gleiche *Winkelgeschwindigkeit* ω (omega), obwohl sich ihre *Bahngeschwindigkeiten* unterscheiden.
Die **Bahngeschwindigkeit** eines Punktes auf einer Kreisbahn mit dem Radius r, der in der Zeit Δt die Strecke Δs zurücklegt, beträgt:

$$v = \frac{\Delta s}{\Delta t} = r\frac{\Delta\varphi}{\Delta t} = \omega r$$

Da für die Bahngeschwindigkeit sowohl $v = \omega r$ als auch $v = 2\pi r / T$ gilt, folgt $\omega = 2\pi f$.

Beispiel Der Rotor des Hubschraubers Bo-105

a) Der Rotor des in **Abb. 32.1** gezeigten Hubschraubers hat einen Radius von 5 m und rotiert mit 420 Umdrehungen pro Minute. Wie groß ist die Frequenz der Kreisbewegung?
Lösung:
Die Umlaufzeit des Rotors beträgt $T = 60\ \text{s} / 420 = \frac{1}{7}\ \text{s}$.
Die Frequenz der Kreisbewegung ist also

$$f = \frac{1}{T} = \frac{1}{\frac{1}{7}\ \text{s}} = 7\frac{1}{\text{s}} = 7\ \text{Hz}.$$

b) Überschreitet die Bahngeschwindigkeit der Rotorblätter-Spitzen die Schallgeschwindigkeit?
Lösung:
Alle Punkte auf dem Rotor haben die gleiche Winkelgeschwindigkeit. Sie beträgt

$$\omega = 2\pi f = 2\pi \cdot 7\ \text{Hz} = 44\ \text{s}^{-1}.$$

Aufgrund der verschiedenen Abstände vom Mittelpunkt sind die Bahngeschwindigkeiten aber unterschiedlich. Die größte Bahngeschwindigkeit tritt gemäß $v = \omega r$ bei den größten Radien auf, also an den Spitzen der Rotorblätter. Dort ist

$$v = \omega r = 44\ \text{s}^{-1} \cdot 5\ \text{m} = 220\ \text{m/s}.$$

Die Geschwindigkeit der Blattspitzen liegt somit unterhalb der Schallgeschwindigkeit von 330 m/s. Bei der Konstruktion muss allerdings nicht nur die Kreisbewegung des Rotors berücksichtigt werden, sondern auch die Vorwärtsbewegung des Hubschraubers, die an der vorwärtslaufenden Blattspitze noch zur oben errechneten Geschwindigkeit hinzukommt. Dies begrenzt die Fluggeschwindigkeit von Hubschraubern.

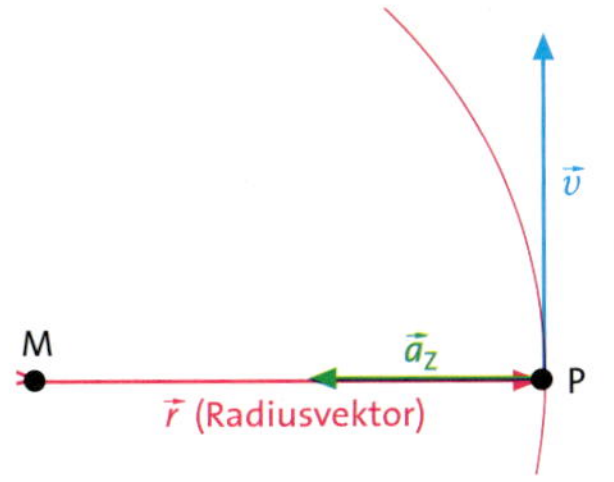

33.1 Radiusvektor $\vec{r}$ (Vektor vom Mittelpunkt des Kreises zum betrachteten Punkt), Geschwindigkeitsvektor $\vec{v}$ und Beschleunigungsvektor $\vec{a}_Z$ bei der gleichmäßigen Kreisbewegung

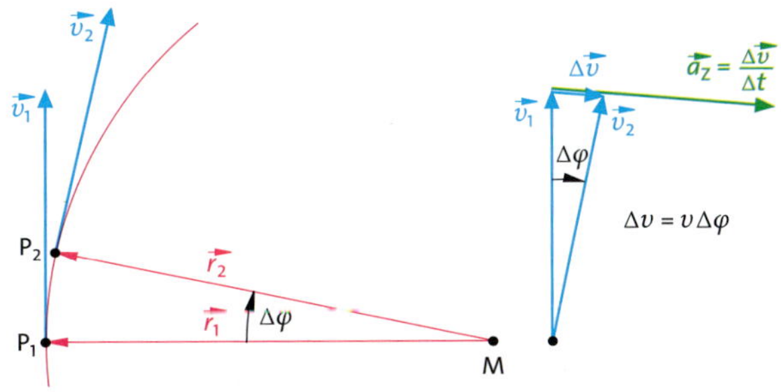

33.2 Bestimmung der Zentripetalbeschleunigung aus der Differenz der Bahngeschwindigkeiten $\vec{v}_2$ und $\vec{v}_1$: $\Delta\vec{v} = \vec{v}_2 - \vec{v}_1$. Rechts sind $\vec{v}_1$ und $\vec{v}_2$ vom selben Anfangspunkt aus abgetragen.

Zentripetalbeschleunigung

Die *Bahngeschwindigkeit* bei einer gleichförmigen Kreisbewegung ist ein *Vektor* (**Abb. 33.1**). Er hat zwar stets den gleichen Betrag, ändert aber ständig seine Richtung (**Abb. 33.2**) – er steht in jedem Bahnpunkt senkrecht zum Radiusvektor. Dafür gibt es anschauliche Beispiele: Beim Hammerwerfen fliegt die Kugel nach dem Loslassen tangential zum Schwungkreis davon. Beim Schleifen sprühen die Funken tangential vom Schleifstein weg. Bei Verlust der Bodenhaftung wird ein Auto tangential zu seiner Bahn „aus der Kurve getragen“.

Jede zeitliche Änderung der Geschwindigkeit, ob durch eine Änderung ihres Betrages oder ihrer Richtung, bedeutet eine *Beschleunigung*. Bei der gleichförmigen Kreisbewegung ist nur der Betrag der Bahngeschwindigkeit konstant, ihre Richtung ändert sich fortwährend. Daher erfährt der Körper kontinuierlich eine Beschleunigung. Weil $|\vec{v}|$ konstant ist, kann diese Beschleunigung keine Komponente in Bewegungsrichtung haben, sie ist also stets zum Mittelpunkt (Zentrum) der Kreisbahn gerichtet. Diese Beschleunigung wird als **Zentripetalbeschleunigung** a_Z bezeichnet.

Eine Formel für die Zentripetalbeschleunigung ergibt sich wie folgt (**Abb. 33.2**): Ein Punkt bewegt sich auf der Kreisbahn von P_1 nach P_2 und legt in der Zeit Δt den Weg Δs zurück. Er überstreicht dabei den Winkel $\Delta\varphi$. Betrag und Richtung der Geschwindigkeitsänderung $\Delta\vec{v} = \vec{v}_2 - \vec{v}_1$ lassen sich rechts in **Abb. 33.2** ablesen. Bei kleinem Winkel $\Delta\varphi$ ist Δv ungefähr gleich dem Produkt aus dem Winkel $\Delta\varphi$ und dem „Radius“ v: $\Delta v = v\,\Delta\varphi$. Daraus ergibt sich für die Beschleunigung

$$a_Z = \frac{\Delta v}{\Delta t} = v\frac{\Delta\varphi}{\Delta t} = v\,\omega.$$

Mit $v = \omega r$ folgt $a_Z = \omega^2 r$ oder $a_Z = v^2/r$.

> Die **Zentripetalbeschleunigung** einer gleichförmigen Kreisbewegung ist stets zum Mittelpunkt der Kreisbahn gerichtet. Ihr Betrag ist:
> $$a_Z = \frac{v^2}{r} \quad \text{oder} \quad a_Z = \omega^2 r$$

Aufgaben

1. Die Reifen eines Autos haben einen Radius von 28 cm. Das Auto fährt mit einer Geschwindigkeit von 180 km/h.
   a) Berechnen Sie die Anzahl der Umdrehungen des Rades je Sekunde.
   b) Berechnen Sie, um wie viel (absolut und relativ) sich die Tachoanzeige ändert, wenn die Profiltiefe des Reifens um 5 mm abnimmt. (Die Geschwindigkeitsmessung beruht auf einer Drehzahlmessung der Räder.)
2. Berechnen Sie die Winkelgeschwindigkeit, die Bahngeschwindigkeit und die Zentripetalbeschleunigung eines Punktes auf dem Radkranz (d = 875 mm) eines ICE 3, der mit 330 km/h fährt.
3. Bei Hubschraubern gibt es strikte Obergrenzen für die Vorwärtsgeschwindigkeit („never-exceed speed“). Für das in **Abb. 32.1** gezeigte Modell Bo-105 liegt sie bei 270 km/h. Nehmen Sie aus physikalischer Sicht dazu Stellung.

1.4.4 Die Zentripetalkraft

Beim Hammerwurf soll eine schwere Kugel („Hammer"), die an einem Stahldraht befestigt ist, möglichst weit geworfen werden. In einer Folge von Drehungen wird sie auf eine hohe Bahngeschwindigkeit beschleunigt und dann losgelassen. Die größten Wurfweiten ergeben sich für einen Abwurfwinkel nahe 45°, sodass die Ebene, in der die Drehbewegung stattfindet, im Raum geneigt ist (**Abb. 34.1**). Der folgende Versuch, der das Loslassen des Hammers simuliert, zeigt, dass zum Aufrechterhalten der Kreisbewegung eine radial zum Drehzentrum gerichtete Kraft nötig ist.

Versuch 1: Mit einem Experimentiermotor wird ein Gummistopfen, der an einem Bindfaden befestigt ist, in eine Kreisbewegung versetzt. Der Faden ist gespannt; somit wirkt auf den Stopfen eine Kraft in Richtung des Fadens. Mit einer Rasierklinge wird der Faden nun durchtrennt.
Beobachtung: Der Gummistopfen fliegt gemäß dem Trägheitsgesetz in seiner momentanen Bewegungsrichtung tangential weg. ◄

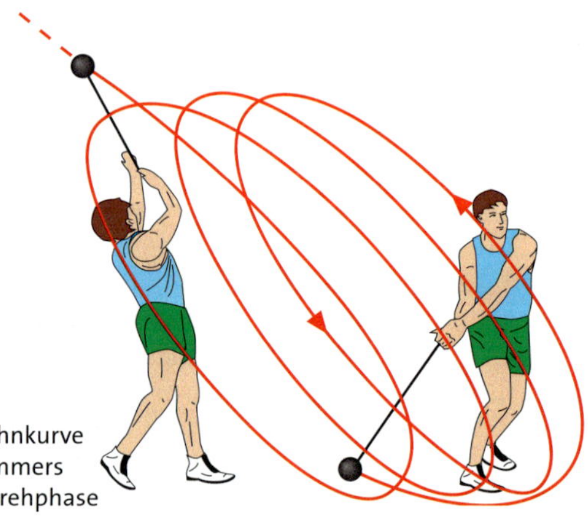

34.1 Bahnkurve des Hammers in der Drehphase

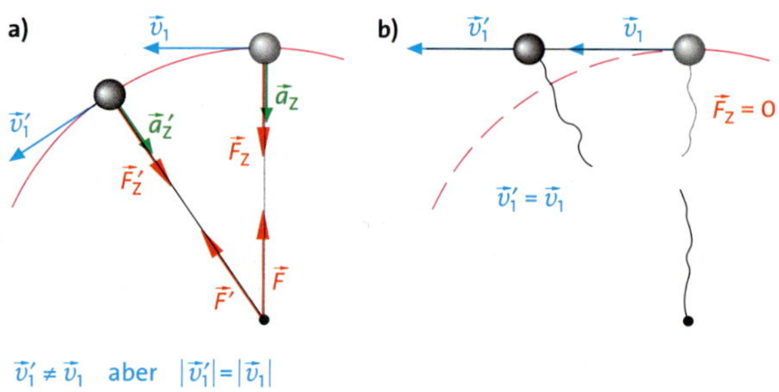

34.2 a) Die Zentripetalkraft $\vec{F}_Z$ der gleichförmigen Kreisbewegung ist zum Zentrum hin gerichtet. **b)** Ist die Zentripetalkraft plötzlich null, so bewegt sich der Körper nach dem Trägheitsgesetz in tangentialer Richtung weiter.

Wenn sich ein Körper gleichförmig auf einer Kreisbahn bewegt, ändert sich fortlaufend die Richtung seiner Geschwindigkeit (**Abb. 34.1**). Es handelt sich um eine beschleunigte Bewegung. Auf den Körper muss eine Kraft wirken, die die ständige Geschwindigkeitsänderung bewirkt. Sie wird **Zentipetalkraft** oder kurz **Zentralkraft** genannt. In Versuch 1 ist es der Faden, der die Zentripetalkraft auf den Stopfen ausübt. Sie wirkt entlang des Fadens, also zum Drehzentrum hin. Fällt die Zentripetalkraft plötzlich weg (Durchtrennen des Fadens), gehorcht der Stopfen dem Trägheitsgesetz und bewegt sich geradlinig weiter (**Abb. 34.2 b**).

Für gute Leistungen im Hammerwurf sind große Körperkräfte erforderlich. Die Zentripetalkraft, die nötig ist, um den Hammer auf eine Kreisbahn zu zwingen, muss vom Athleten aufgebracht werden. Mit der Formel für die Zentripetalbeschleunigung a_Z (→ 1.4.3) lässt sich die Zentripetalkraft bei einer gleichförmigen Kreisbewegung berechnen. Für a_Z ergab sich:

$$a_Z = \omega^2 r = v^2/r \text{ oder vektoriell } \vec{a}_Z = -\omega^2 \vec{r},$$

wobei $\vec{r}$ der Vektor vom Mittelpunkt der Kreisbewegung zum Umfang ist.

Nach der Grundgleichung der Mechanik $\vec{F} = m\vec{a}$ (→ 1.4.1) folgt daraus für die Zentripetalkraft:

$$F_Z = m\omega^2 r = mv^2/r \text{ oder } \vec{F}_Z = -m\omega^2 \vec{r}$$

Der Betrag der Zentripetalkraft ist bei der gleichförmigen Kreisbewegung konstant. Sie zeigt immer zum Zentrum der Kreisbahn, entgegengesetzt zum Radiusvektor. Das wird in der Vektorschreibweise durch das Minuszeichen ausgedrückt.

Beispiel Weltrekord im Hammerwurf

Welche Kraft musste die Hammerwerferin Betty Heidler bei ihrem Weltrekordwurf im Mai 2011 aufbringen, um den Hammer bei der Drehung auf einer Kreisbahn zu halten?
(*Hinweis:* Aus der Wurfweite von 79,42 m lässt sich eine Abwurfgeschwindigkeit des Hammers von ca. 28 m/s errechnen – ohne Berücksichtigung des Luftwiderstands. Der Radius der Kreisbewegung ergibt sich aus Armlänge und Länge des Stahldrahtes (1,22 m) zu etwa 2,10 m. Der Frauenhammer hat eine Masse von 4 kg.)
Lösung:
Die in der Drehphase aufzubringende Zentripetalkraft betrug beim Weltrekordwurf etwa:

$$F_Z = \frac{mv^2}{r} = \frac{4\text{ kg} \cdot (28\text{ m/s})^2}{2{,}10\text{ m}} = 1568\,\frac{\text{kg m}}{\text{s}^2} = 1568\text{ N}$$

Das ist fast das 40-Fache der Gewichtskraft des Hammers (ca. 40 N).

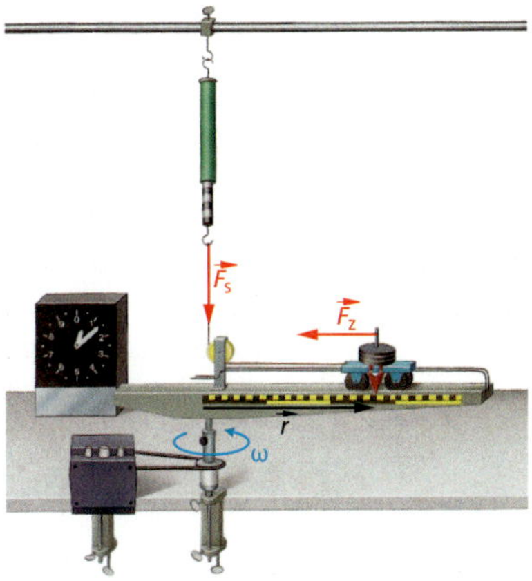

35.1 Zentralkraftgerät. Am Kraftmesser wird die Zentripetalkraft abgelesen. Die Zentripetalkraft F_Z und die Spannkraft F_s sind Wechselwirkungskräfte.

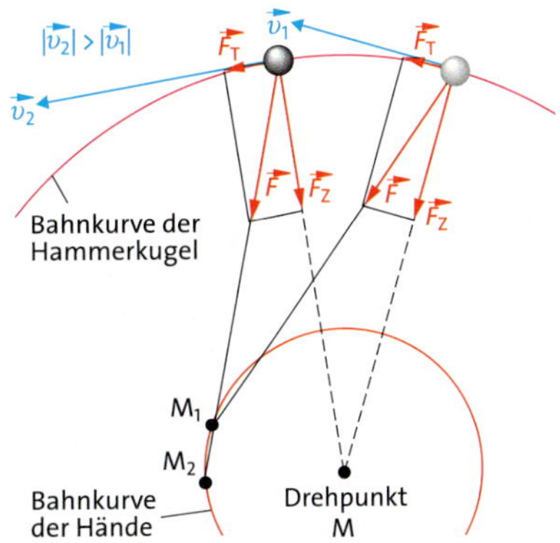

35.2 Beim Hammerwurf wird die antreibende Kraft $\vec{F}$ in die beiden Komponenten Zentripetalkraft $\vec{F}_Z$ und tangentiale Kraft $\vec{F}_T$ zerlegt.

Versuch 2: Die Gleichung für die Zentripetalkraft wird bestätigt, indem die Kraft F_Z mit dem Zentralkraftgerät in Abhängigkeit vom Bahnradius r, von der Winkelgeschwindigkeit ω und von der Masse m des Wagens gemessen wird (**Abb. 35.1**).
Ergebnis: Der Versuch zeigt:
① $F_Z \sim m$, wenn ω und r konstant bleiben;
② $F_Z \sim \omega^2$, falls m und r konstant sind;
③ $F_Z \sim r$, wenn ω und m konstant sind.
Einsetzen von Messwerten ergibt $F_Z / (m\,\omega^2 r) = 1$. ◄

Die zum Zentrum gerichtete **Zentripetalkraft**, die einen Körper der Masse m bei konstanter Winkelgeschwindigkeit ω bzw. Bahngeschwindigkeit v auf einer Kreisbahn mit dem Radius r hält, ist
$F_Z = m\omega^2 r = m v^2/r$ oder $\vec{F}_Z = -m\omega^2 \vec{r}$.

Die Zentripetalkraft ist keine „eigenständige" Kraft; sie übernimmt diese Funktion nur von einer „realen" Kraft (Seilkraft, Federkraft, Gravitationskraft). Jede Kraft kann die Rolle einer Zentripetalkraft einnehmen: Beim Wäscheschleudern wird sie von der Trommelwand auf die Wäschestücke ausgeübt; bei der Kurvenfahrt eines Motorrades von der Straße auf die Räder (Haftkraft).

Kraft bei der ungleichförmigen Kreisbewegung

Bei der *gleichförmigen* Kreisbewegung, bei der nur die zum Drehzentrum gerichtete Zentripetalkraft wirkt, bleibt der Betrag der Bahngeschwindigkeit konstant. Die Kraft wirkt senkrecht zur Geschwindigkeit und ändert nur deren Richtung (**Abb. 35.2**).

Beim Hammerwurf liegt nur näherungsweise eine gleichförmige Kreisbewegung vor. Der Zweck der Drehphase liegt darin, den Hammer aus der Ruhe bis zu einer möglichst großen Bahngeschwindigkeit zu beschleunigen. Das ist die Voraussetzung für große Wurfweiten.
Wenn sich die Bahngeschwindigkeit ändert, liegt eine *ungleichförmige* Kreisbewegung vor. Um den Hammer in Tangentialrichtung, also entlang der Kreisbahn zu beschleunigen, muss auch in dieser Richtung eine Kraft F_T auf ihn wirken. Beim Hammerwurf wird diese Kraft ebenfalls durch das Seil übertragen (**Abb. 35.2**). Die Hände der Athleten eilen dem Hammer immer ein Stück voraus, so dass die Seilkraft nicht mehr exakt zum Drehzentrum gerichtet ist. Mit Videoanalysen lässt sich der Winkel zwischen Seil und Radiusvektor bestimmen. Bei Spitzensportlern beträgt er etwa 10 Grad.

Aufgaben

1. Ein Körper ($m = 0{,}4$ kg) wird an einer Schnur ($l = 0{,}8$ m) 80-mal in der Minute auf einem Kreis, der in einer waagerechten Ebene liegt, herumgeschleudert. Berechnen Sie
a) die Zentripetalkraft;
b) die Umdrehungszahl, bei der die Schnur reißt, wenn ihre Zugfestigkeit mit 500 N angegeben ist.

2. Ein Körper bewegt sich mit der Geschwindigkeit v auf einer Kreisbahn mit dem Radius r. Untersuchen Sie die Änderung der Zentripetalbeschleunigung, wenn die Geschwindigkeit bzw. der Radius verdoppelt werden.

3. Begründen Sie, dass sich kein Körper exakt rechtwinklig um eine Ecke bewegen kann.

***4.** Untersuchen Sie die Abhängigkeit der Zentripetalkraft aufgrund der täglichen Drehung der Erde um ihre Achse auf einen mit ihr fest verbundenen Körper ($m = 70$ kg) von der geografischen Breite.

5. Ein Auto ($m = 1300$ kg) fährt mit konstanter Geschwindigkeit $v = 40$ km/h über eine gewölbte Brücke. Der Radius des Brückenbogens beträgt $R = 50$ m. Bestimmen Sie die Normalkraft des Autos auf die Brückenmitte und die Geschwindigkeit, bei der der Wagen abheben würde.

1.4.5 Scheinkräfte und Inertialsysteme

Ein Beobachter, der sich mit größerer Geschwindigkeit auf einer kreisförmigen Bahn bewegt, nimmt eine auf seinen Körper wirkende, zum momentanen Zentrum hin gerichtete (Zentripetal-)Kraft wahr. Da er sich *in Bezug auf seine unmittelbare Umgebung*, z. B. den Bus, in dem er die Kurve durchfährt, in Ruhe befindet, schließt er, dass diese (Zentripetal-) Kraft durch eine radial nach außen gerichtete Kraft, die sogenannte *Zentrifugalkraft*, kompensiert wird. Von entscheidender Bedeutung für diesen Schluss auf die Existenz der Zentrifugalkraft ist der *Bezug* auf seine unmittelbare Umgebung und dass diese Umgebung eine beschleunigte Bewegung ausführt.

Das Auftreten sogenannter *Scheinkräfte* wie der Zentrifugalkraft ist charakteristisch für die Beschreibung von Bewegungen in beschleunigten Bezugssystemen. Anders als in unbeschleunigten Bezugssystemen, sogenannten **Inertialsystemen,** gelten hier das Trägheitsprinzip (→ 1.2.1) bzw. das 1. Newton'sche Axiom (→ 1.4.1) nicht.
Die folgenden Versuche werden in zwei verschiedenen Bezugssystemen betrachtet, in einem (unbeschleunigten) *Inertialsystem* und in einem *beschleunigten Bezugssystem.*

Versuch 1: Auf einem Fahrtisch liegt eine Kugel der Masse m. Der Tisch wird nach rechts mit konstanter Beschleunigung a bewegt. Den Vorgang verfolgen die Beobachterin A im Inertialsystem des unbeschleunigten Physikraums und der Beobachter B im beschleunigten Bezugssystem des Tisches (**Abb. 36.1**).
1. *Beobachterin A* stellt fest: Während der Tisch nach rechts beschleunigt wird, bleibt die Kugel relativ zum Physikraum in Ruhe. Es wirkt keine Kraft auf die Kugel, d. h. es gilt das 1. Newton'sche Axiom (**Abb. 36.1 a**).
2. *Beobachter B* stellt fest: Die Kugel wird von ihm weg beschleunigt, obwohl keine von einem anderen Körper ausgeübte Kraft feststellbar ist. Das 1. Newton'sche Axiom gilt nicht (**Abb. 36.1 b**). ◂

Versuch 2: Der Versuch 1 wird wiederholt, wobei die Kugel der Masse m jedoch diesmal mit einem Federkraftmesser am Tisch befestigt ist.
1. *Beobachterin A* stellt fest: Während der Beschleunigung zeigt der Kraftmesser eine Kraft $F = m\,a$ an, die die Kugel zusammen mit dem Tisch beschleunigt (**Abb. 36.1 c**).
2. *Beobachter B* stellt fest: Der Kraftmesser zeigt eine Kraft $F = m\,a$ an. Da die Kugel relativ zu ihm in Ruhe bleibt, schließt er auf die Existenz einer entgegengesetzt gerichteten Kraft F_T, die die Kraft F kompensiert (**Abb. 36.1 d**). ◂

Das beobachtete Verhalten der Kugel beruht auf ihrer Trägheit. Wird im beschleunigten Bezugssystem angenommen, dass eine Kraft $F_T = -m\,a$ auf die Kugel wirkt, so gilt auch in diesem System das 1. Newton'sche Axiom.

Versuch 3: Auf einer Kreisscheibe, die sich mit konstanter Winkelgeschwindigkeit ω dreht, wird eine mitrotierende Kugel von einem Kraftmesser gehalten. Wieder beurteilen die Beobachter A und B den Vorgang (**Abb. 37.1**).
1. *Beobachterin A* erkennt am Kraftmesser, dass ständig eine Kraft, die Zentripetalkraft F_Z, auf die Kugel wirkt, die für deren Kreisbewegung verantwortlich ist (**Abb. 37.1 a**).
2. *Beobachter B* erkennt am Kraftmesser, dass auf die Kugel eine Kraft F_Z zum Mittelpunkt hin wirkt. Er sieht aber, dass in seinem System die Kugel in Ruhe ist. Soll auch in seinem Bezugssystem das 1. Newton'sche Axiom gelten, so muss er auf eine betragsmäßig gleiche Kompensationskraft schließen, die *Zentrifugalkraft* oder *Fliehkraft* $F'_Z = m\,\omega^2 r$, die radial nach außen wirkt. (**Abb. 37.1 b**). ◂

Alle Versuche zeigen, dass in einem (nicht beschleunigten) Inertialsystem die Vorgänge so ablaufen, wie sie nach den Newton'schen Axiomen erwartet werden. Soll im beschleunigten Bezugssystem ebenfalls das 1. Newton'sche Axiom gelten, so müssen zusätzlich Scheinkräfte oder Trägheitskräfte eingeführt werden.

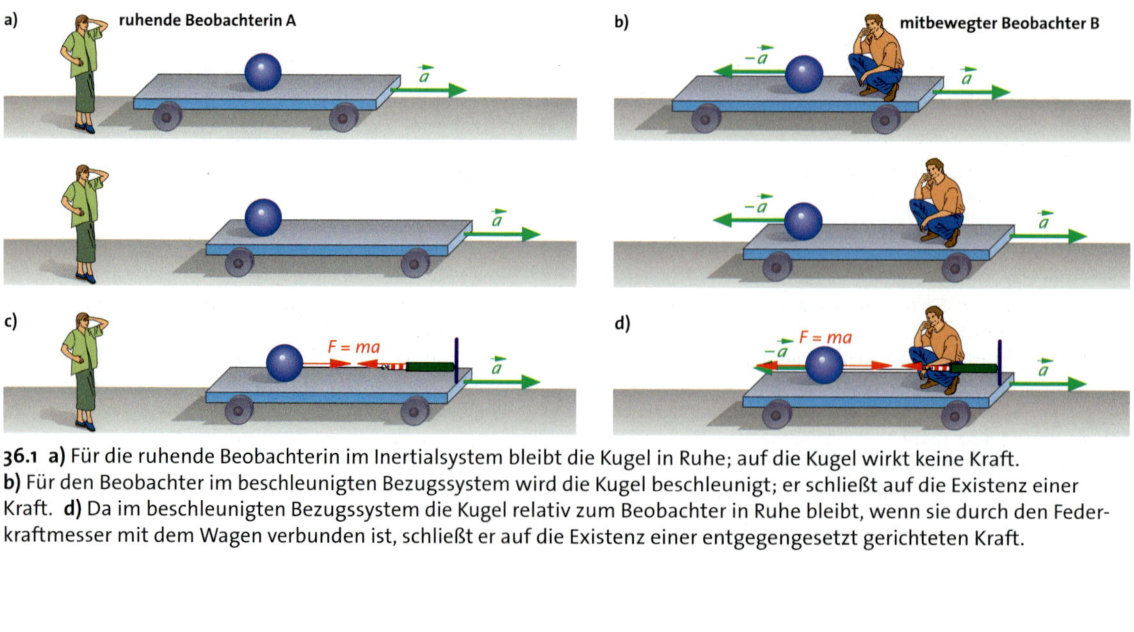

36.1 a) Für die ruhende Beobachterin im Inertialsystem bleibt die Kugel in Ruhe; auf die Kugel wirkt keine Kraft.
b) Für den Beobachter im beschleunigten Bezugssystem wird die Kugel beschleunigt; er schließt auf die Existenz einer Kraft. **d)** Da im beschleunigten Bezugssystem die Kugel relativ zum Beobachter in Ruhe bleibt, wenn sie durch den Federkraftmesser mit dem Wagen verbunden ist, schließt er auf die Existenz einer entgegengesetzt gerichteten Kraft.

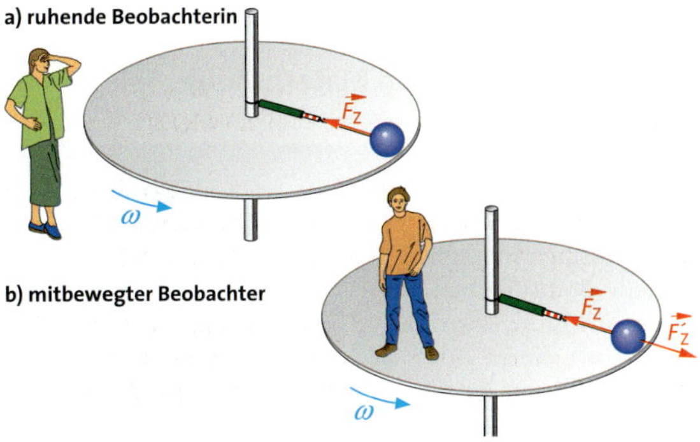

37.1 a) Im Inertialsystem wirkt auf die rotierende Kugel die Zentripetalkraft F_Z. **b)** Im beschleunigten Bezugssystem der rotierenden Scheibe ruht die Kugel. Daher schließt der mitrotierende Beobachter auf die Existenz einer Zentrifugalkraft F'_Z, also einer Trägheitskraft.

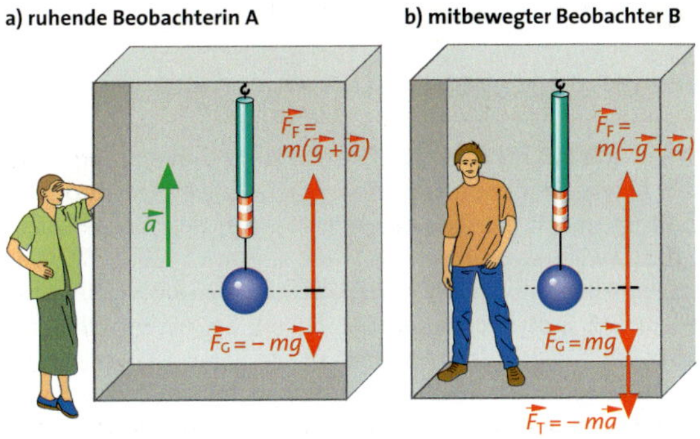

37.2 a) Die Beobachterin im Inertialsystem schließt, dass beim Beschleunigen des Fahrstuhls auf die mitbeschleunigte Kugel die Kraft $\vec{F} = m\vec{a}$ wirkt. **b)** Der mitbeschleunigte Beobachter schließt auf die Existenz einer Trägheitskraft $\vec{F}_T = -m\vec{a}$.

Nach dem 3. Newton'schen Axiom gibt es zu jeder Kraft auf einen Körper eine Gegen- oder Wechselwirkungskraft auf einen *anderen* Körper. Zu der Trägheitskraft $F_T = -m\,a$, die im beschleunigten System bei den Versuchen 1 und 2 festgestellt wird, wie auch zu der Zentrifugalkraft $F'_Z = m\,\omega^2 r$ im beschleunigten System der Kreisscheibe gibt es keine Gegenkraft auf einen anderen Körper.

In beschleunigten Bezugssystemen werden zur Beschreibung des Verhaltens von Körpern **Scheinkräfte** oder **Trägheitskräfte** eingeführt. Für Schein- oder Trägheitskräfte gilt das 3. Newton'sche Axiom nicht.

Für eine Person auf einem Karussell ist die Zentrifugalkraft ebenso existent wie für den Autofahrer bei der Kurvenfahrt. Beim plötzlichen Anfahren oder Bremsen erfährt der Autofahrer die Trägheitskräfte ebenso wie der Benutzer eines Fahrstuhls (**Abb. 37.2**). Alle werden beschleunigt und schließen daher auf die Existenz einer Trägheitskraft $F_T = -m\,a$.

Galilei-Transformation und Inertialsysteme

In einem Inertialsystem gelten die Newton'schen Axiome. Wenn ein Inertialsystem I_A bekannt ist, so gibt es unendlich viele weitere Inertialsysteme I, die sich mit konstanter Geschwindigkeit gegenüber I_A bewegen.

Bewegt sich das Bezugssystem I_A mit konstanter Geschwindigkeit $\vec{v}$ gegenüber dem Bezugssystem I_B, so gilt zwischen den Ortsvektoren eines Körpers in den Bezugssystemen die sogenannte **Galilei-Transformation** $\vec{s}_B = \vec{s}_A + \vec{v}\,t$. Durch Differenzieren ergibt sich für die Geschwindigkeiten des Körpers $\dot{\vec{s}}_B = \dot{\vec{s}}_A + \vec{v}$ bzw. $\vec{v}_B = \vec{v}_A + \vec{v}$ und für die Beschleunigungen $\dot{\vec{v}}_B = \dot{\vec{v}}_A$ bzw. $\vec{a}_B = \vec{a}_A$. Also ist im System I_A die Kraft $\vec{F}_A = m\,\vec{a}_A$ auf den Körper gleich der Kraft $\vec{F}_B = m\,\vec{a}_B$ im System I_B.

In allen Inertialsystemen gelten die Gesetze der klassischen Newton'schen Mechanik. Alle Inertialsysteme sind gleichwertig, d.h. alle Vorgänge laufen in ihnen in der gleichen Weise ab.

Aufgaben

1. Ein Fahrzeug durchfährt eine Kurve mit der konstanten Geschwindigkeit $v = 90$ km/h. Ein Kraftmesser, an dem eine Kugel ($m = 500$ g) hängt, zeigt während der Kurvenfahrt die Kraft $F = 6{,}0$ N an.
Beschreiben Sie den Vorgang im Inertialsystem und im mitrotierenden System und berechnen Sie den Kurvenradius.

2. In einem Fahrstuhl steht ein Mann auf einer Personen-(Feder-)waage. Sie zeigt beim Anfahren des Fahrstuhls $F = 950$ N, beim Halten $F = 880$ N an.
a) Bestimmen Sie die Fahrtrichtung des Fahrstuhls.
b) Berechnen Sie die Beschleunigung.
c) Bestimmen Sie die Anzeige der Waage, wenn der Fahrstuhl mit einer betragsmäßig gleichen Beschleunigung langsamer wird.

***3.** In einer Halbkugelschale liegt eine kleine Kugel. Wird die Halbkugelschale in schnelle Rotation versetzt, so stellt sich die kleine Kugel in einer bestimmten Höhe je nach der Rotationsgeschwindigkeit ein. Bestimmen Sie diese Höhe, indem Sie berücksichtigen, dass die resultierende Kraft dann senkrecht zur Kugelebene steht. Lösen Sie die Aufgabe im Inertialsystem und im mitrotierenden System.

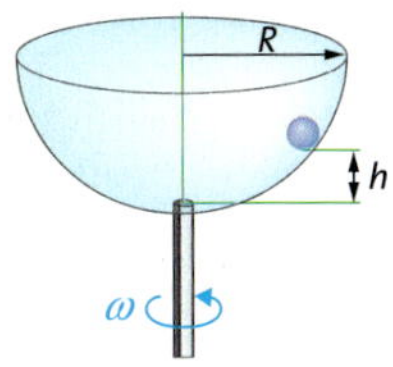

***4.** Ein Körper wird mit der Geschwindigkeit v_0 unter dem Winkel α zur Horizontalen abgeworfen. Bestimmen Sie das Bezugssystem, von dem aus die Bewegung
a) als freier Fall; **b)** als waagerechter Wurf;
c) als senkrechter Wurf erscheint.

***5.** Bei einer Achterbahnfahrt treten in Kurven, auf „Hügeln" und in „Tälern" Kräfte und Beschleunigungen auf. Konstruieren Sie aus Materialien, die Ihnen zur Verfügung stehen, einen Beschleunigungsmesser und testen Sie ihn in einem Modellversuch. Diskutieren Sie, ob Ihr Beschleunigungsmesser auch Scheinkräfte registriert.

Materialgestützte Aufgaben

Freier Fall und Fallen mit Luftwiderstand

Fällt ein Körper im freien Fall, so ist seine Bewegung gleichmäßig beschleunigt und es gilt $v = g t$, d. h. die Geschwindigkeit nimmt linear mit der Zeit zu (→ 1.1.5). Auf den Körper wirkt nur die Gewichtskraft $F_G = m g$.

In vielen Fällen muss jedoch der Luftwiderstand berücksichtigt werden. Die Luftwiderstandskraft F_L, die bei einem fallenden Körper der Gewichtskraft F_G entgegengerichtet ist, nimmt mit dem Quadrat der Geschwindigkeit zu: $F_L = K v^2$. Dabei ist K eine Konstante, die abhängt von der Form des fallenden Körpers (gegeben durch den Widerstandsbeiwert c_w – ein Maß für die Aerodynamik des Körpers), von seiner Fläche A senkrecht zur Fallrichtung sowie von der Dichte ϱ des Mediums, in dem der Körper fällt: $K = \frac{1}{2} c_w A \varrho$. Je kleiner die Fläche, an der die Luftwiderstandskraft „angreifen" kann, je „aerodynamischer" der Körper geformt ist und je geringer die Dichte des Mediums, desto kleiner ist die Luftwiderstandskraft.

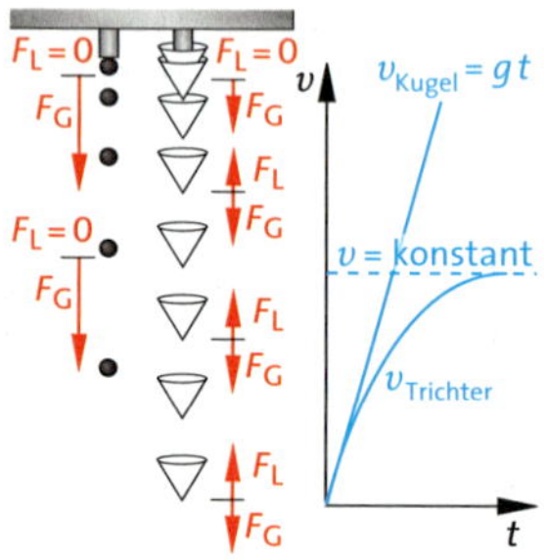

In der Abbildung rechts wird die Fallbewegung einer Stahlkugel mit derjenigen eines kleinen Papiertrichters verglichen. Das Diagramm verdeutlicht, wie sich in beiden Fällen die Geschwindigkeit mit der Zeit verändert. Beim Papiertrichter ist der Luftwiderstand zu Beginn der Bewegung null, nimmt jedoch mit dem Quadrat der Geschwindigkeit zu. Das geschieht so lange, bis Luftwiderstandskraft und Gewichtskraft gleich groß sind und die Bewegung zu einer gleichförmigen Bewegung mit konstanter Geschwindigkeit wird (die am Trichter angreifende Kraft ist dann null: $F = F_G - F_L = 0$).

Aufgaben

1. a) Recherchieren Sie die Widerstandsbeiwerte verschiedener Fahrzeuge (Sportwagen, „normales" Auto, Geländewagen, Lieferwagen, Bus usw.). Nehmen Sie zur immer größeren Beliebtheit von SUVs (Sport Utility Vehicles) Stellung, die einen größeren c_w-Wert und eine größere Frontfläche besitzen.

b) Wer bei einer Autobahnfahrt Benzin sparen und sich damit umweltfreundlicher verhalten will, fährt langsamer – zum Beispiel nur 110 km/h anstatt 130 km/h. Erläutern Sie dies mithilfe der Formel für die Luftwiderstandskraft.

c) In manchen Situationen (beim Fahrradfahren oder Skifahren zum Beispiel) versuchen Sie Ihren Widerstandsbeiwert zu verkleinern. Erläutern Sie, warum und wie Sie das machen.

d) Beim Fallschirmspringen ist die Luftwiderstandskraft erwünscht. Erklären Sie einem Mitschüler anhand des Bildes rechts, weshalb sich ein Gleichgewichtszustand ($F_G = -F_L$) einstellen kann und von welchen Parametern dieser abhängt.

Ein Sprung aus 38 969 Metern Höhe

Am 14. Oktober 2012 brach der österreichische Extremsportler Felix Baumgartner mit seinem Stratosphärensprung mehrere Rekorde. Aus einer Absprunghöhe von 38,969 Kilometern fiel er 36,4 Kilometer im freien Fall, bevor er seinen Fallschirm öffnete. 34 Sekunden nach Sprungbeginn war er schneller als der Schall – was vor ihm noch keinem Menschen ohne „Motorantrieb" gelang – und erreichte eine maximale Geschwindigkeit von 1357,6 km/h.

Aufgaben

1. a) Beschreiben Sie anhand des folgenden Diagramms die verschiedenen Phasen des Sprungs (blaue Kurve) und erläutern Sie die physikalischen Hintergründe (Begriffe, die in ihrer Erklärung vorkommen sollten: freier Fall, Luftwiderstand, Dichte der Atmosphäre, Geschwindigkeit). Welche Bedeutung hat die rot eingezeichnete Gerade? Erläutern Sie die Analogien und Unterschiede zum Papiertrichterversuch der nebenstehenden Aufgabe.

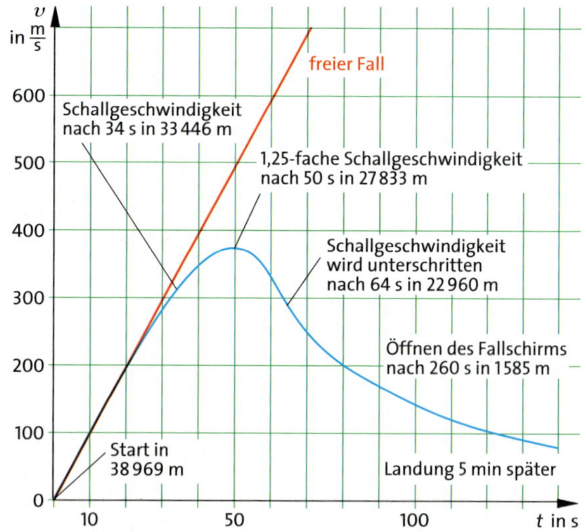

b) Recherchieren Sie im Internet Daten für den weiteren Sprungverlauf – Öffnen des Fallschirms, Landung. Vervollständigen Sie – qualitativ – das Diagramm und geben Sie die physikalischen Gründe für die weitere Geschwindigkeitsverringerung an.

c) Kurz vor der Landung musste Baumgartners Mentor, Joe Kittinger (der 1960 aus einer Höhe von 31,3 km sprang), ihm per Funk mitteilen, woher der Wind weht. Erläutern Sie, weshalb er das tat.

d) Bewerten Sie diesen Stratosphärensprung im Rahmen einer Diskussion aus verschiedenen Blickwinkeln – Wissenschaft, Sport, Wirtschaft, Ethik, …

Wenn die Zentripetalkraft plötzlich wegfällt

Ein an einer Schnur befestigter Tauchring wird wie in der Abbildung gezeigt gleichmäßig im Kreis herumgeschleudert. Die Schnur ist am Ring bis auf einige Fasern durchgeschnitten, sodass sie am Punkt P plötzlich reißt.

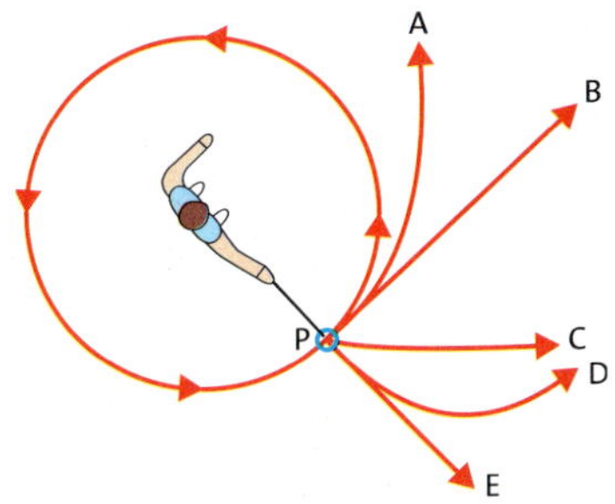

Aufgaben

1. Welche der eingezeichneten Kurven beschreibt die weitere Flugbahn des Rings? Begründen Sie Ihre Antwort mit dem Galilei'schen Trägheitsprinzip.
2. Machen Sie in Ihrem Bekanntenkreis und/oder in Ihrer Familie eine Umfrage: Lassen Sie Ihre Testpersonen vorhersagen, in welche Richtung der Ring weiterfliegen wird.
3. Führen Sie ihnen das Experiment anschließend vor und/oder erklären Sie ihnen mit geeigneten Worten – das heißt adressatengerecht –, weshalb der Ring den Weg B nimmt. Anstatt die Schnur reißen zu lassen, können Sie sie auch einfach loslassen. (Zur Veranschaulichung: Die Funken, die von einer rotierenden Schleifscheibe wegfliegen, „zeichnen" den Weg B nach.)
4. Alltagsbeispiele, die das Galilei'sche Trägheitsprinzip gut demonstrieren, gibt es zuhauf: der Funkenschlag bei der Schleifscheibe (**Abb. rechts**), mit dem Skateboard gegen eine Bordsteinkante fahren, starkes Bremsen beim Auto- oder Fahrradfahren, die rollende Plastikflasche auf dem Boden im Zug usw. Suchen Sie nach weiteren Beispielen und erläutern Sie diese.

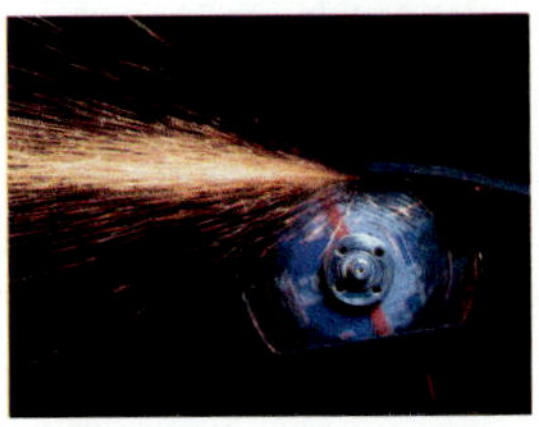

5. Zeichnen, fotografieren oder filmen Sie Situationen, in denen das Trägheitsprinzip zum Tragen kommt.
Beispiele:

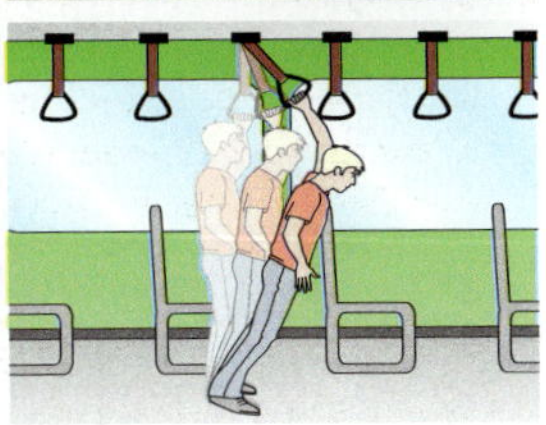

Die Physik von Windkraftanlagen

In einer Windkraftanlage wird die Bewegungsenergie des Windes in mechanische Energie der sich drehenden Rotorblätter umgewandelt. Diese treiben wiederum einen Generator an, der elektrische Energie abgibt.
Windkraftanlagen werden an Standorten mit hohem Windaufkommen aufgestellt. Das ist u.a. darauf zurückzuführen, dass die Leistung einer Windkraftanlage proportional zur dritten Potenz der Windgeschwindigkeit ist:

$$P = \frac{1}{2} \eta \varrho A v^3$$

Dabei ist ϱ die Dichte der Luft, A die von den Rotorblättern überstrichene Fläche, v die Windgeschwindigkeit und η der Wirkungsgrad der Windkraftanlage; er liegt bei modernen Windkraftanlagen bei nahezu 50 % ($\eta = 0{,}5$).

Ein großer deutscher Windkraftanlagen-Hersteller gibt für seine 2 MW-Windkraftanlage an:
- Rotordurchmesser: 82 m
- Drehzahl: 6 – 17,5 U/min (Umdrehungen pro Minute)
- Windzone 3

Aufgaben

1. Ermitteln Sie aus den Angaben des Herstellers
   a) die Geschwindigkeit der Spitzen der drei Rotorblätter einmal für eine Drehzahl von 6 U/min und einmal für eine Drehzahl von 17,5 U/min, sowie
   b) die von den Rotorblättern überstrichene Fläche.
2. Recherchieren Sie, wie hoch die mittlere Windgeschwindigkeit in der Windzone 3 (entspricht der „IEC-Windklasse II") ist und wo Windzone-3-Gebiete in Deutschland zu finden sind.
3. **a)** Erläutern Sie anhand der Formel für die Leistung, weshalb eine Windkraftanlage bei gegebener Windgeschwindigkeit im Winter mehr Elektrizität erzeugt als im Sommer und in Meereshöhe mehr als auf hohen Bergen.
   b) Vergleichen Sie für die in der Aufgabe beschriebene moderne Windkraftanlage die Leistung an einem kalten Wintertag ($T = -5$ °C) mit derjenigen an einem warmen Sommertag ($T = 30$ °C) – jeweils in Meereshöhe. Die Dichte von Luft bei diesen Temperaturen finden Sie im Internet.
4. Rotorblätter von Windkraftanlagen sind im Laufe der Zeit immer länger geworden. Nennen und bewerten Sie die Vor- und Nachteile von größeren Windkraftanlagen (Ertrag, Anforderungen an das Material, Schattenwurf, Vogelschlag, ...).

Materialgestützte Aufgaben

Warum benutzen Weitspringer keine Hanteln?

Heutige Weitspringer versuchen während ihrer Anlaufstrecke (30–40 Meter für Frauen und 40–50 Meter für Männer) in erster Linie möglichst schnell zu sprinten, bevor sie in einem Winkel von ca. 20° abspringen. Nach dem Absprung gilt es, in der Luft die Beine nach vorn zu bringen – das Armrudern dient der Stabilisierung – und möglichst weit im Sand zu landen.

Im antiken Griechenland sah die Weitsprungtechnik noch ganz anders aus. Wie in → **Abb. 29.1** zu sehen, hatten die Weitspringer in jeder Hand eine Art Hantel. Beim Absprung wurden die Hanteln nach vorn geschwungen, um dem Springer zusätzlich Schwung zu geben. Während des Flugs wurden die Hanteln dann wieder nach hinten geschleudert.
Nach Berechnungen zweier Wissenschaftler der Universität Manchester (Großbritannien) [1] erreichte ein griechischer Athlet beim Weitsprung aus dem Stand eine Sprungweite von etwa drei Metern. Mit Hanteln (die 1,1–4,5 kg wogen) sprang er mindestens 17 Zentimeter weiter.

[1] Alberto E. Minetti & Luca P. Ardigó, Biomechanics: Halteres used in ancient Olympic long jump, Nature 420, 141–142

Aufgaben

1. a) Um die Vorteile der Hanteln bei der Sprungtechnik von vor etwa 2700 Jahren zu rekonstruieren, griffen die beiden Wissenschaftler auch auf Versuche mit Freiwilligen zurück. Planen Sie in Ihrer Klasse ähnliche Versuche. Diskutieren und probieren Sie verschiedene Möglichkeiten, den Sprung durchzuführen – denken Sie zum Beispiel daran, die Masse der Hanteln zu variieren. Bewerten Sie die Ergebnisse.
b) Erläutern Sie, weshalb Hanteln bei der heutigen Weitsprungtechnik von Nachteil wären.

Mit Reibung Schiffe festmachen

Wenn ein Schiff am Kai anlegt, wird es mit Tauen festgemacht, die mehrfach um Poller geschlungen werden. Das hält selbst bei starker Strömung. Bereits bei wenigen Schlingen um den Poller wirken sehr große Haftreibungskräfte, die ein Durchrutschen des Seils verhindern.

Um zu untersuchen, wie die Reibungskraft von der Führung des Seils um den Poller abhängt, wird die Situation in einem *Experiment modelliert.*
Das Schiff wird durch ein Wägestück ersetzt (60 g), das an einem Faden hängend frei fallen kann. Der Faden wird jedoch um zwei Stangen geführt, die bei dieser Modellierung die Poller ersetzen. Am anderen Ende des Fadens sorgen Büroklammern für einen auch am Ende gespannten Faden. Das Fallen des Wägestücks wird von einem Bewegungssensor registriert, der GTR zeigt das Zeit-Weg-Diagramm der Bewegung an: Es ist eine Parabel. Das lässt den Schluss zu, dass das Wägestück eine beschleunigte Bewegung ausführt.

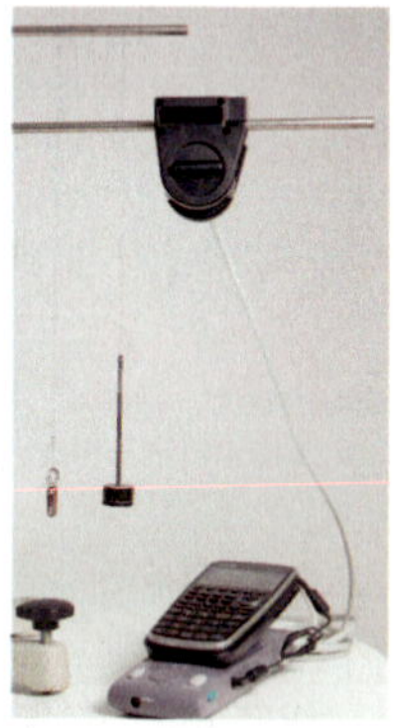

Wegen der Reibung des Fadens an den Stangen ist die Beschleunigung jedoch deutlich kleiner als beim freien Fall.
Ergebnis: Die Zeit-Weg-Daten der Messwerterfassung werden mittels einer quadratischen Regression ausgewertet. Der Koeffizient von t^2 wird zusammen mit der Führung U des Fadens um die Stangen (im Bogenmaß) festgehalten.

U in π	3	4	5	5,5	6
k in m/s²	3,83	3,12	1,05	0,38	0,012

Euler-Eytelwein-Formel
Die Euler-Eytelwein-Formel, auch *Seilreibungsformel* genannt, wurde von Leonhard EULER (1707–1783) und Johann Albert EYTELWEIN (1764–1848) entwickelt. Wenn beispielsweise ein Seil um einen Poller gelegt und an einem Seilende gezogen wird, genügt es, das andere Seilende leicht festzuhalten, um das Rutschen des Seils um den Poller zu verhindern. Denn längs des berührten Pollerumfangs entwickeln sich tangential Haftreibungskräfte, die das Halten unterstützen. Für das Verhältnis von ziehender Kraft (F_Z) und haltender Kraft (F_H) gilt

$$F_H \geq F_Z\, e^{-f_H \alpha},$$

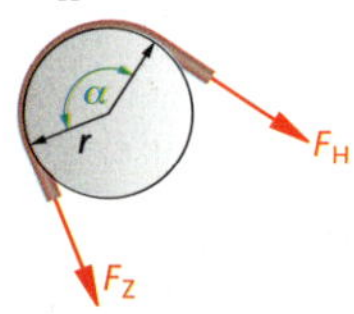

wobei der Winkel α (im Bogenmaß) die Länge des Kreisbogens angibt, auf dem das Seil den Poller berührt; f_H ist die Haftreibungszahl.

Aufgaben

1. Ermitteln Sie die jeweiligen Beschleunigungen des Wägestücks aus den gemessenen Werten für k und daraus die Größe der Reibungskraft, die auf den Faden wirkt.
2. Stellen Sie die Abhängigkeit der Reibungskraft von der Führung des Fadens um die Stangen (im Bogenmaß) auf dem GTR grafisch dar.
3. Analysieren Sie den Zusammenhang mittels einer geeigneten Regression. Vergleichen Sie Ihre Ergebnisse mit den Ergebnissen, die Sie aus der Euler-Eytelwein-Formel erhalten.
4. Wiederholen Sie das Experiment unter veränderten Bedingungen (z. B. andere Masse, Stangen mit anderem Durchmesser) und vergleichen Sie die Ergebnisse.

Eindimensionale Bewegungen

Für kleine Zeitspannen $\Delta t = t_2 - t_1 > 0$ gilt:

Geschwindigkeit $\quad v = \dfrac{\Delta s}{\Delta t} = \dfrac{s_2 - s_1}{t_2 - t_1}$

Beschleunigung $\quad a = \dfrac{\Delta v}{\Delta t} = \dfrac{v_2 - v_1}{t_2 - t_1}$

Geradlinig gleichförmige Bewegung

$F = 0;\ a = 0;\ v = \text{konstant}$

Zeit-Weg-Gesetz $\quad s = s_0 + v\,t$

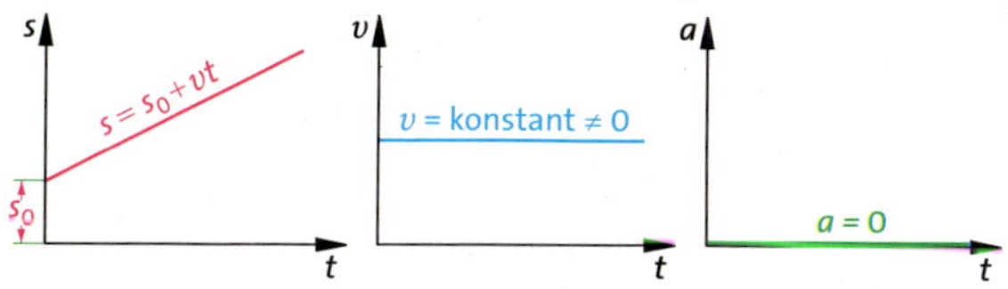

Geradlinig gleichmäßig beschleunigte Bewegung

$F = \text{konstant} \neq 0;\ a = \text{konstant} \neq 0$

Zeit-Weg-Gesetz $\quad s = s_0 + v_0 t + \frac{1}{2} a t^2$

Zeit-Geschwindigkeit-Gesetz $\quad v = v_0 + a\,t$

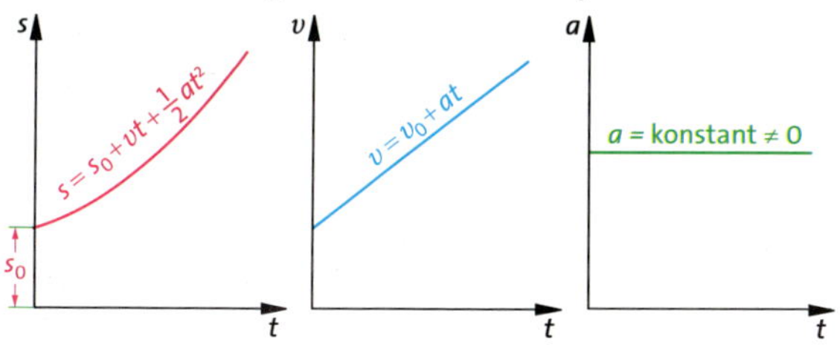

Freier Fall

$F = F_G = m\,g;\ g = 9{,}81\ \text{m/s}^2$

Fallweg $\quad s = \frac{1}{2} g t^2$

Fallgeschwindigkeit $\quad v = g\,t$

Zweidimensionale Bewegungen

Waagerechter Wurf

$F_x = 0;\ F_y = -F_G = -mg$ mit $g = 9{,}81\ \text{m/s}^2$

Abwurfhöhe $s_0 = 0$

Horizontalbewegung $\quad s_x = v_0 t;\ v_x = v_0;\ a_x = 0$

Vertikalbewegung $\quad s_y = -\frac{1}{2} g t^2;\ v_y = -gt;\ a_y = -g$

(y-Achse nach oben)

Wurfparabel $\quad s_y = -\dfrac{g}{2 v_0^2} s_x^2$

Wurfweite $\quad w = \sqrt{\dfrac{2h}{g}}\, v_0$

(bei Abwurf aus der Höhe h)

Bahngeschwindigkeit

$$v = \sqrt{v_0^2 + (gt)^2}$$

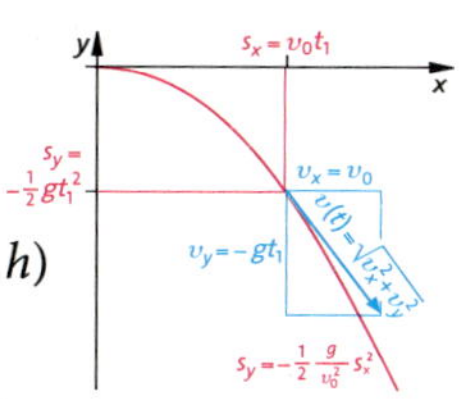

Winkelgeschwindigkeit $\quad \omega = \dfrac{\Delta \varphi}{\Delta t} = \dfrac{\varphi_2 - \varphi_1}{t_2 - t_1}$

Gleichförmige Kreisbewegung

$F_Z = \text{konstant} \neq 0;\ \omega = \text{konstant}$

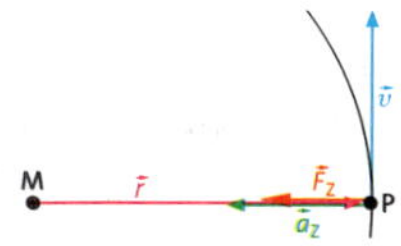

Winkelgeschwindigkeit $\quad \omega = \dfrac{2\pi}{T}$

Bahngeschwindigkeit $\quad v = \dfrac{2\pi r}{T} = \omega r$

Radialbeschleunigung $\quad a_Z = v^2/r = \omega^2 r$

Zentripetalkraft $\quad F_Z = m\omega^2 r = m v^2/r$

oder vektoriell $\quad \vec{a}_Z = -\omega^2 \vec{r}$ und $\vec{F}_Z = -m\omega^2 \vec{r}$

Die Newton'schen Axiome

Erstes Newton'sches Axiom (Trägheitsprinzip)

Ein Körper verharrt im Zustand der Ruhe oder der gleichförmigen geradlinigen Bewegung, solange keine äußeren Kräfte auf ihn wirken.

Zweites Newton'sches Axiom (Grundgleichung der Mechanik)

Die Beschleunigung $\vec{a}$ eines Körpers ist proportional zur Gesamtkraft $\vec{F}$, die auf ihn einwirkt, und umgekehrt proportional zu seiner Masse m:

$$\vec{a} = \frac{\vec{F}}{m} \text{ oder } \vec{F} = m\vec{a} \text{ bzw. } a = \frac{F}{m} \text{ oder } F = m\,a$$

Drittes Newton'sches Axiom (actio = reactio)

Übt ein Körper A die Kraft $\vec{F}_{A\to B}$ auf einen Körper B aus (actio), so übt umgekehrt B auf A die Gegenkraft $\vec{F}_{B\to A}$ aus (reactio). Die beiden Kräfte sind entgegengesetzt gleich:

$$\vec{F}_{A\to B} = -\vec{F}_{B\to A} \text{ bzw. } F_{A\to B} = -F_{B\to A}$$

Wechselwirkungskräfte

Die beiden Kräfte $\vec{F}_{A\to B}$ und $\vec{F}_{B\to A}$ im dritten Newton'schen Axiom sind Wechselwirkungskräfte. Sie wirken immer auf zwei verschiedene Körper.

Haftkräfte und Reibungskräfte sind ebenfalls Wechselwirkungskräfte.

Reibungskräfte

Die **maximale Haftkraft** und die **Gleitreibungskraft** sind direkt proportional zur Normalkraft, mit der ein Körper auf die Unterlage drückt. Die Gleitreibungskraft ist unabhängig von der Geschwindigkeit eines Körpers.

Die **Haftreibungs**- und die **Gleitreibungszahl** hängen nur von der Beschaffenheit der Berührungsflächen zwischen dem Körper und der Unterlage ab.

Wissenstest Bewegungen und Kräfte

1. Sie sitzen in einer U-Bahn und beobachten eine S-Bahn auf dem benachbarten Gleis.
a) Ihre U-Bahn steht, doch Ihnen erscheint es, als führe sie an. Erläutern Sie dies.
b) In der S-Bahn lässt ein Schüler einen Stift fallen. Erläutern Sie, wie sich die vom Stift zurückgelegten Wege in den beiden Bezugssystemen U- und S-Bahn unterscheiden.

2. Auf Schiffen wird die Wassertiefe mit einem Echolot bestimmt. Dabei wird die Laufzeit eines vom Schiff ausgesendeten und am Meeresboden reflektierten Ultraschallsignals gemessen. Finden Sie die Schallgeschwindigkeit in Meerwasser heraus. Berechnen Sie die Wassertiefe für die Laufzeiten 0,4 s und 0,6 s.

3. Beim Elfmeterschießen erreichen Fußbälle Geschwindigkeiten von über 90 km/h. Berechnen Sie die Zeit, die der Fußball für die 11 m lange Strecke benötigt. Bestimmen Sie die Geschwindigkeit, mit der ein Torwart, der in der Mitte des 7,32 m breiten Tors steht, sich seitwärts bewegen muss, wenn der Fußball in die Ecke geschossen wird.

4. Eine Methode, die Reaktionsgeschwindigkeit zu messen, besteht darin, ein langes Lineal fallen zu lassen. Bei Beginn der Messung ist die obere Handkante auf Höhe der Null, das Lineal oberhalb der Hand. Berechnen Sie die Reaktionszeit einer Person, die das Lineal so auffängt, dass an der oberen Handkante 45 cm abgelesen werden.

5. Auf Flugzeugträgern werden die Flugzeuge mit Dampfkatapulten beschleunigt. Auf einer Strecke von knapp 100 m erreichen sie Startgeschwindigkeiten von bis zu 300 km/h. Berechnen Sie Startdauer und mittlere Beschleunigung.

6. Ein Bob hat in der Startphase die gleichbleibende Beschleunigung 2 m/s^2. Berechnen Sie
a) seine Geschwindigkeit 5 Sekunden nach dem Start;
b) den bis zu diesem Zeitpunkt zurückgelegten Weg;
c) seine Durchschnittsgeschwindigkeit auf diesem Weg;
d) nach welcher Strecke er die Geschwindigkeit 20 m/s hat.

7. Ein Auto wird in 11,4 s von 0 auf 100 km/h beschleunigt und auf 37,5 m zum Stehen gebracht. Berechnen Sie die Verzögerung und die zum Bremsen nötige Zeit.

8. Berechnen Sie, wie schnell ein Motorradfahrer bei Nebel mit einer Sichtweite von 50 m höchstens fahren darf, damit er innerhalb seiner Sichtweite anhalten kann (Bremsbeschleunigung des Motorrads: 5,0 m/s^2, Reaktionszeit des Fahrers: 1,0 Sekunden).

9. Berechnen Sie, mit welcher Geschwindigkeit ein Fußball annähernd vertikal nach oben geschossen werden muss (sogenannte „Kerze"), damit er 14 m aufsteigt, und wie lange es dauert, bis er wieder auf dem Boden aufkommt.

***10.** Jemand lässt einen Stein in einen tiefen Brunnen fallen; nach 3,2 Sekunden hört er den Stein auftreffen. Bestimmen Sie die Tiefe, in der der Wasserspiegel des Brunnens liegt. (Die Schallgeschwindigkeit beträgt 337,5 m/s.)

11. Ein Radfahrer fährt auf einer Straße geradeaus. Während der Fahrt lässt er einen Ball zu Boden fallen. Beurteilen Sie, welche Bahnkurve
a) ein Beobachter am Wegesrand,
b) der Radfahrer selbst
sieht: HA, HB, HC oder eine andere.

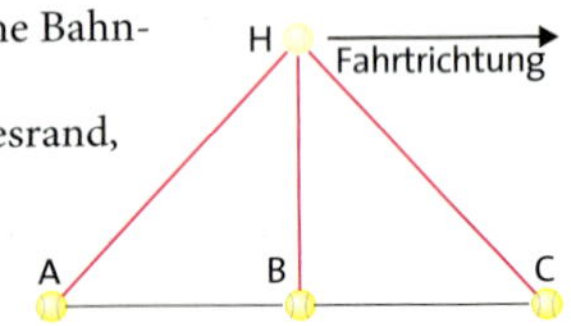

12. Ein Stein wird mit der Geschwindigkeit $v_0 = 20$ m/s horizontal aus der Höhe h_0 abgeworfen. Er fliegt horizontal 40 m weit.
a) Berechnen Sie die Abwurfhöhe und die Flugzeit.
b) Bestimmen Sie, mit welcher Geschwindigkeit und unter welchem Winkel die Kugel auf den Boden trifft.

13. Das Netz in der Mitte eines Tennisfeldes ist 0,92 m hoch. Ein Ball wird von der Grundlinie aus 2,3 m Höhe waagerecht abgespielt.

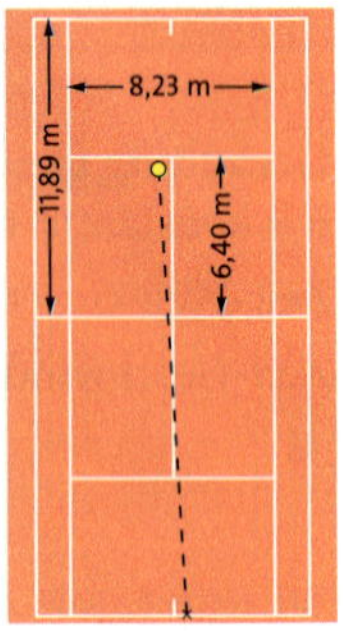

a) Bestimmen Sie die Geschwindigkeit, die der Ball erhalten muss, damit er das Netz in 10 cm Höhe überquert (die Abmessungen des Balls werden vernachlässigt). Berechnen Sie, in welcher Entfernung hinter dem Netz der Ball aufkommt und wie lange der Gegenspieler Zeit hat, den Ball zu erreichen.
b) Erläutern Sie, ob die Flugzeit bei gleicher Geschwindigkeit durch nach unten/oben schräges Abspiel verkürzt werden kann.

14. a) Berechnen Sie mithilfe der Bewegungsgesetze Reaktions- und Anhalteweg auf trockener Straße für einen Motorroller und ein Auto, die bei 30 km/h bzw. 50 km/h zu bremsen beginnen.
b) Stellen Sie tabellarisch für die angegebenen Bremsbeschleunigungen (→ S. 16) die Anhaltewege zusammen.
① Motorroller: 30 km/h, 50 km/h, 70 km/h, 90 km/h;
② Auto: 30 km/h, 50 km/h, 80 km/h, 100 km/h, 140 km/h.

15. a) Beschreiben Sie die Bewegung eines Punktes auf dem Umfang eines Rades, das mit konstanter Geschwindigkeit längs einer Geraden abrollt.
b) Zeichnen Sie an verschiedenen Punkten des Radumfangs den Geschwindigkeitsvektor ein, der sich aus dem Geschwindigkeitsvektor der Translationsbewegung und demjenigen der Rotationsbewegung zusammensetzt.

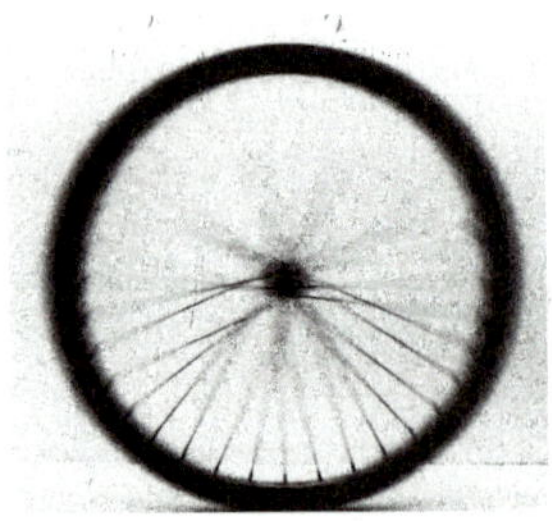

c) Erklären Sie, warum bei einem Foto eines rollenden Rades die Speichen unterschiedlich scharf abgebildet sind.

16. Berechnen Sie die Antriebskraft einer Lokomotive, die einen Zug ($m = 700$ t) mit $a = 0{,}2$ m/s^2 beschleunigt.

17. Auf einen Sportwagen ($m = 900$ kg) wirkt beim Beschleunigen eine Kraft von 1,5 kN. Berechnen Sie, in welcher Zeit der Wagen dadurch von 0 auf 100 km/h beschleunigen kann.

***18.** Stößt man einen Hammer mit dem Stiel nach unten auf den Boden, so wird der Hammerkopf auf den Stiel gekeilt. Erklären Sie diesen Vorgang.

19. Berechnen Sie die Bahngeschwindigkeit durch die Erdrotation **a)** einer Person am Äquator, **b)** einer Person in Köln. (*Hinweis:* Geografische Breite am Äquator = 0°. Finden Sie die geografische Breite für Köln heraus.)

20. Erklären Sie, warum ein laufender Mensch, der stolpert, stets in Richtung seiner Bewegung fällt, während ein auf Eis ausrutschender Mensch immer nach hinten fällt.

21. Bei der Klassenfahrt mit dem Reisebus verlangt der Fahrer, dass alle auf ihren Plätzen sitzen sollten. Untersuchen Sie, ob die Anweisungen des Busfahrers auch physikalische Gründe haben, und bewerten Sie seine Anweisungen.

22. Überprüfen Sie, wie sich der Bremsweg ändert, wenn der Vorgang unter sonst gleichen Bedingungen auf dem Mond stattfindet.

23. Ein Eisstock ($m = 5$ kg) wird mit $v = 10$ m/s abgestoßen, er gleitet auf dem Eis 50 m weit. Berechnen Sie für diesen Vorgang die Gleitreibungszahl.

24. Aus einem Ratgeber: „Beim Gehen auf vereisten Wegen alte Socken über die Schuhe ziehen!" Beurteilen Sie, ob das wirklich hilft. Nennen Sie andere Hilfsmittel, um auf vereisten Wegen nicht auszurutschen.

***25.** Recherchieren Sie die Bedeutung der Haft- und Gleitreibung beim Spielen von Streichinstrumenten (Violine, Cello) und erklären Sie die Verwendung von Kolophonium für den Bogen.

26. Eine Festplatte dreht sich mit 5400 Umdrehungen pro Minute. Der äußere Rand hat 5 cm Abstand von der Mitte. Berechnen Sie die Bahngeschwindigkeit eines Punktes in diesem Abstand.

27. Berechnen Sie die Anzahl der Umdrehungen pro Minute eines Fahrradreifens (Durchmesser 711 mm = 28 Zoll) bei einer Geschwindigkeit von $v = 18$ km/h.

28. Der mittlere Abstand der Erde von der Sonne heißt astronomische Einheit AE und beträgt 1 AE = 149,6 Mio km. Berechnen Sie mit der Umlaufdauer $T = 1$ Jahr = 365,25 Tage die Bahngeschwindigkeit der Erde um die Sonne in m/s und in km/h.

29. Berechnen Sie die Zentripetalbeschleunigung
a) eines geostationären Satelliten, der auf einer Bahn mit dem Radius 42 000 km so schnell kreist, wie die Erde sich um ihre eigene Achse dreht;
b) eines Wettersatelliten, der die Erde in 102 min in einer Höhe von 850 km umkreist (Äquatorradius der Erde 6378 km).

30. Berechnen Sie, wie schnell sich die Erde drehen müsste, damit am Äquator Fallbeschleunigung und Zentripetalbeschleunigung gleich groß sind.

31. Zur Vorbereitung auf Raumflüge trainieren Raumfahrer in großen Zentrifugen, in denen sie sehr schnell im Kreis herumgeschleudert werden. Sie sitzen etwa 9 m vom Drehpunkt der Zentrifuge entfernt in einer Kabine. Berechnen Sie die Umdrehungszahl, mit der die Kabine rotieren muss, damit eine Beschleunigung von $8g$ (das Achtfache der Fallbeschleunigung auf der Erde) entsteht.

32. Eine Spielzeugautobahn enthält einen Looping mit 50 cm Durchmesser.
Ermitteln Sie die Geschwindigkeit, mit der ein Fahrzeug den höchsten Punkt durchfahren muss, um nicht herunterzufallen.

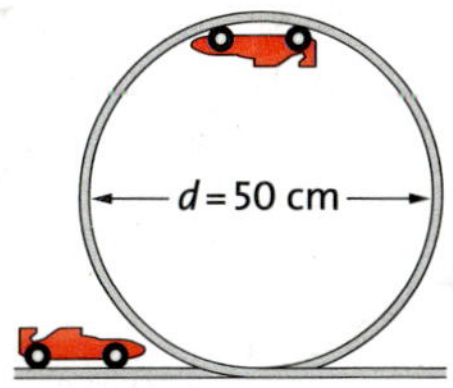

33. Eine Waschmaschine (Durchmesser der Trommel d = 450 mm) schleudert mit 1200 Umdrehungen pro Minute. Berechnen Sie die Kraft, mit der ein Wassertropfen (m = 1 g) dabei nach außen gedrückt wird.

34. Begründen Sie, dass ein Auto in einer nicht überhöhten Kurve bei zu hoher Geschwindigkeit aus der Kurve getragen wird. Überprüfen Sie, ob diese zulässige Höchstgeschwindigkeit auf der Innen- und der Außenbahn der Kurve identisch ist, wenn alle anderen Bedingungen gleich sind.

***35.** Überprüfen Sie, ob schwere Menschen schneller werden als leichtere, wenn sie sich mit dem Rad einen Berg herunterrollen lassen. (*Hinweis:* Die Endgeschwindigkeit hängt vom Luftwiderstand ab und dieser ist proportional zur Querschnittsfläche.)

***36.** Die Abbildung zeigt zwei gleiche Sanduhren auf einer Tafelwaage.

a) Begründen Sie, dass die Waage im Gleichgewicht ist, während der Sand in der rechten Sanduhr aus dem oberen in den unteren Teil fließt.
b) Was würde eine sehr empfindliche Tafelwaage ① beim Beginn des Versuchs anzeigen, wenn der fallende Sand noch nicht auf dem Boden angekommen ist; ② was würde sie am Ende anzeigen, solange noch Sand fällt?

2 ENERGIE UND IMPULS

Energie ist die Voraussetzung und Grundlage unseres alltäglichen Lebens. Als elektrische Energie ist sie besonders vielseitig einsetzbar und bequem verfügbar. Quellen der Energie sind fossile Brennstoffe, Kohle, Gas und Öl oder das fließende Wasser, aber auch die Kernenergie und in zunehmendem Maße die regenerativen Energiequellen, die Strahlung der Sonne und der Wind. Stets muss aber die in diesen Quellen vorhandene Energie in elektrische Energie umgewandelt werden.

44.1 Raphael Holzdeppe, Weltmeister 2013, bei der Aufwärtsbewegung an dem extrem durchgebogenen und damit gespannten Stab, wodurch Energie gespeichert wird.

44.2 Der entspannte Stab hat die gesamte in ihm gespeicherte Energie in die Aufwärtsbewegung der Springerin abgegeben. Die Lageenergie hat ihren größten Wert.

Dies geschieht in den meisten Fällen mithilfe sehr schnell drehender Turbinen, an die Generatoren gekoppelt sind. Bevor also die Energie als elektrische Energie zur Verfügung steht, ist sie als Bewegungsenergie der drehenden Turbine vorhanden.

Die sportliche Disziplin des Stabhochsprungs (**Abb. 44.1**, **Abb. 44.2**) ist ein Beispiel für den Einsatz von Bewegungsenergie und Umwandlungen von Energie. Mit dem Stab in den Händen läuft der Stabhochspringer mit möglichst großer Geschwindigkeit an und sticht ihn dann in den am Boden vor der Latte befindlichen Einstichkasten. Dabei biegt sich der Stab extrem durch. In der nun folgenden Sprungphase entspannt sich der Stab und der Springer zieht sich am Stab so in die Höhe, dass er mit den Beinen voran die Latte überquert.
Die Bewegungsenergie gewinnt der Springer, indem er sich beim Anlauf mit der Muskelkraft seiner Beine vom Boden abdrückt und seine Geschwindigkeit immer mehr steigert. Durch das Einstechen des Stabs wird seine Vorwärtsbewegung gebremst und der elastische Stab gebogen, wodurch ein sehr großer Teil der Bewegungsenergie des Springers in Energie des gespannten Stabs, in Spannenergie, umgewandelt wird.
Indem sich der Stab entspannt, trägt die im Stab gespeicherte Energie dazu bei, den Springer in die Höhe zu bringen. Wenn der Springer den höchsten Punkt seiner Bewegung erreicht hat, ist der Stab entspannt, hat also keine Energie mehr gespeichert. Die Geschwindigkeit des Springers ist dann sehr gering, sodass auch kaum noch Bewegungsenergie vorliegt. Beim Herabfallen gewinnt er wieder Bewegungsenergie, die aufgrund seiner Höhe bzw. Lage über dem Boden durch die Anziehungskraft der Erde entsteht. Diese Energie wird als Lageenergie bezeichnet.

Insgesamt finden also beim Stabhochsprung folgende Energieumwandlungen statt:
Energie der Muskeln → Bewegungsenergie → Spannenergie → Lageenergie → Bewegungsenergie
Energie ist eine Größe, die in verschiedenen Formen auftritt. Diese Formen unterscheiden sich nur dadurch, dass sie die Energie mithilfe unterschiedlicher Größen (Geschwindigkeit, Höhe usw.) quantitativ erfassen.

45.1 Start eines Airbus A 380: Die Masse des Flugzeugs kann bis zu 560 t betragen und seine Startgeschwindigkeit muss größer sein als 185 km/h.

45.2 Strahltriebwerk einer Boeing 747: Die heißen Verbrennungsgase verlassen das Triebwerk mit hoher Geschwindigkeit und erzeugen so den Schub für die Vorwärtsbewegung.

In einem ganz anderen Ausmaß als beim Sport muss Energie beim Start eines Passagierflugzeugs bereitgestellt werden (**Abb. 45.1**). Der Airbus A 380 mit einer maximalen Masse von 560 t muss beim Start auf eine Geschwindigkeit von mehr als 185 km/h beschleunigt werden. Die Energie für diesen Vorgang liefert die Verbrennung des Kerosins in den vier Strahltriebwerken (**Abb. 45.2**).
Nach demselben Prinzip heben auch Raketen mit großer Masse vom Boden ab und gewinnen dabei eine so große Geschwindigkeit, dass sie sich aus dem Anziehungsbereich der Erde entfernen können (**Abb. 45.3**). Allerdings unterscheiden sich die Strahltriebwerke von den Raketenantrieben dadurch, dass Strahltriebwerke zur Erzeugung des heißen Gasstrahls Luft bzw. Sauerstoff aus der Atmosphäre benötigen. Die Rakete führt dagegen alle Stoffe zur Verbrennung mit sich, so dass der Antrieb auch im Weltraum funktioniert.

Das Strahltriebwerk und der Raketenmotor arbeiten nach dem Rückstoßprinzip. Die nach hinten mit großer Geschwindigkeit ausgestoßenen zahlreichen Gasteilchen von geringer Masse erteilen dem Düsenflugzeug bzw. der Rakete einen ununterbrochenen Schub in entgegengesetzter Richtung.
Zu verstehen ist dieser Vorgang mithilfe des dritten Newton'schen Axioms, das die Wechselwirkungskräfte zwischen zwei Körpern beschreibt. Danach ist die Kraft $\vec{F}_1$, die ein Körper erfährt, entgegengesetzt gleich zur Kraft $\vec{F}_2$, die der andere Körper ausübt: $\vec{F}_1 = -\vec{F}_2$ (→ 1.4.1).
Im Fall des Düsenflugzeugs und der Rakete ist die Masse der ausgestoßenen Gasteilchen sehr klein, die Geschwindigkeit, mit der sie ausgestoßen werden, aber sehr groß. Da dieser Vorgang kontinuierlich abläuft, wirkt ständig die Gegenkraft auf das Flugzeug bzw. die Rakete und vergrößert so die Geschwindigkeit.

45.3 Start eines Space Shuttle: Zunächst werden die weißen Feststoffraketen gezündet und bringen das Shuttle in ca. 45 km Höhe. Nach ihrem Abwurf zündet der Raketenmotor des Shuttle. Dabei verbrennt der in dem roten Außentank mitgeführte Wasserstoff mit dem Sauerstoff. In einer Höhe von ca. 110 km wird dann auch der Außentank abgeworfen, der beim Eintritt in die Erdatmosphäre verglüht.

Das zweite Newton'sche Axiom $F = m\,a$ wurde in der Schreibweise $F = m\,\Delta v / \Delta t$ (→ 1.2.2) hergeleitet. Auf das Rückstoßprinzip angewandt, bedeutet dies, dass die Gasteilchen der Masse m, die mit der Geschwindigkeit Δv ausgestoßen werden, auf die Rakete bzw. das Düsenflugzeug in der sehr kurzen Zeit Δt mit der Kraft F wirken.

2.1 Energie und Energieerhaltung

Energie ist die Voraussetzung für alle wirtschaftlich-technischen Prozesse, für alle Transportvorgänge auf der Erde, für die Durchführung sportlicher Aktivitäten und für alle in der belebten Natur stattfindenden Prozesse. Energie existiert als mechanische Energie, als elektrische und magnetische Energie in Stromkreisen, als chemische Energie in fossilen Brennstoffen, als Wärme-, Kern- und Strahlungsenergie.
Energie kann von einer Form in eine andere umgewandelt werden, wobei das *Prinzip der Energieerhaltung* gilt; es besagt, dass Energie weder erzeugt noch vernichtet werden kann. Für die messende Erfassung der Energie hat die Physik verschiedene Terme gefunden, durch deren Anwendung physikalische Vorgänge analysiert und berechnet werden können.

2.1.1 Mechanische Energieformen

Am Beispiel einer Achterbahn werden die Terme für die *mechanischen Energieformen* der *Lageenergie* und der *Bewegungsenergie* entwickelt.

Auf dem Lifthügel, einer schiefen Ebene, werden die Wagen der Achterbahn zu ihrem höchsten Punkt hinauf gezogen (**Abb. 46.1**), um dann ohne weitere Energiezufuhr alle Kurven und Schleifen zu durchlaufen und kleinere Hügel zu überwinden. Bei dieser Fahrt findet fortlaufend eine Umwandlung von *Lageenergie* in *Bewegungsenergie* und umgekehrt statt. Die am Anfang zugeführte Energie nimmt jedoch aufgrund der unvermeidlichen Reibung ständig ab.

46.1 Die Energie zum Hinaufziehen der Wagen auf den Lifthügel wird von Elektromotoren geliefert.

Lageenergie
Eine Formel für die auf dem Lifthügel zugeführte Energie lässt sich an der schiefen Ebene (**Abb. 47.1**) herleiten. Auf den Wagen der Masse m wirkt die Gewichtskraft $F_G = mg$, die sich in die Komponenten $F_H = mg\sin(\alpha)$ parallel zur schiefen Ebene und F_N senkrecht zur schiefen Ebene zerlegen lässt. Zum Hochziehen des Wagens wird die Kraft F_Z benötigt, die entgegengesetzt gleich der Hangabtriebskraft F_H ist.
Aus **Abb. 47.1** folgt, dass bei größerem Winkel α die Hangabtriebskraft F_H und damit auch die Zugkraft F_Z größer ist. Im Extremfall $\alpha = 90°$ wäre die Zugkraft gleich der Gewichtskraft $F_G = mg$.
Für das Verhältnis der Kräfte F_Z und F_G gilt allgemein

$$\frac{F_Z}{F_G} = \frac{mg\sin(\alpha)}{mg} \quad \text{mit} \quad \sin(\alpha) = \frac{h}{s},$$

wobei h die Höhe und s die Länge der schiefen Ebene ist. Daraus folgt

$$\frac{F_Z}{F_G} = \frac{h}{s} \quad \text{oder} \quad F_Z s = F_G h = mgh.$$

Diese Gleichung sagt aus, dass sich beim Hochziehen des Wagens mit der Masse m um die Höhe h für das Produkt aus Zugkraft F_Z und Weglänge s immer der gleiche Wert ergibt – unabhängig davon, wie steil die schiefe Ebene gegenüber dem Boden geneigt ist. Dieser Wert $E_G = mgh$ ist die Energie, die benötigt wird, um einen Körper der Masse m gegen die Gravitationsanziehung der Erde um die Höhe h zu heben. Sie ist als **Lageenergie** oder **Gravitationsenergie** im *System Erde – Körper* gespeichert und wird auch als *potentielle Energie* bezeichnet.

> Zum Anheben eines Körpers der Masse m auf der Erde um die Höhe h wird die **Lageenergie** oder **potentielle** Energie $E_G = mgh$ benötigt. Sie ist im System *Erde – Körper* gespeichert.

Die Energie ist eine abgeleitete Größe, deren Einheit **Joule** nach dem englischen Physiker James Prescott JOULE (1818 – 1889) benannt wurde. Für die Einheit der Energie gilt:

$$[E] = [m][g][h] = 1\,\text{kg} \cdot 1\,\frac{\text{m}}{\text{s}^2} \cdot 1\,\text{m} = 1\,\text{Nm} = 1\,\text{Joule} = 1\,\text{J}$$

Die *Lageenergie* ist stets an ein System aus mehreren Körpern gebunden, die miteinander wechselwirken, also *nie* einem einzelnen Körper allein zugeordnet. Zur Angabe des Energiezustandes eines Systems von Körpern kann für die Lageenergie nach Zweckmäßigkeit ein *Nullniveau* (**Abb. 47.1**) festgelegt werden. Bewegt sich der Körper nur parallel zum Erdboden, bleibt seine Lageenergie unverändert.

Bewegungsenergie

Ein Wagen, der aus dem Ruhezustand eine schiefe Ebene der Höhe h (**Abb. 47.1**) herunterrollt, gewinnt bei dieser Fahrt immer mehr *Bewegungsenergie*, wobei die Lageenergie abnimmt. Auf den Wagen der Masse m wirkt dabei die Hangabtriebskraft $F_H = mg\sin(\alpha)$, d.h. er erfährt die Beschleunigung

$$a = \frac{F_H}{m} = g\sin(\alpha);\quad \text{mit}\quad \sin(\alpha) = \frac{h}{s}\quad \text{also}\quad a = g\frac{h}{s}.$$

Seine Geschwindigkeit nach Durchlaufen der Länge s der schiefen Ebene lässt sich mithilfe der Gesetze für eine gleichmäßig beschleunigte Bewegung berechnen:

$$s = \tfrac{1}{2}a\,t^2 \quad\text{und}\quad v = a\,t \quad\text{mit}\quad a = g\frac{h}{s}$$

In der Gleichung für den Weg s wird die Zeit durch $t = v/a$ und die Beschleunigung durch $a = gh/s$ ersetzt:

$$s = \tfrac{1}{2}a\left(\frac{v}{a}\right)^2 = \frac{v^2}{2a} = \frac{v^2 s}{2gh}$$

Division dieser Gleichung durch s ergibt

$$v^2 = 2gh \quad\text{bzw.}\quad v = \sqrt{2gh}.$$

Die *Endgeschwindigkeit* eines Körpers, der sich reibungsfrei eine schiefe Ebene der Höhe h hinab bewegt, hängt nur von der Höhe h der schiefen Ebene ab.

Beim lotrechten Wurf (→ 1.3.2) wurde gezeigt, dass ein Körper mit der Startgeschwindigkeit v eine Steighöhe h erreicht, für die gilt:

$$h = \frac{v^2}{2g}$$

Das ist der gleiche Zusammenhang zwischen Geschwindigkeit und Höhe wie bei der schiefen Ebene. Multiplikation mit dem Faktor (mg) liefert

$$mgh = \tfrac{1}{2}mv^2.$$

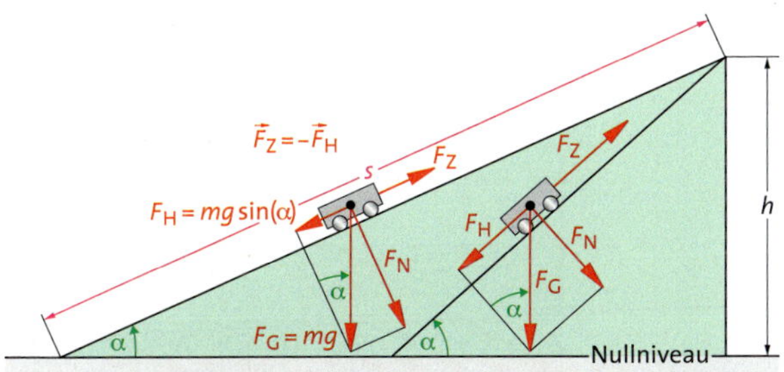

47.1 Die im Schwerpunkt des Körpers angreifende lotrecht nach unten wirkende Gewichtskraft F_G wird in die beiden Komponenten Hangabtriebskraft F_H parallel und Normalkraft F_N senkrecht zur schiefen Ebene zerlegt. Die Zugkraft F_z ist entgegengesetzt gleich der Hangabtriebskraft F_H. Bei der Berechnung der Lageenergie bzw. der potentiellen Energie kann das Nullniveau zweckmäßig festgelegt werden.

Auf der linken Seite der Gleichung steht der Term für die Energie, um die die Lageenergie beim Herabrollen des Wagens auf der schiefen Ebene abgenommen oder beim lotrechten Wurf nach oben zugenommen hat. Der Term $\frac{1}{2}mv^2$ auf der rechten Seite der Gleichung gibt die **Bewegungsenergie** oder auch **kinetische Energie** E_{kin} (kinema, griech.: Bewegung) eines Körpers der Masse m mit der Geschwindigkeit v an.

> Ein Körper der Masse m, der sich mit der Geschwindigkeit v bewegt, besitzt die **Bewegungsenergie** bzw. **kinetische Energie** $E_{kin} = \frac{1}{2}mv^2$.

Bei der Herleitung der Formel für die kinetische Energie wird angenommen, dass die Bewegung reibungsfrei verläuft. Unter dieser Voraussetzung gilt offenbar, dass die Lageenergie vollständig in Bewegungsenergie umgewandelt werden kann und umgekehrt.

Beispiel Auffahrunfall

Bei einem Unfall auf der Autobahn prallt ein Personenwagen der Masse $m = 1800$ kg nahezu ungebremst mit einer Geschwindigkeit von $v = 90$ km/h auf einen stehenden Lastwagen. Wie hoch könnte der Wagen auf der Erde mit der Aufprallenergie angehoben werden?

Lösung:

Die Bewegungsenergie des Personenwagens beim Aufprall beträgt $E_{kin} = \frac{1}{2}mv^2$. Um einen Körper der Masse m auf der Erde auf die Höhe h anzuheben, wird die Energie $E_G = mgh$ benötigt.

Gleichsetzen der Terme für die Energien führt zu

$$h = \frac{v^2}{2g} = \frac{(90\cdot 1000\,/\,3600\ \text{m/s})^2}{2\cdot 9{,}81\ \text{m/s}^2} = 31{,}9\ \text{m}.$$

Beispiel Bremsstrecke

An Gebirgsstraßen mit großem Gefälle sind für Fahrzeuge, deren Bremsen versagen, seitliche Ausweichstrecken mit großer Steigung vorhanden. Welche Länge muss eine Ausweichstrecke mit einem Anstiegswinkel von $\alpha = 30°$ mindestens haben, um ein Fahrzeug, dem bei einer Geschwindigkeit von 50 km/h die Bremsen versagen, zum Stillstand zu bringen?

Lösung:

Aus dem Gleichsetzen der Terme für Lageenergie und Bewegungsenergie folgt

$$h = \frac{v^2}{2g} = \frac{(50\cdot 1000\,/\,3600\ \text{m/s})^2}{2\cdot 9{,}81\ \text{m/s}^2} = 9{,}83\ \text{m}.$$

Daraus ergibt sich wegen $\sin(\alpha) = h/l$ eine Länge von

$$l = \frac{h}{\sin(\alpha)} = \frac{9{,}83\ \text{m}}{\sin(30°)} = 19{,}7\ \text{m}.$$

Die Änderung mechanischer Energie – Arbeit

Beim Heraufziehen eines Wagens auf einer schiefen Ebene (**Abb. 47.1**) nehmen die Höhe des Wagens gegenüber der Erde und damit auch die Lageenergie ständig zu. Bei diesem Vorgang wirkt die Zugkraft F_Z längs der Wegstrecke s. Ändert sich die Höhe um Δh, so ist die *Änderung der Lageenergie* $\Delta E = m g \Delta h$.

Eine *Änderung der Bewegungsenergie* findet statt, wenn ein Körper auf einer waagerechten Ebene von einer Kraft $F = m a$ längs der Wegstrecke Δs aus der Ruhe auf die Geschwindigkeit v gleichmäßig beschleunigt wird (**Abb. 48.1 a**). Für das Produkt aus Kraft F und Wegstrecke s gilt unter Anwendung der Formel für den Weg bei einer gleichmäßig beschleunigten Bewegung:

$$\Delta E = F \Delta s = m a \cdot \tfrac{1}{2} a t^2 = \tfrac{1}{2} m (a t)^2 = \tfrac{1}{2} m v^2$$

In beiden Beispielen findet eine *Änderung der betrachteten Energieform* statt. Die Lageenergie wächst von null auf den Wert $m g \Delta h$ bzw. die Bewegungsenergie von null auf $\frac{1}{2} m v^2$, sodass die folgende Definition für die *Änderung der mechanischen Energie* naheliegend ist.

Wird ein Körper mit der konstanten Kraft F längs der Wegstrecke Δs bewegt, so ist die dafür nötige **mechanische Energie ΔE** das Produkt aus der Kraft F und der Wegstrecke Δs: $\Delta E = F \Delta s$.

Das Produkt $\Delta E = F \Delta s$ mit der Einheit $[\Delta E] = [F]\,[\Delta s] = 1\,\text{N m}$ wird auch als **Arbeit** bezeichnet. Es beschreibt bei einem Vorgang die **Änderung der mechanischen Energie**: beim Anheben eines Körpers die Änderung der Lageenergie, beim Beschleunigen eines Körpers die Änderung der Bewegungsenergie.

Der Vorgang der Änderung der Energie durch Einwirken einer Kraft F auf einen Körper längs einer Strecke Δs kann in einem Weg-Kraft-Diagramm dargestellt werden (**Abb. 48.1 b**). Der Inhalt der Rechteckfläche unter der Kurve für die Kraft F von s_1 bis s_2 entspricht der Änderung der Energie bzw. Arbeit $\Delta E = F \Delta s$.

Die *allgemeine Definition der Änderung der mechanischen Energie* berücksichtigt die Vektoreigenschaft der Kraft $\vec{F}$ und der Wegstrecke $\Delta \vec{s}$:

$$\Delta E = F \Delta s \cos(\alpha),$$

wobei α der Winkel zwischen $\vec{F}$ und $\Delta \vec{s}$ ist und $F_s = F \cos(\alpha)$ die Komponente der Kraft in Richtung des Wegs. Sind Kraft und Wegstrecke gleich gerichtet, so ist $\alpha = 0°$ und $\cos(0°) = 1$, also $\Delta E = F \Delta s$.

Spannenergie

Zur Berechnung der in einem elastischen Körper, z. B. einer gespannten Feder, gespeicherten Energie kann nun nicht einfach die Strecke s, um die die Feder gespannt wird, mit der Kraft multipliziert werden, da sich die Kraft mit der Verformung der Feder ändert.

Für Spiralfedern gilt das Hooke'sche Gesetz, nach dem die Spannkraft der Feder F_S zur Größe der Verformung s proportional ist: $\vec{F}_S = -D\vec{s}$. Das Minuszeichen berücksichtigt, dass die Federkraft der Verformung entgegenwirkt. Für die von außen zur Verformung aufgewendete Kraft $\vec{F}$ gilt dann $\vec{F} = -\vec{F}_S$, also $\vec{F} = D\vec{s}$ bzw. $F = D s$ (**Abb. 48.2**).
Die Energieänderung bei einer nicht konstanten Kraft wird durch die folgende Überlegung bestimmt:

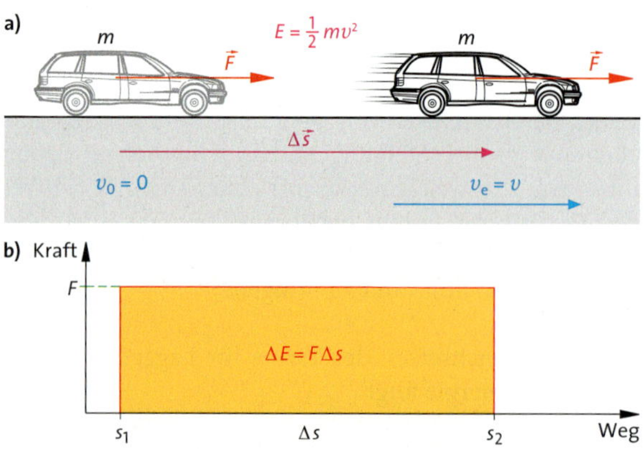

48.1 a) Beim Beschleunigen eines Körpers der Masse m von null auf die Geschwindigkeit v ändert sich die Bewegungsenergie um $\Delta E = \frac{1}{2} m v^2$. **b)** Im Weg-Kraft-Diagramm wird die Änderung der Energie bzw. die verrichtete Arbeit durch den Flächeninhalt unter der Kurve für die Kraft längs der Strecke ihrer Wirkung dargestellt.

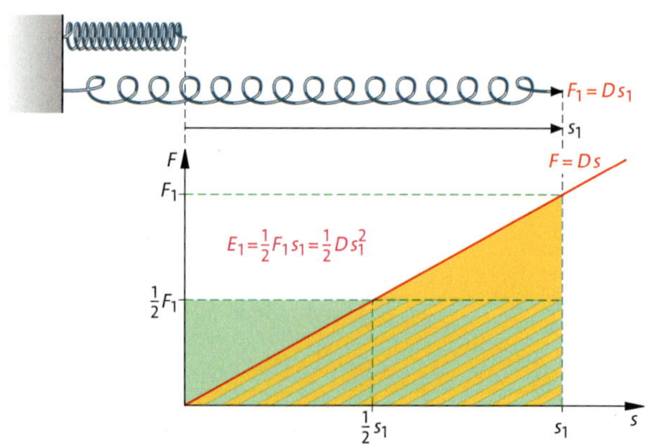

48.2 Berechnung der Energieänderung zur Verformung eines elastischen Körpers, wobei die Kraft F der Verformung s proportional ist: Bei einer konstanten Kraft ist die Energieänderung durch den Flächeninhalt des Rechtecks mit den Seiten $\frac{1}{2} F_1$ und s_1 gegeben, der gleich dem Flächeninhalt des Dreiecks unter der Geraden ist. Die Energieänderung ist $\Delta E = \frac{1}{2} D s^2$.

Bei der Verformung der Feder um die Strecke s_1 ist die Kraft auf den Wert F_1 angewachsen. Bei einer konstanten Kraft $F = \frac{1}{2} F_1$ entspricht die Energieänderung $\Delta E = \frac{1}{2} F_1 s_1$ dem Flächeninhalt des grünen Rechtecks in **Abb. 48.2**, der gleich dem Flächeninhalt des gelben Dreiecks ist. Daraus folgt, dass bei einer linear mit der Verformung von null bis s anwachsenden Kraft $F = Ds$ folgende Energieänderung eintritt:

$$\Delta E = \frac{1}{2} F s = \frac{1}{2} D s^2$$

Gilt bei einer elastischen Verformung das lineare Kraftgesetz $F = Ds$, so beträgt die Energieänderung bei einer Verformung von null auf den Wert s $\Delta E = \frac{1}{2} F s = \frac{1}{2} D s^2$. In dem verformten Körper ist die **Spannenergie** $E_S = \frac{1}{2} D s^2$ gespeichert.

Energieübertragung bei Reibung

Auf der Erde gibt es keine Bewegung von Körpern ohne Reibung. Alle Reibungsvorgänge machen sich i. A. durch eine Temperaturerhöhung der beteiligten Körper bemerkbar. Für diese Temperaturerhöhung wird Energie benötigt.

Wird z. B. ein Körper mit konstanter Geschwindigkeit über eine waagerechte Ebene geschoben, so muss wegen der Reibung zwischen Körper und Unterlage auf den Körper nach dem 3. Newton'schen Axiom eine Kraft F wirken, welche die entgegengesetzt gerichtete Reibungskraft F_R kompensiert (**Abb. 49.1**). Dabei wird die Energie $\Delta E = Fs$ übertragen, die bei dem Reibungsvorgang in Wärmeenergie umgewandelt wird und in die an der Reibung beteiligten Körper Kiste und Boden fließt.

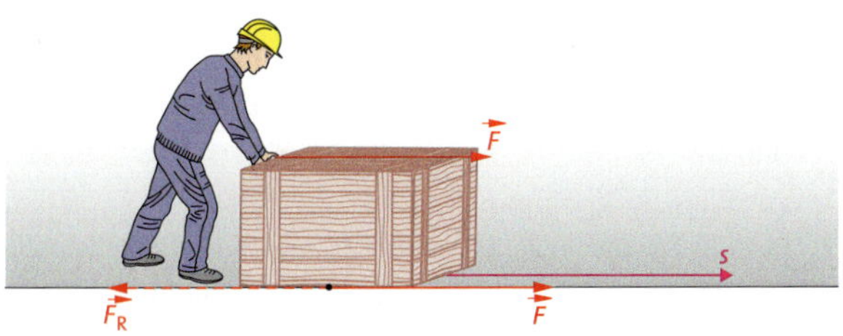

49.1 Wird ein Körper mit der Kraft F gegen die Reibungskraft F_R um den Weg s bewegt, so ist dazu die Energie $\Delta E = F s = F_R s$ notwendig.

49.2 Glühende Bremsscheibe an einem PKW

Wird ein Körper mit der Kraft F mit konstanter Geschwindigkeit entlang des Weges s gegen die Reibungskraft F_R bewegt, so ist die dazu nötige Energie $\Delta E = Fs = F_R s$, die auf die beteiligten Körper übertragen wird.

Diese Energie wird in *Wärmeenergie* umgewandelt, die in die am Reibungsvorgang beteiligten Körper fließt und in ihnen als *innere Energie* enthalten ist. Das in Extremfällen mögliche Ausmaß der Erwärmung beim Abbremsen eines Autos zeigt **Abb. 49.2**.

Energiestrom – Leistung

Bei allen Energieübertragungen in der Technik interessiert, in welcher Zeit Δt der Energiebetrag ΔE zugeführt bzw. entzogen wird. Wird z. B. von einem Kran mithilfe eines Motors ein Körper mit der Kraft F in der Zeit Δt um die Strecke Δs angehoben, so fließt Energie $\Delta E = F \Delta s$ vom Elektromotor in das System *Erde – Körper*. Der Quotient $P = \Delta E / \Delta t$ ist ein Maß für die in der Zeit Δt zugeführte Energie ΔE, also für den *Energiestrom* bzw. die *Leistung* des Motors.

Der **Energiestrom** oder die **Leistung *P*** ist der Quotient aus der zugeführten Energie ΔE und der Zeit Δt, in der die Energie zugeführt wird: $P = \Delta E / \Delta t$.

Die Einheit des Energiestroms bzw. der Leistung ist $[P] = [\Delta E]/[\Delta t] = 1\ \text{Nm/s} = 1\ \text{J/s}$ und wird als **Watt** bezeichnet: $[P] = 1\ \text{J/s} = 1\ \text{W}$.

Wird in der Definitionsgleichung $P = \Delta E / \Delta t$ die Energie ΔE durch $F \Delta s$ und dann der Term $\Delta s / \Delta t$ durch die Geschwindigkeit v ersetzt, so ergibt sich zwischen der Leistung P und der Kraft F der Zusammenhang

$$P = F \frac{\Delta s}{\Delta t} = F v.$$

Wird z. B. ein Auto von seinem Motor mit konstanter Leistung P beschleunigt, so nimmt die Geschwindigkeit v fortlaufend zu, aber nach der Gleichung $P = Fv$ die beschleunigende Kraft F entsprechend ab. Dass trotz geringer werdender, aber immer noch vorhandener Kraft die Geschwindigkeit einen endlichen Wert hat, liegt an der Reibungskraft.

Im Zusammenhang mit der Angabe der Leistung von Maschinen wird häufig auch deren *Wirkungsgrad* angegeben. Mit dem **Wirkungsgrad *η*** wird der Quotient aus der *Nutzleistung* P_N und der *Eingangsleistung* P_E einer Maschine bezeichnet. Er ist gleich dem Quotienten aus abgegebener Energie E_{ab} und zugeführter Energie E_{zu}:

$$\eta = \frac{E_{ab}}{E_{zu}} = \frac{P_N}{P_E}$$

Aufgaben

1. **a)** Erläutern Sie den Begriff „Energie“ in seiner physikalischen Bedeutung.
b) Beschreiben Sie Beispiele, wie der Begriff im Alltag verwendet wird.

2. Ein Wagen der Masse $m = 25$ kg wird reibungsfrei eine 5,0 m lange schiefe Ebene, die mit der Waagerechten einen Winkel von $\alpha = 30°$ bildet, hinaufgezogen.
a) Bestimmen Sie die parallel zur Ebene wirkende Zugkraft.
b) Berechnen Sie die Änderung der Lageenergie (potentiellen Energie).
c) Berechnen Sie die Endgeschwindigkeit, die der Wagen bei einem reibungsfreien Herabrollen erreicht.

3. Auf einer Luftkissenfahrbahn, die auf einer Strecke von 1,00 m einen Höhenunterschied von 5 cm besitzt, bewegt sich ein Gleiter der Masse $m = 200$ g.
a) Berechnen Sie die Hangabtriebskraft und die Beschleunigung des Gleiters.
b) Bestimmen Sie mithilfe der Gesetze für die gleichmäßig beschleunigte Bewegung seine Geschwindigkeit, wenn er aus der Ruhe 1 m zurückgelegt hat.
c) Bestimmen Sie die auf dieser Strecke auf den Gleiter übertragene kinetische Energie.

4. Ein Schlitten der Masse $m = 60$ kg startet aus der Ruhe von einem Hügel aus 20 m Höhe und erreicht den Fuß des Hügels mit einer Geschwindigkeit von 16 m/s. Bestimmen Sie die Energie, die der Schlitten durch Reibung verloren hat.

5. Ein Auto ($m = 950$ kg) wird in 4 s von $v_1 = 50$ km/h auf $v_2 = 90$ km/h beschleunigt.
a) Berechnen Sie die dazu erforderliche Energie.
b) Bestimmen Sie die Geschwindigkeit, die der Wagen mit der gleichen Energie erreicht hätte, wenn er aus dem Stand beschleunigt worden wäre.

6. Ein kleines Auto ($m = 800$ kg) prallt bei einem Crash-Test mit der Geschwindigkeit $v = 60$ km/h gegen ein Hindernis.
a) Berechnen Sie seine kinetische Energie.
b) Schätzen Sie zunächst und bestimmen Sie dann die Höhe, aus der das Auto frei fallen müsste, um beim Auftreffen auf den Boden die gleiche kinetische Energie zu besitzen.

7. Berechnen Sie die Energie, die beim Ziehen einer Kiste aufzubringen ist, wenn die Kraft $F = 550$ N unter einem Winkel $\alpha = 28°$ gegen die Wegrichtung wirkt (→ **Abb. 47.1**) und die Kiste 15 m weit gezogen wird.

8. Bei einer Radtour bringt der Radfahrer auf verschiedenen Streckenabschnitten unterschiedliche Antriebskräfte auf.

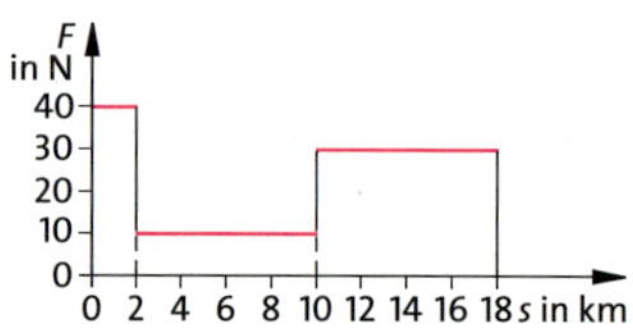

a) Berechnen Sie abschnittsweise die mechanische Energie ΔE und geben Sie die insgesamt aufgewandte Energie an.
b) Erklären Sie, wieso die Flächeninhalte der Rechtecke in der Abbildung die Energiebeträge ΔE repräsentieren.

9. Beschreiben Sie das Hochspringen eines Trampolinturners aus energetischer Sicht.

10. Ein Schüler der Masse $m = 55$ kg drückt die Feder eines Trampolins um 20 cm zusammen. Beim Absprung drückt der Schüler das Trampolin um weitere 30 cm nach unten.
a) Bestimmen Sie die Federkonstante D des Trampolins.
b) Ermitteln Sie die Sprunghöhe des Schülers, die er über dem entspannten Trampolin erreicht, unter der Annahme, dass die gesamte in den Federn des Trampolins gespeicherte Energie in Bewegungsenergie des Springers umgewandelt wird.

11. In der Technik werden Reibungskräfte bei Scheibenbremsen von Autos und Motorrädern zum Abbremsen des Fahrzeugs genutzt.

a) Erläutern Sie ihre Wirkungsweise.
b) Bestimmen Sie die Größe der Kraft, die ein Auto der Masse 1600 kg aus der Geschwindigkeit $v = 50$ km/h auf einer Strecke von 20 m zum Stillstand bringt.

12. Die Züge einer Achterbahn bestehen aus jeweils 5 Wagen der Masse $m_W = 400$ kg. Jeder Wagen ist mit 6 Personen mit einer mittleren Masse von 55 kg besetzt. Der Lifthügel hat eine Länge von $l = 95$ m und eine Steilheit von $\alpha = 40°$. Das Liften des Zugs dauert 45 s.
a) Berechnen Sie die Zugkraft und die Leistung des Motors.
b) Berechnen Sie die Bewegungsenergie des Zugs, wenn dieser eine Geschwindigkeit von 120 km/h hat, und bestimmen Sie die Höhe, aus der ein Körper frei fallen müsste, um diese Geschwindigkeit zu erhalten.

13. Eine Schraubenfeder wird durch eine Kraft $F = 0{,}6$ N um $s = 3{,}5$ cm gedehnt. Berechnen Sie die benötigte Energie, um die Feder um weitere 7,0 cm zu dehnen.

14. Eine Schraubenfeder erhält schrittweise durch Wägestücke der Masse m die Dehnung s.

m in g	50	100	150	200	250	300
s in cm	1,6	3,15	4,8	6,3	7,85	9,35

a) Ermitteln Sie mithilfe der Tabellenkalkulationsfunktion Ihres GTR die Federkonstante D und berechnen Sie die Energie, die erforderlich ist, um die Feder auf die Endlänge von 9,35 cm zu dehnen.
b) Berechnen Sie zu jeder Teilstrecke Δs die Teilenergie ΔE, die beim Auflegen eines neuen Wägestücks übertragen wird, und vergleichen Sie die Summe der Teilenergien mit dem Ergebnis aus a).

15. Ein Güterzug ($m = 500$ t) erhöht auf einer Strecke von 1,8 km Länge und 8 % Steigung die Geschwindigkeit von 30 km/h auf 55 km/h (Rollreibungszahl 0,005 → 1.4.2). Berechnen Sie die Reibungsenergie, den Zuwachs an Lageenergie und an kinetischer Energie sowie die gesamte übertragene Energie.

Exkurs

Physik und Sport

Gehen

Das Gehen ist keineswegs eine streng horizontale Bewegung. Stetig wird der Körper gehoben und gesenkt, es muss also ständig beim Wiederanheben des Körpers Energie in das System *Körper–Erde* gesteckt werden. Die Hubhöhe beim Gehen kann am einfachsten mit einem Stück Kreide in der Hand in Gürtelhöhe bestimmt werden, mit dem man an einer Wand entlang geht. Eine mittlere Hubhöhe wäre $\Delta h = 3$ cm. Mit zwei Schritten in der Sekunde, also einer Schrittfrequenz von $f = 1/\Delta t = 2\ \text{s}^{-1}$, wäre bei einem Geher mit der Masse 70 kg die Hubleistung

$$\begin{aligned} P &= mg\Delta h/\Delta t \\ &= 70\ \text{kg} \cdot 9{,}81\ \text{m/s}^2 \cdot 0{,}03\ \text{m} \cdot 2\ \text{s}^{-1} \\ &= 41{,}2\ \text{W}. \end{aligned}$$

Da nach Messungen beim Gehen die Leistung ca. 350 W beträgt, fließen damit gut 12 % in die Hubleistung.

Von den 350 W benötigt ein Erwachsener ungefähr 85 W für den Grundumsatz. Das ist die Leistung, die der Körper auch bei absoluter Ruhe aufbringt. Es ist bekannt, dass vom Rest nur 20 % in Muskelenergie umgewandelt wird, also ca. 53 W. Von den 53 W Muskelleistung werden demnach 41 W für das Heben des Körpers und 12 W hauptsächlich zum Beschleunigen der Beine verwendet.

Kurzstreckenlauf

Ein durchtrainierter Sportler kann seine maximale Muskelkraft höchstens für eine Distanz von 290 m aufrechterhalten, bei längerer Strecke muss er seine Energie dosiert einsetzen. Die maximale Kraft eines Beines $F_B = 1{,}5\,mg$ (m ist die Masse des Sportlers) setzt ein Sportler bei jedem Schritt längs der Strecke ein, die sich beim Strecken seines Beines (ein Drittel der Beinlänge) ergibt. Beim 100 m-Lauf wird die Energie bei den ersten 10 bis 20 Schritten vorwiegend zur Beschleunigung verwendet, bis die Höchstgeschwindigkeit v_e erreicht ist (**Abb. a**). Von dort ab wird die eingesetzte Energie ausschließlich für die Überwindung der Reibungskräfte (Muskel-, Gelenkreibungs-, Luftwiderstandskraft) aufgebraucht. Aus

$$\begin{aligned} n\,E_B &= n\left(\tfrac{3}{2}mg\right)\left(\tfrac{1}{3}l_B\right) = n \cdot \tfrac{1}{2}mg\,l_B \\ &= \tfrac{1}{2}m\,v_e^2 \end{aligned}$$

ergibt sich bei $n = 10$ Schritten die Höchstgeschwindigkeit

$$v_e = \sqrt{n\,g\,l_B} \approx 10\ \text{m/s}.$$

Hochsprung

Die Sprungkraft *beider* Beine F_B wird bestimmt, indem der Sportler in diejenige Hockstellung hineingeht, aus der er am höchsten springen kann (**Abb. b**). Das macht er mit ausgestreckten Armen vor einer Wand und tippt beide Male an. Die Strecke zwischen den Marken ist die Sprunghöhe h_1. Genauso wird die Strecke h_2 bestimmt: aus der Hocke bis zu der Stellung, bei der der Körper voll ausgestreckt ist und die Füße noch auf dem Boden stehen. Auf dieser Strecke stößt sich der Körper mit den Beinen während des Beschleunigungsvorgangs vom Boden ab. Die Beinkraft liefert in der Beschleunigungsphase die Energie $E_B = F_B h_2$. Sie wandelt sich beim Sprung in Lageenergie um: $E_{pot} = mgh_1$. Mit einer Sprungkraft von ca. 2500 N und einer Hocktiefe $h_2 = 0{,}35$ m ergibt sich durch Gleichsetzen $F_B h_2 = mgh_1$ die Sprunghöhe $h_1 = 0{,}90$ m.

Damit könnte der Körperschwerpunkt auf die Höhe $h = 1{,}1\ \text{m} + 0{,}9\ \text{m}$ gehoben werden. In senkrechter Haltung könnte der Sportler mit gestrecktem Körper die Höhe 0,9 m überspringen. Die Technik des Hochspringens besteht nun darin, die Differenzhöhe – oben als 1,1 m angenommen – zwischen Latte und Schwerpunkt, die *Lattenüberhöhung*, zu minimieren. Durch geeignete Sprungtechniken, z. B. *Fosbury-Flop*, ist die Lattenüberhöhung sogar zu negativen Werten verringert.

Stabhochsprung

Wie bei vielen Sprungarten geht es auch hier darum, die Geschwindigkeit des Anlaufs in die Vertikale umzulenken. Könnte die kinetische Energie des Anlaufs vollständig in Lageenergie umgesetzt werden, so ergäbe sich bei 10 m/s Anlaufgeschwindigkeit nach der Gleichung $\frac{1}{2}mv^2 = mgh$ eine Höhe von $h = 5$ m. Da sich diese Angabe auf die Erhöhung des Schwerpunktes bezieht, wäre eine Gesamthöhe von etwa 6 m zu erreichen. Die Glasfiberstäbe sind derart elastisch, dass sie die gesamte kinetische Energie beim Biegen aufnehmen und in Richtung nach oben wieder abgeben. Zusätzlich bringt noch einen Höhengewinn, dass der Athlet abspringt und sich vor dem Loslassen des Stabes von ihm nach oben abstößt.

a)

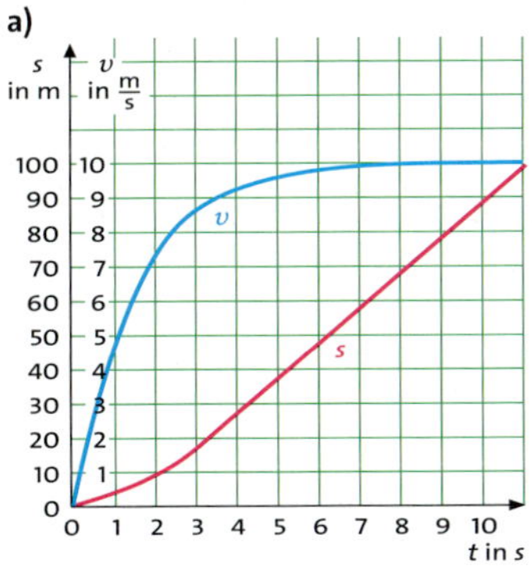

b)

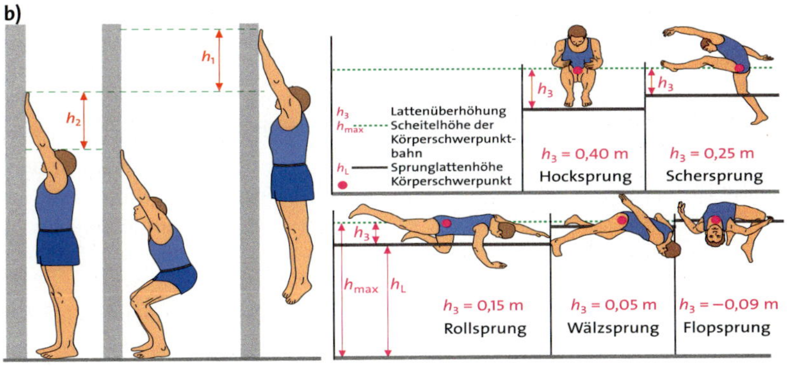

2.1.2 Erhaltung der Energie

Formen mechanischer Energie sind die *Bewegungsenergie* oder **kinetische Energie** $E_{\mathrm{kin}} = \frac{1}{2} m v^2$ eines Körpers, die *Lageenergie* oder *Gravitationsenergie* $E_G = m\,g\,h$ aufgrund der von der Erde auf einen Körper wirkenden Gravitationskraft und die Spannenergie $E_S = \frac{1}{2} D\, s^2$. Spannenergie und Lageenergie können beide in kinetische Energie umgewandelt werden und werden daher auch als **potentielle Energien** bezeichnet.

Eine grundlegende Erkenntnis der Physik lautet: Energie kann weder erzeugt noch vernichtet werden. Gleichwertig mit dieser Aussage ist der Satz von der *Erhaltung der Energie*, der in sogenannten *abgeschlossenen Systemen* gilt. Das sind Anordnungen von Körpern, auf die keine Kräfte von Körpern außerhalb dieser Anordnung wirken.

Energieerhaltungssatz der Mechanik: In einem abgeschlossenen System ist zu jedem Zeitpunkt t die Summe der mechanischen Energien, d. h. die Summe aus kinetischer und potentieller Energie konstant, solange die Vorgänge *reibungsfrei* ablaufen:

$$\boldsymbol{E_{\mathrm{kin}}(t) + E_{\mathrm{pot}}(t) = E = \textbf{konstant}}$$

Energieerhaltung am Schwerependel

Ein sogenanntes *Schwerependel*, das mit einer sehr reibungsarmen Spezialaufhängung an der Decke befestigt ist (**Abb. 52.1**), bildet zusammen mit der *Erde*, deren Anziehungskraft auf den Pendelkörper wirkt, ein (nahezu) *abgeschlossenes System*. Die am Beginn der Bewegung vorhandene potentielle Energie wird bei der Schwingung in kinetische Energie und wieder in potentielle Energie umgewandelt. Zu jedem Zeitpunkt der Bewegung ist die Summe aus potentieller und kinetischer Energie konstant.

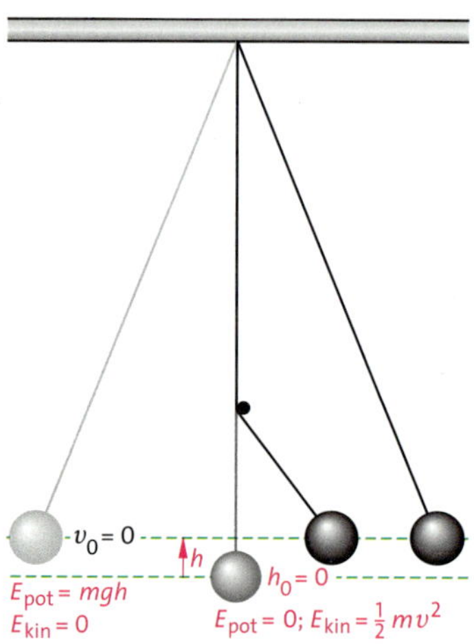

52.1 Das ausgelenkte, um die Höhe h angehobene Schwerependel besitzt potentielle Energie gegenüber seiner Ruhelage, die im tiefsten Punkt seiner Bahn vollständig in kinetische Energie umgewandelt ist. Diese wandelt sich wieder – auch bei gekürzter Pendellänge – nahezu vollständig in die am Anfang vorhandene potentielle Energie um.

Energieerhaltung beim freien Fall

Beim freien Fall bilden die *Erde* und der *fallende Körper* der Masse m ein *abgeschlossenes System*. Auch in diesem System gibt es potentielle und kinetische Energie. Während des Fallens aus der Höhe h wird potentielle Energie in kinetische Energie umgewandelt. Solange der Körper in der Höhe h ruht, ist die kinetische Energie null und die Gesamtenergie des Systems *Erde – Körper in der Höhe h*

$$E = E_{\mathrm{pot}} = m g h.$$

Ist der Körper um die Strecke $s < h$ gefallen, so ist zu diesem Zeitpunkt die potentielle Energie auf den Wert

$$E'_{\mathrm{pot}} = m g (h - s) = m g h - m g s$$

gesunken, dafür aber die kinetische Energie auf

$$E'_{\mathrm{kin}} = \frac{1}{2} m v_s^2$$

angewachsen.
Aus den Gesetzen für die gleichmäßig beschleunigte Bewegung $s = 1/2\, g\, t_s^2$ und $v_s = g\, t_s$ ergibt sich die Geschwindigkeit v_s zu diesem Zeitpunkt zu $v_s = \sqrt{2gs}$, sodass für die kinetische Energie gilt:

$$E'_{\mathrm{kin}} = \frac{1}{2} m v_s^2 = \frac{1}{2} m \cdot 2 g s = m g s$$

Um den gleichen Wert hat die potentielle Energie abgenommen. Die Gesamtenergie des Systems zu diesem Zeitpunkt ist

$$E' = E'_{\mathrm{pot}} + E'_{\mathrm{kin}} = m g (h - s) + m g s = m g h = E,$$

also gleich dem Wert zu Beginn der Bewegung. Dies gilt für alle Werte s mit $0 \le s \le h$.

Ergebnis: Im System *Erde – fallender Körper* wird während des freien Falls potentielle Energie (Lageenergie) in kinetische Energie umgewandelt. Zu jedem Zeitpunkt ist die Summe aus potentieller und kinetischer Energie konstant.

Die Untersuchungen der Energieumwandlung am Schwerependel und beim freien Fall zeigen:

Mechanische Energie tritt in Form von potentieller und kinetischer Energie auf und kann von einer Form in eine andere umgewandelt werden.

Wird von Energieverlusten durch Reibungsvorgänge abgesehen, so ist bei Vorgängen in abgeschlossenen Systemen die Summe aus kinetischer Energie und potentieller Energie konstant. Der Energieerhaltungssatz ist also erfüllt.

Mit den beiden folgenden Versuchen kann der *Energieerhaltungssatz* durch Messung der zuvor berechneten Werte überprüft werden.

Energieerhaltung an der Luftkissenfahrbahn

Versuch 1: Auf einer Luftkissenfahrbahn wird ein Gleiter der Masse m durch die Gewichtskraft eines um die Strecke h fallenden Wägestücks der Masse m_0 beschleunigt (**Abb. 53.1**). Gleiter, Wägestück und Erde bilden ein abgeschlossenes System. Mithilfe der Dunkelzeitmessung einer Lichtschranke wird die Geschwindigkeit des Gleiters für verschiedene Fallhöhen des Wägestücks bestimmt. Anschließend werden die Messwerte mit den berechneten Werten für die Geschwindigkeiten verglichen.

Zur Berechnung der Geschwindigkeit wird die Energie des Systems am Startpunkt und zum Zeitpunkt der Messung betrachtet. Als Nullniveau für die potentielle Energie wird die jeweilige Lage des Wägestücks zum Zeitpunkt der Messung gewählt. Am Startpunkt ruht der Gleiter und das System besitzt nur die potentielle Energie $E_{pot} = m_0 g h$.
Die Endgeschwindigkeit v erreicht der Gleiter, wenn die potentielle Energie null ist. Das System besitzt dann nur noch kinetische Energie: $E_{kin} = \frac{1}{2}(m + m_0)\, v^2$.
Nach dem Energieerhaltungssatz gilt

$$E_{pot} = E_{kin} \text{ bzw. } m_0 g h = \tfrac{1}{2}(m + m_0)\, v^2.$$

Für die Endgeschwindigkeit v folgt:

$$v = \sqrt{\frac{2 m_0 g h}{m + m_0}}$$

Im Rahmen der Messgenauigkeit stimmen die im Versuch bestimmten Werte für die Geschwindigkeit mit den berechneten Werten überein. ◂

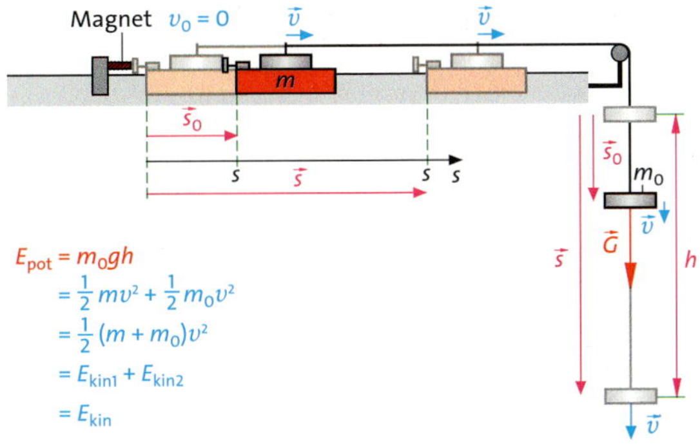

53.1 Energieumwandlung beim Fahrbahnversuch. Die potentielle Energie der Masse m_0 wird in gleich große kinetische Energie von Gleiter und Antriebskörper verwandelt.

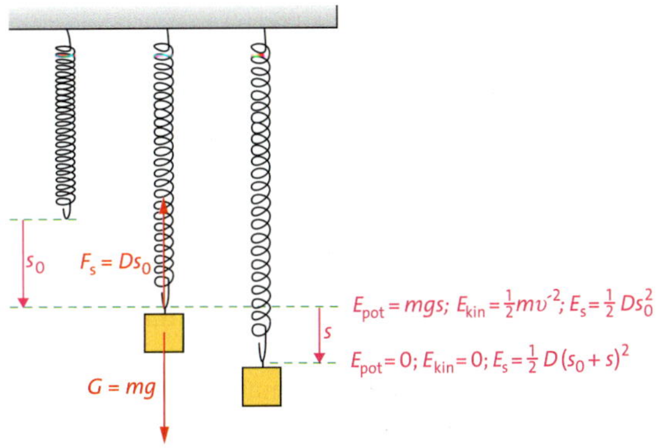

53.2 In der Ruhelage sind die Federkraft $F_S = D s_0$ und die Gewichtskraft $F_G = m g$ im Gleichgewicht. Dann wird das Pendel um die Strecke s nach unten ausgelenkt und losgelassen.

Energieerhaltung am Federpendel

Das abgeschlossene System besteht aus der Feder mit der Federkonstante D, dem *Pendelkörper* der Masse m und der *Erde* (**Abb. 53.2**).
Wird das Pendel aus der Gleichgewichtslage um die Strecke s nach unten ausgelenkt und losgelassen, so werden während der Pendelbewegung ständig potentielle Energie im Schwerefeld der Erde, potentielle Spannenergie und kinetische Energie ineinander umgewandelt. In der tiefsten Position des Pendelkörpers wird die potentielle Energie im Schwerefeld null gesetzt, die kinetische Energie ist ebenfalls gleich null, die Energie des Systems besteht nur aus Spannenergie:

$$E = E_s = \tfrac{1}{2} D (s_0 + s)^2$$

Beim Durchgang durch die Gleichgewichtslage ist die Energie des Systems

$$E' = E'_{pot} + E'_s + E'_{kin} \text{ bzw.}$$
$$E' = m g s + \tfrac{1}{2} D {s_0}^2 + \tfrac{1}{2} m v'^2.$$

Unter der Annahme, dass die Energie während des ganzen Vorgangs erhalten bleibt – also $E = E'$ gilt – folgt

$$\tfrac{1}{2} D (s_0 + s)^2 = m g s + \tfrac{1}{2} D {s_0}^2 + \tfrac{1}{2} m v'^2.$$

Mit der Gleichung für die Kräfte in der Gleichgewichtslage $m g = D s_0$ ergibt sich nach Ausmultiplizieren und Umformen

$$\tfrac{1}{2} D s^2 = \tfrac{1}{2} m v'^2, \text{ also } v' = \sqrt{\frac{D}{m}}\, s = \sqrt{\frac{g}{s_0}}\, s.$$

Versuch 2: Die entspannte Feder wird durch einen Körper der Masse $m = 0{,}050$ kg um $s_0 = 0{,}138$ m in die Gleichgewichtslage ausgelenkt (**Abb. 54.1**). Nach einem weiteren Auslenken aus der Gleichgewichtslage um $s = 0{,}057$ m schwingt das Federpendel nach oben, wobei beim Durchgang durch die Gleichgewichtslage mit einer Lichtschranke für einen Pappstreifen der Breite $\Delta s = 0{,}015$ m die Dunkelzeit $\Delta t = 0{,}0304$ s gemessen wird. Daraus ergibt sich die Geschwindigkeit zu

$$v = \frac{\Delta s}{\Delta t} = \frac{0{,}015 \text{ m}}{0{,}0304 \text{ s}} = 0{,}493 \text{ m/s}.$$

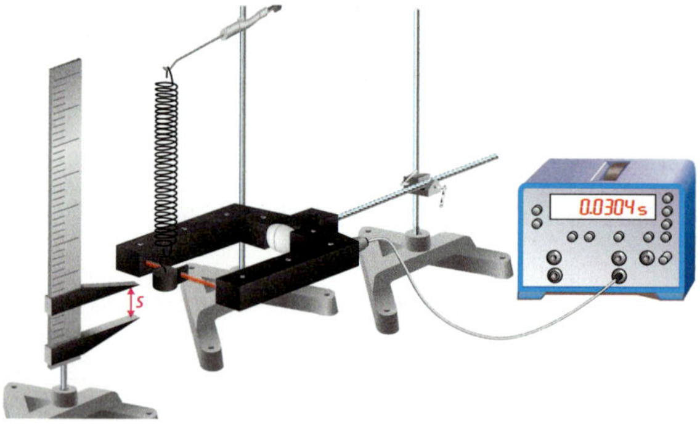

54.1 Die Geschwindigkeit des Federpendels beim Durchgang durch die Gleichgewichtslage wird mit einer Lichtschranke bestimmt.

Die Berechnung der Geschwindigkeit ergibt

$$v' = \sqrt{\frac{g}{s_0}}\, s = \sqrt{\frac{9{,}81\ \text{m/s}^2}{0{,}138\ \text{m}}} \cdot 0{,}057\ \text{m} = 0{,}481\ \text{m/s}.$$

Der gemessene Wert stimmt mit dem berechneten im Rahmen der Messgenauigkeit überein und bestätigt damit die Erhaltung der Energie. ◂

Die Experimente zur Luftkissenfahrbahn und zum Federpendel zeigen im Rahmen der Messgenauigkeit, dass für die mechanischen Energieformen der Lageenergie, der kinetischen Energie und der Spannenergie der Satz von der Erhaltung der Energie gilt. Zu jedem Zeitpunkt hat bei einem System die Summe dieser Energieformen den gleichen Wert – *wenn keine Reibung auftritt.*

Beispiel Atwood´sche Fallmaschine

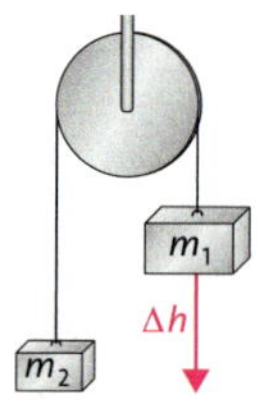

1784 wurde von George Atwood der nebenstehende Versuchsaufbau vorgestellt. An den beiden Enden eines Seils, das über eine feste Rolle läuft, sind zwei Körper mit den Massen m_1 und m_2 ($m_1 > m_2$) befestigt. Aus einer Startposition bewegt sich der Körper mit der größeren Masse beschleunigt nach unten. Welche Geschwindigkeit erreicht der Körper nach dem Durchlaufen der Strecke h?

Lösung:

Unter der Annahme, dass die Rolle eine vernachlässigbare Masse besitzt und auch die Reibung nicht zu berücksichtigen ist, kann der Energieerhaltungssatz angewandt werden. Wenn sich beide Körper unter dem Einfluss der Gravitation um die Strecke h bewegt haben, so hat sich die Lageenergie bzw. potentielle Energie des Systems Körper – Erde um den Wert

$$\Delta E_{\text{pot}} = (m_1 - m_2)\, g h$$

verringert, da der Körper mit der größeren Masse um die Strecke h gesunken ist, während der Körper mit der kleineren Masse um die gleiche Strecke gehoben wurde. Dagegen hat die kinetische Energie der Körper insgesamt um den Wert

$$\Delta E_{\text{kin}} = \tfrac{1}{2}(m_1 + m_2)\, v^2$$

zugenommen. Gleichsetzen dieser Terme und Auflösen der sich ergebenden Gleichung nach der Geschwindigkeit liefert

$$v = \sqrt{2gh\,\frac{m_1 - m_2}{m_1 + m_2}}\,.$$

Beispiel Bungee-Springen

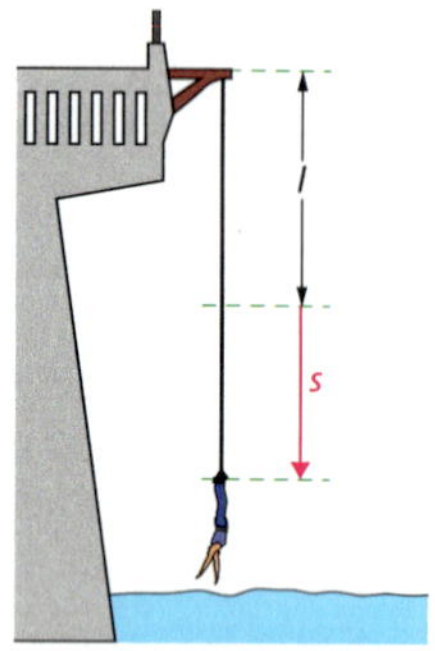

Eine Bungeespringerin beabsichtigt, von einer Brücke herabzuspringen. Das Bungeeseil hat im entspannten Zustand eine Länge von $l = 25$ m und der Abstand zur Wasseroberfläche beträgt 45 m. Wie hoch liegt der tiefste Punkt des an den Füßen befestigten Seils beim Sprung?

Lösung:

Im tiefsten Punkt ist die Spannenergie maximal und die kinetische Energie null. Die Lageenergie bzw. potentielle Energie des Systems *Springerin – Erde* hat jedoch um einen Wert abgenommen, der proportional zur Summe aus Seillänge l und Seilverlängerung s ist:

$$\Delta E_{\text{pot}} = m g (l + s)$$

Diese Energie ist im tiefsten Punkt in Spannenergie umgewandelt, wobei angenommen wird, dass für das Seil das Hooke'sche Gesetz gilt:

$$E_{\text{S}} = \tfrac{1}{2} D s^2$$

Gleichsetzen beider Terme ergibt eine quadratische Gleichung für die Variable s:

$$\tfrac{1}{2} D s^2 = m g (l + s)$$

$$s^2 - 2\frac{mg}{D} s - 2\frac{mgl}{D} = 0$$

$$s_{1,2} = \frac{mg}{D} \pm \sqrt{\left(\frac{mg}{D}\right)^2 + \frac{2mgl}{D}}$$

Mit der Masse $m = 60$ kg der Springerin und der Federkonstanten $D = 160$ N/m ergibt sich aus der quadratischen Gleichung $s = 17{,}7$ m. (Die zweite Lösung ist negativ und damit ohne reale Bedeutung.) Der tiefste Punkt des Seils liegt also

$$45 - (25 + 17{,}7) = 2{,}3\ \text{m}$$

über der Wasseroberfläche.

Aufgaben

1. Diskutieren Sie, inwiefern sich die Vorstellung vom „Energiesparen“ mit dem Prinzip der Energieerhaltung vereinbaren lässt.

2. Ein Snowboardfahrer startet auf einem Hügel, fährt diesen hinunter und dann eine 2 m hohe Schanze hinauf. Für den nachfolgenden Sprung benötigt er auf der Schanze eine Absprunggeschwindigkeit von 5 m/s.

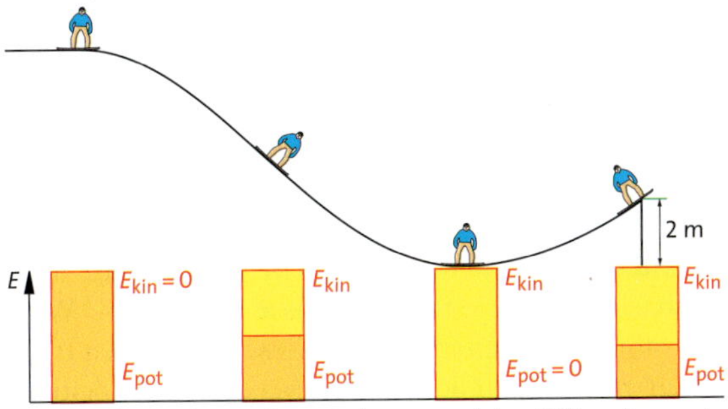

a) Berechnen Sie auf zwei Arten, welche Höhe der erste Hügel haben muss, und vergleichen Sie die Rechenwege.
b) Bestimmen Sie die Geschwindigkeit des Snowboardfahrers im tiefsten Punkt.
c) Begründen Sie, dass die Ergebnisse unabhängig von der Masse des Snowboarders sind.

3. Bei einem Lastwagen der Masse $m = 5000$ kg versagen auf einer Gefällstrecke bei einer Geschwindigkeit von 90 km/h die Bremsen. Für solche Fälle sind von der Straße abzweigende Notfallspuren mit einer Steigung von 30° eingerichtet. Berechnen Sie die Länge, die die Notfallspur mindestens haben muss, damit der Lastwagen zum Stehen kommt.

4. Die Anlaufspur der Skisprungschanze in Winterberg ist angenähert eine schiefe Ebene mit einem Neigungswinkel von 40°. Der Startpunkt eines Skispringers liegt maximal 22 m höher als der Schanzentisch.

Bestimmen Sie die Absprunggeschwindigkeit eines Springers der Masse $m = 65$ kg vom Schanzentisch, wenn dieser mit der Anfangsgeschwindigkeit $v_0 = 6$ m/s startet und die Luftreibung sowie die Gleitreibung in der Anlaufspur vernachlässigt werden.

5. Ein Auto der Masse $m = 2000$ kg wird erst auf 72 km/h und dann weiter auf 144 km/h beschleunigt.
a) Berechnen Sie die Zunahme der kinetischen Energie beim zweiten Beschleunigen und vergleichen Sie diese mit der Energie nach dem ersten Beschleunigungsvorgang.
b) Schätzen Sie ab, wie viel Kraftstoff für einen solchen Beschleunigungsvorgang aufgewendet werden muss. Informieren Sie sich über den Brennwert von Dieselkraftstoff, Benzin oder Autogas und über typische Wirkungsgrade von Automotoren.

***6.** Eine Kugel der Masse $m = 100$ g drückt eine vertikal stehende Feder um 5 cm zusammen. Nachdem die Feder um weitere 25 cm zusammengedrückt wurde, entspannt sie sich und schleudert die Kugel vertikal in die Höhe.
a) Zeichnen Sie ein Weg-Kraft-Diagramm des gesamten Vorgangs und deuten Sie die Flächeninhalte zwischen dem Graphen und der Wegachse für $-0{,}3\text{ m} \leq x \leq h$.
b) Berechnen Sie unter Anwendung des Energieerhaltungssatzes die größte Höhe der Kugel von der entspannten Feder aus gemessen und stellen Sie die Energieterme im Intervall $[-0{,}30\text{ m}; h]$ grafisch dar.

7. Eine Kugel der Masse m wird an eine entspannte Schraubenfeder, die an einem Stativ hängt, gehakt und losgelassen. Die der Gravitationskraft ausgesetzte Kugel zieht die Feder um das Doppelte der Strecke nach unten, in der Gewichtskraft auf die Kugel und Federkraft im Gleichgewicht stehen.
Zeigen Sie, dass diese Feststellung mit dem Energieerhaltungssatz übereinstimmt.

8. Das Pumpspeicherwerk am Hengsteysee in Herdecke fördert nachts mit überschüssiger elektrischer Energie Wasser in ein 160 m höher gelegenes Speicherbecken. Bei hoher Nachfrage nach elektrischer Energie am Tag kann die gespeicherte Energie mithilfe einer Turbine und eines Generators in kürzester Zeit wieder zur Verfügung gestellt werden.

a) Berechnen Sie die im Becken gespeicherte Energie, wenn das Becken $1{,}5 \cdot 10^6\text{ m}^3$ Wasser fasst und die mittlere Fallhöhe 155 m beträgt.
b) Die elektrische Leistung beträgt 153 MW. Geben Sie an, wie lange das Werk elektrische Energie liefern kann, wenn der Wirkungsgrad des Kraftwerks 80 % beträgt.

2.2 Impuls und Impulserhaltung

NEWTONS *Cradle* (NEWTONS Wiege) ist ein Gerät, bei dem mehrere gleiche Pendelkugeln so in einer Reihe aufgehängt sind, dass sie sich gegenseitig berühren. Wird die erste Kugel ausgelenkt und losgelassen, so

schwingt sie zurück und stößt gegen die Kugelreihe. Dadurch kommt sie augenblicklich zur Ruhe und die letzte Kugel schwingt nach oben, ohne dass sich die Kugelreihe selbst in Bewegung gesetzt hätte. Die letzte Kugel schwingt zurück und stößt ihrerseits gegen die Kugelreihe, worauf die erste Kugel wieder ausgelenkt wird – ein Vorgang, der sich mehrmals wiederholt.
Dieses Verhalten der Kugelkette ist mit dem *Energieerhaltungssatz* allein nicht zu verstehen, denn danach wäre es auch möglich, dass nach dem Stoß der ersten Kugel gegen die Kette zwei oder mehr Kugeln mit kleineren Geschwindigkeiten nach oben schwingen.

2.2.1 Der Impuls

Im Folgenden sollen ähnliche kurzzeitige Wechselwirkungen von Körpern wie z. B. ein Schlag auf den Ball beim Hockey oder Golf oder der Rückstoß bei einer Rakete untersucht werden.

Versuch 1: Bei zwei Gleitern auf einer Luftkissenfahrbahn werden an den Stirnseiten Federbügel aufgesteckt, sodass die Gleiter *elastische Stöße* ausführen, d. h. sich nach einem Zusammenstoß voneinander wegbewegen können. Von den beiden Gleitern, die die gleiche Masse m haben, ruht der eine auf der Schiene, während der andere mit der Hand angestoßen wird und mit der Geschwindigkeit v auf den ruhenden Gleiter stößt.

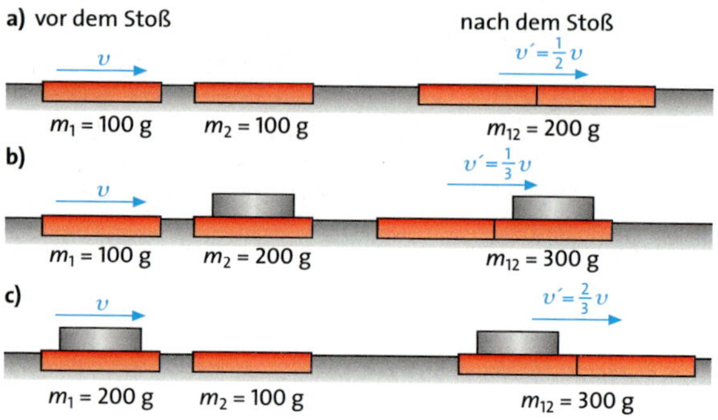

56.1 Unelastische Stöße eines bewegten Gleiters gegen einen ruhenden Gleiter bei unterschiedlichen Massenverhältnissen

Beobachtung: Nach dem Stoß bewegt sich der zuvor ruhende Gleiter mit der gleichen Geschwindigkeit v und der stoßende Gleiter ruht.
Deutung: Durch das Anstoßen mit der Hand ist auf den Gleiter etwas übertragen worden, das in der Physik als **Impuls** (*impulsus*, lat.: Anstoß) bezeichnet wird. Dieser Impuls wird beim Stoß vom ersten Gleiter auf den ruhenden Gleiter übertragen. ◂

Um mehr über den Impuls herauszufinden, werden *unelastische Stöße* durchgeführt, bei denen die beteiligten Körper nach dem Stoß zusammenbleiben.

Versuch 2: Für den unelastischen Stoß wird an den Stirnseiten der Gleiter Knetmasse angebracht. Wie zuvor stößt ein Gleiter mit der Geschwindigkeit v gegen einen ruhenden Gleiter. Die Massen der Gleiter von $m_1 = m_2 = m = 100$ g können durch eine Zusatzmasse $\Delta m = 100$ g verdoppelt werden. Drei Versuche mit folgenden Massen werden durchgeführt:
a) $m_1 = m \quad m_2 = m$ (**Abb. 56.1a**)
b) $m_1 = m \quad m_2 = 2m$ (**Abb. 56.1b**)
c) $m_1 = 2m \quad m_2 = m$ (**Abb. 56.1c**)
Beobachtung: Im Vergleich zum bewegten Gleiter vor dem Stoß ist für die beiden Gleiter nach dem Stoß
a) die Masse verdoppelt, die Geschwindigkeit halbiert;
b) die Masse verdreifacht, die Geschwindigkeit gedrittelt;
c) die Masse um den Faktor $\frac{3}{2}$ vergrößert, die Geschwindigkeit um den Faktor $\frac{2}{3}$ verkleinert.
Ergebnis: Das Produkt aus Masse m und Geschwindigkeit v ist vor und nach dem Stoß das Gleiche. ◂

Wird das Produkt aus der Masse m und der Geschwindigkeit v eines Körpers als Impuls p des Körpers definiert, so folgt, dass bei den durchgeführten Versuchen der Impuls erhalten geblieben ist.

> Der **Impuls** eines sich mit der Geschwindigkeit v bewegenden Körpers der Masse m ist das Produkt aus Masse und Geschwindigkeit: $p = m v$.
> Der Impuls ist (wie die Geschwindigkeit) ein Vektor: $\vec{p} = m \vec{v}$
> Die Einheit des Impulses ist $[p] = [m]\,[v] = 1$ kg m/s.

Mithilfe des Impulses kann auch das Kugelpendel erklärt werden: Der Impuls der zuerst ausgelenkten Kugel wird durch Stöße von einer Kugel zur nächsten weitergegeben. Da die letzte Kugel ihren Impuls an keine weitere Kugel abgeben kann, wird sie ausgelenkt und schwingt nach dem Energieerhaltungssatz auf die Starthöhe der ersten Kugel.

Die Vektoreigenschaft des Impulses

Abb. 57.1 zeigt eine stroboskopische Aufnahme des Stoßes einer Kugel mit einer zweiten vor dem Stoß ruhenden Kugel, wobei sich beide Kugeln nicht nur längs einer Geraden, sondern in einer Ebene bewegen. Die Lichtblitze haben einen konstanten zeitlichen Abstand von $\Delta t = \frac{1}{30}$ s. Die mit einem schwarzen Punkt gekennzeichnete Kugel tritt von unten kommend in das Bild ein, trifft ein wenig seitlich auf die ruhende Kugel und wird nach links abgelenkt. Aus den Strecken Δs zwischen zwei benachbarten Kugelbildern lassen sich jeweils die Geschwindigkeiten der Kugeln vor und nach dem Stoß bestimmen. Die wahren Geschwindigkeiten ergeben sich unter Berücksichtigung des Abbildungsmaßstabs; sie sind aber proportional zu den jeweiligen Bildabständen und haben auch die gleichen Richtungen wie die Folgen der Kugelbilder in der Aufnahme. Da beide Kugeln die gleiche Masse haben, sind die Impulse proportional zu den Geschwindigkeiten bzw. zu den Wegstrecken der Kugeln in der Abbildung.

In **Abb. 57.2** sind die Impulse durch Länge und Richtung der Pfeile dargestellt. Der Impuls $\vec{p_1}$ vor dem Stoß ist gleich der Vektorsumme der Impulse $\vec{p_1}'$ und $\vec{p_2}'$ der Kugeln nach dem Stoß:

$$\vec{p_1} = \vec{p_1}' + \vec{p_2}'$$

Der Impuls ist erhalten geblieben.

Bei dem Stoßvorgang längs einer Geraden (**Abb. 56.1**) kann der Impuls ebenfalls als Summe der Impulse zweier Körper angegeben werden, die sich nach dem Stoß jedoch mit gleicher Geschwindigkeit bewegen.

Der Impuls und die Newton'schen Axiome

- *Das erste Newton'sche Axiom*, das Trägheitsprinzip, ist gleichbedeutend mit der Aussage, dass der Impuls $\vec{p}$ eines Körpers nach Betrag und Richtung unverändert bleibt, solange der Körper keine äußeren Einwirkungen erfährt.

- *Das zweite Newton'sche Axiom* gibt den Zusammenhang zwischen einer auf einen Körper der Masse m wirkenden Kraft $\vec{F}$ und der Änderung seiner Geschwindigkeit $\Delta\vec{v}$ wieder. Aus der Grundgleichung der Mechanik $\vec{F} = m\vec{a}$ folgt mit $\vec{a} = \Delta\vec{v}/\Delta t$

$$\vec{F} = m\vec{a} = m\frac{\Delta\vec{v}}{\Delta t} = \frac{m\Delta\vec{v}}{\Delta t} = \frac{\Delta\vec{p}}{\Delta t}.$$

Die Kraft $\vec{F}$ auf einen Körper ist gleich der Impulsänderung des Körpers pro Zeit $\Delta\vec{p}/\Delta t$. In der Formulierung $\vec{F}\,\Delta t = \Delta\vec{p}$ wird das Produkt $\vec{F}\,\Delta t$ als *Kraftstoß* bezeichnet.

- *Das dritte Newton'sche Axiom* (actio = reactio) beschreibt die Wechselwirkung zweier Körper A und B durch die Gleichung $\vec{F_A} = -\vec{F_B}$. Unter Verwendung des zweiten Newton'schen Axioms $\vec{F} = \Delta\vec{p}/\Delta t$ folgt $\Delta\vec{p_A} = -\Delta\vec{p_B}$, d.h. die Impulsänderung des Körpers A ist entgegengesetzt gleich der Impulsänderung des Körpers B.

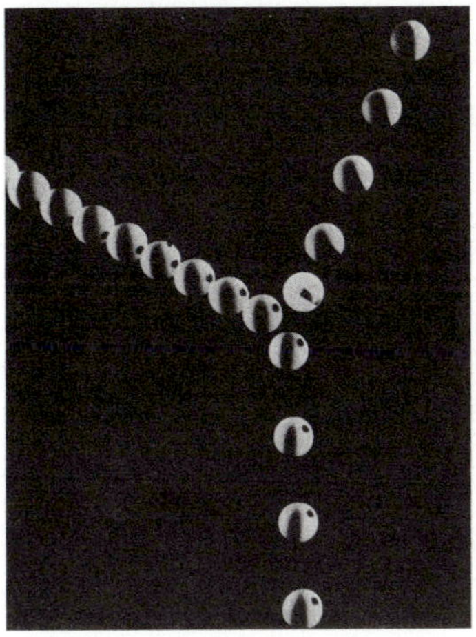

57.1 Stroboskopische Aufnahme des Stoßes einer von unten in das Bild kommenden Kugel mit einer zunächst ruhenden Kugel. Die stoßende, mit einem Punkt gekennzeichnete Kugel wird nach links abgelenkt.

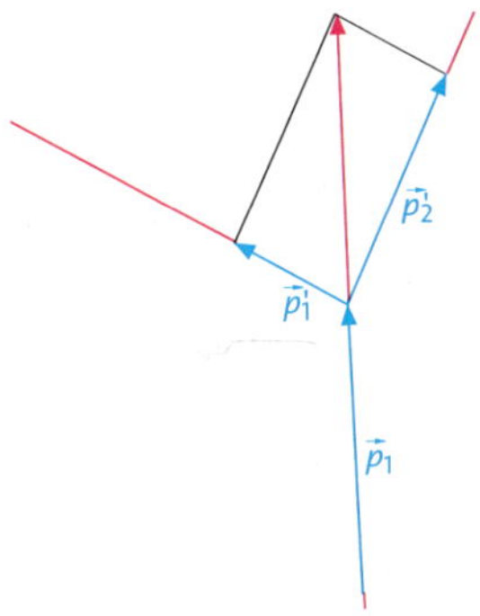

57.2 Die Vektorsumme der Impulse nach dem Stoß (rot) ist gleich dem Impulsvektor der Kugel vor dem Stoß.

Aufgaben

1. a) Erläutern Sie den Begriff „Impuls" physikalisch und in der Alltagssprache. Beschreiben Sie Beispiele aus dem Alltag, bei denen der Impulsbegriff verwendet wird.
   b) Beschreiben Sie verschiedene Möglichkeiten, wie der Impuls eines Körpers geändert werden kann.
   c) Erläutern Sie, wie sich der Impulsbegriff vom Energiebegriff unterscheidet.
2. Beim Kugelpendel schwingen zwei Kugeln weg, wenn zu Beginn zwei Kugeln ausgelenkt wurden. Erklären Sie diese Beobachtung.
3. Ein Auto der Masse $m = 1500$ kg fährt mit der Geschwindigkeit $v = 50$ km/h.
   a) Bestimmen Sie Impuls und kinetische Energie des Autos.
   b) Geben Sie die Änderung dieser Größen an, wenn sich Masse oder Geschwindigkeit verdoppeln.

2.2.2 Der Impulserhaltungssatz

Beim Versuch zur Einführung des Impulses, beim Stoß zwischen zwei Kugeln und auch beim Versuch mit der Kugelkette handelt es sich stets um eine Wechselwirkung zweier Körper; außer diesen sind keine anderen Körper beteiligt. Die an der Wechselwirkung beteiligten Körper bilden also ein *abgeschlossenes System* (→ S. 52). Bei den Energieumwandlungen ist die Eigenschaft der Abgeschlossenheit eines Systems gleichbedeutend mit der Gültigkeit des Erhaltungssatzes für die Energie.
Die Auswertung des Versuchs nach → **Abb. 56.1** und des Stoßversuchs nach → **Abb. 57.1** ergibt, dass der Impuls vor der Wechselwirkung gleich der Summe der Impulse nach der Wechselwirkung ist. Beide Ergebnisse lassen vermuten, dass bei einer Wechselwirkung zwischen Körpern eines abgeschlossenen Systems auch der Gesamtimpuls erhalten bleibt. Diese Vermutung wird in den folgenden Versuchen bestätigt.

Impulserhaltung längs einer Geraden

Da beim Stoß längs einer Geraden alle Geschwindigkeiten und Impulse entweder parallel oder antiparallel sind, wird ihre Vektoreigenschaft *durch das Vorzeichen* berücksichtigt.

Versuch 1 – Elastischer Stoß: Auf einer Luftkissenfahrbahn werden zwei Gleiter, von denen einer an der Frontseite mit einem Federbügel versehen ist, mit verschiedenen Startgeschwindigkeiten aufeinander zu in Bewegung gesetzt (**Abb. 58.1**).
Die Geschwindigkeiten v_1 und v_2 vor dem Stoß und v_1' und v_2' nach dem Stoß und die Massen der Gleiter werden bestimmt und die Impulse p_1 und p_2 vor und p_1' und p_2' nach dem Stoß berechnet und gemessen.

Ergebnis: Die Summe der Impulse vor dem Stoß ist gleich der Summe der Impulse nach dem Stoß:

$$m_1 v_1 + m_2 v_2 = m_1 v_1' + m_2 v_2' \quad \text{oder}$$

$$p_1 + p_2 = p_1' + p_2'$$ ◂

Versuch 2 – Unelastischer Stoß: Beide Gleiter werden an der Frontseite mit Knetmasse versehen, sodass sie nach dem Stoß aneinander gekoppelt bleiben (**Abb. 58.2**). Bei verschiedenen Geschwindigkeiten und Massen werden die Impulse vor und nach dem Stoß bestimmt. Nach dem Stoß haben die gekoppelten Gleiter den Impuls $p_s' = (m_1 + m_2)\, v_s'$.

Ergebnis: $m_1 v_1 + m_2 v_2 = (m_1 + m_2)\, v_s'$ ◂

Impulserhaltungssatz: Beim Stoß zweier Körper ist die Summe der Impulse zeitlich konstant:
$p_1 + p_2 = p_1' + p_2'$

Die Art der Wechselwirkung

Bei dem elastischen Stoß (**Abb. 58.1**) bleibt die Energie erhalten, denn es gilt

$$E_G = \tfrac{1}{2} \cdot 3\, m_0 v_0^2 + \tfrac{1}{2} 2\, m_0 \left(\tfrac{1}{2} v_0\right)^2 = \tfrac{7}{4} m_0 v_0^2 \text{ und}$$

$$E_G' = \tfrac{1}{2} \cdot 3\, m_0 (0{,}2\, v_0)^2 + \tfrac{1}{2} 2\, m_0 (1{,}3\, v_0)^2 = 1{,}75\, m_0 v_0^2.$$

Bei dem unelastischen Stoß (**Abb. 58.2**) ist die Energie der Gleiter nach dem Stoß jedoch

$$E_G' = \tfrac{1}{2} \cdot 5\, m_0 \left(\tfrac{2}{5} v_0\right)^2 = \tfrac{2}{5} m_0 v_0^2 = 0{,}4\, m_0 v_0^2 \neq E_G.$$

Bei einem *elastischen* Stoß gelten der Energieerhaltungssatz und der Impulserhaltungssatz. Bei einem *unelastischen* Stoß gilt nur der Impulserhaltungssatz.

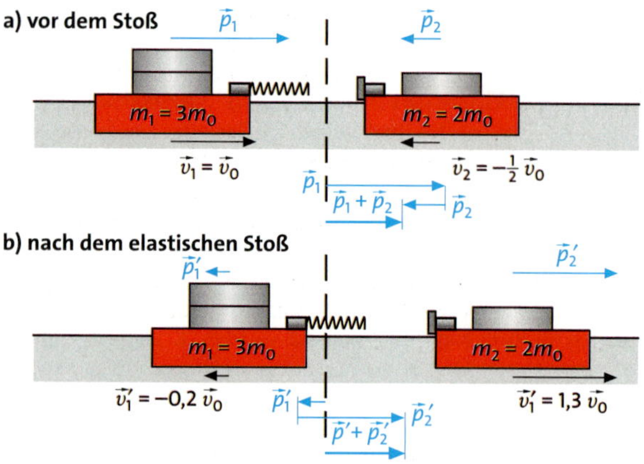

58.1 Elastischer zentraler Stoß: Für die Impulssumme gilt
a) vor dem Stoß: $3 m_0 v_0 + 2\, m_0\, (-0{,}5\, v_0) = 2 m_0 v_0$,
b) nach dem Stoß: $3 m_0 (-0{,}2\, v_0) + 2\, m_0 \cdot 1{,}3\, v_0 = 2\, m_0 v_0$.

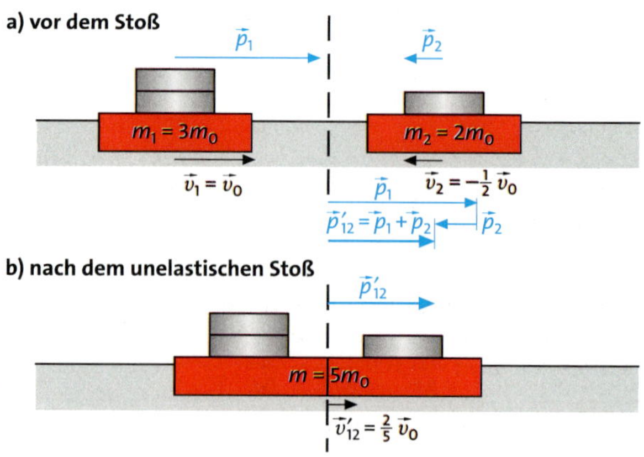

58.2 Unelastischer zentraler Stoß: Für die Impulssumme gilt
a) vor dem Stoß: $3 m_0 v_0 + 2 m_0 (-0{,}5\, v_0) = 2 m_0 v_0$,
b) nach dem Stoß: $5 m_0 (0{,}4\, m_0) = 2 m_0 v_0$.

Impulserhaltung in der Ebene

Bei einer Wechselwirkung von Körpern, die sich nicht nur längs einer Geraden, sondern auch in einer Ebene oder im Raum bewegen, wird die Vektoreigenschaft ihrer Impulse nicht allein durch das Vorzeichen berücksichtigt, sondern durch die Richtung der Vektoren.

Abb. 59.1 a) zeigt die stroboskopische Aufnahme eines Stoßes zwischen zwei Kugeln unterschiedlicher Masse und Geschwindigkeit, die beide am oberen Rand in das Bild eintreten. Aus den unter der Abbildung angegebenen Daten ergeben sich die Impulse. **Abb. 51.1 b)** zeigt die Bewegungsrichtungen der Kugeln und auf den Richtungen abgetragen deren Impulse. Aus der Abbildung ergibt sich, dass die vektorielle Summe der Impulse vor und nach der Wechselwirkung gleich ist.

> **Allgemeiner Impulserhaltungssatz:** In einem abgeschlossenen System aus n Körpern ist die (vektorielle) Summe der Impulse zeitlich konstant:
> $\vec{p}_1 + \vec{p}_2 + \vec{p}_3 \ldots + \vec{p}_n = \text{konstant}$
> bzw. $m_1 \vec{v}_1 + m_2 \vec{v}_2 + m_3 \vec{v}_3 + \ldots + m_n \vec{v}_n = \text{konstant}$

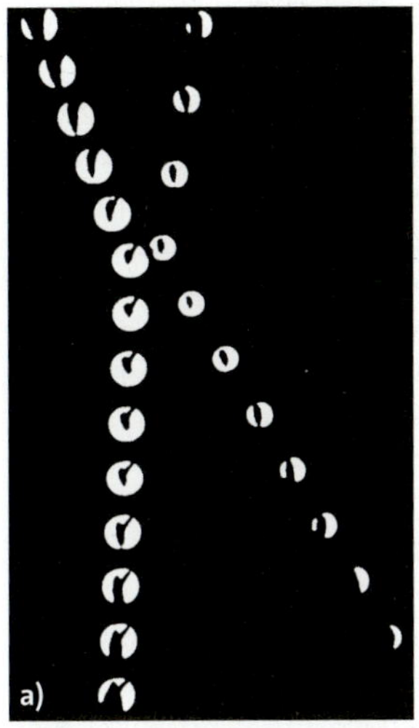

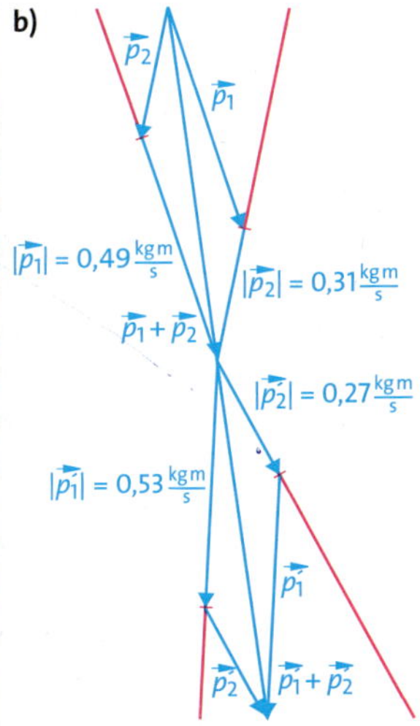

59.1 a) Stroboskopische Aufnahme vom elastischen Stoß zweier Kugeln, die von oben in das Bild eintreten. Die Masse der großen Kugel beträgt $m_1 = 0{,}200$ kg, die Masse der kleinen $m_2 = 0{,}085$ kg. Die Blitzfrequenz ist 30 s^{-1}, der Abbildungsmaßstab ist 1 : 20. **b)** Die Impulse haben die gleichen Richtungen wie die Geschwindigkeiten und addieren sich vektoriell.

Aufgaben

1. In der folgenden Tabelle sind Geschwindigkeiten für Stöße zwischen zwei Körpern mit den Massen m_1 und m_2 gegeben.

m_1 in g	m_2 in g	v_1 in m/s	v_2 in m/s	v_1' in m/s	v_2' in m/s
100	100	0,6	0	0,36	0,36
100	300	0,6	−0,2	0	0
100	300	0,6	0,2	0,3	0,3
100	100	0,7	−0,35	−0,35	0,7
100	400	0,6	−0,2	−0,68	0,12

Bestimmen Sie die Impulse und die Energien vor und nach dem Stoß. Entscheiden Sie, um welche Art von Stoß es sich handelt.

2. Ein Tennisball wiegt 57 g und fällt aus 1,5 m Höhe. Bestimmen Sie die kinetische Energie und den Impuls des Balls beim Auftreffen auf den Steinboden.
Erklären Sie, warum der Ball nach dem elastischen Stoß nicht mehr ganz seine Ausgangshöhe erreicht.

3. Ein Güterzugwagen einer Modelleisenbahn stößt auf einen ruhenden Wagen gleicher Masse. Geben Sie in Formeln die Energie- und Impulsbilanz für den Stoßvorgang an, wenn nach dem Stoß beide Wagen aneinander gekoppelt sind.

4. Zwei Gleiter mit den Massen $m_1 = 200$ g und $m_2 = 100$ g haben die Geschwindigkeiten $v_1 = 20$ cm/s und $v_2 = -80$ cm/s. Berechnen Sie die Geschwindigkeiten der beiden Gleiter nach einem unelastischen Stoß.

5. Häufig führen Astronauten einer Raumstation „extra-vehicular activities“ aus und schweben neben ihrer Raumkapsel. Der eine Astronaut wirft seinem Kollegen einen Schraubenschlüssel zu. Beschreiben und erklären Sie die Auswirkungen für beide Astronauten.

6. Zwei Gleiter ($m_1 = 200$ g, $m_2 = 500$ g) fahren mit $v_1 = 32$ cm/s und $v_2 = -21$ cm/s aufeinander zu. Bestimmen Sie die Geschwindigkeit nach einem unelastischen Stoß.

7. Ein leerer Güterwagen A mit der Masse $m_A = 2{,}5 \cdot 10^4$ kg rollt auf einer horizontalen Strecke mit $v_A = 2{,}0$ m/s gegen einen stehenden Wagen B mit der Masse $m_B = 5{,}0 \cdot 10^4$ kg. Beide Wagen sind sogleich gekoppelt.
Berechnen Sie die gesamte Energie vor und nach dem Stoß.

8. Vater ($m_1 = 70$ kg) und Tochter ($m_2 = 30$ kg) stehen zusammen auf Schlittschuhen auf dem Eis und stoßen sich voneinander ab. Berechnen Sie den Abstand der beiden nach 5 s, wenn der Vater sich mit $v_1' = 0{,}3$ m/s wegbewegt.

***9.** Von einem Wagen ($m_1 = 20$ kg), der sich mit einer Geschwindigkeit $v_1 = 2{,}0$ m/s bewegt, springt ein Junge ($m_2 = 60$ kg) in Fahrtrichtung ab. Berechnen Sie jeweils die Geschwindigkeit des Wagens, nachdem der Junge abgesprungen ist, wenn beim Auftreffen auf den Boden
a) der Junge sich mit der gleichen Geschwindigkeit bewegt, die der Wagen hatte, bevor der Junge abspringt;
b) der Junge gegenüber dem Boden in Ruhe ist;
c) der Junge sich mit der doppelten Anfangsgeschwindigkeit des Wagens bewegt.

10. Vor der Entwicklung der elektronischen Zeitmessung wurde die Geschwindigkeit von Geschossen dadurch bestimmt, dass das Projektil in einen Pendelkörper geschossen wurde. Das Geschoss blieb im Pendelkörper stecken und brachte ihn zum Schwingen.
Bestimmen Sie die Geschwindigkeit des Geschosses vor dem Aufprall, wenn die Masse des Projektils $m = 9{,}5$ g und die Masse des Pendelkörpers $M = 5{,}4$ kg betrug und das Pendel bei der Schwingung eine Hubhöhe von $\Delta h = 6{,}3$ cm erreichte.

2.3 Anwendungen der Erhaltungssätze

Für die mechanische Energie und den Impuls gelten Erhaltungssätze, d. h. in *abgeschlossenen Systemen*, die alle miteinander wechselwirkenden Körper umfassen, ist die Summe der mechanischen Energien und der Impulse konstant. Der Energieerhaltungssatz der Mechanik gilt nicht, wenn Reibungskräfte auftreten und ein Teil der mechanischen Energie in innere Energie der beteiligten Körper umgewandelt wird.

2.3.1 Das Raketenprinzip

Tintenfische können sich ruckartig durch das Wasser bewegen mithilfe eines aus einer Muskeldüse ausgestoßenen Wasserstrahls. Das gleiche Antriebsprinzip wird bei den Strahltriebwerken von Düsenflugzeugen und bei Raketenmotoren benutzt, die heiße Gase mit sehr hoher Geschwindigkeit ausstoßen.

Die Beschleunigung einer Rakete lässt sich allein unter Anwendung des Impulserhaltungssatzes berechnen. Rakete und ausgestoßene Gasmasse bilden ein abgeschlossenes System. Als Bezugssystem für die Geschwindigkeiten wird der Schwerpunkt oder Massenmittelpunkt aller Teile der Rakete verwendet; in diesem Bezugssystem ist der Gesamtimpuls null. In diesem Bezugssystem haben die Geschwindigkeit w der in dem Zeitintervall Δt ausströmenden Gasmasse Δm und die Geschwindigkeitsänderung der Rakete Δv entgegengesetzte Richtungen, die durch das Vorzeichen berücksichtigt werden. Damit liefert der Impulserhaltungssatz $0 = m_{\text{Rakete}} \Delta v + \Delta m\, w$ mit $w < 0$ und $\Delta v > 0$.

60.1 Bei der startenden Saturnrakete betrug der Massefluss $\Delta m / \Delta t = 15$ t/s, die Ausströmgeschwindigkeit $w = 2{,}8$ km/s.

Division dieser Gleichung durch Δt ergibt

$$0 = m_{\text{Rakete}} \frac{\Delta v}{\Delta t} + \frac{\Delta m}{\Delta t} w \quad \text{oder} \quad 0 = m_{\text{Rakete}}\, a + \frac{\Delta m}{\Delta t} w.$$

Daraus folgt für die Schubkraft der Rakete

$$F_{\text{Schub}} = m_{\text{Rakete}}\, a = -\frac{\Delta m}{\Delta t} w\,.$$

Da durch die ausströmenden Gase die Rakete dauernd Masse verliert, wird bei gleicher Rate $\frac{\Delta m}{\Delta t}$ des Brennstoffverbrauchs und bei konstanter Ausströmgeschwindigkeit w die Beschleunigung der Rakete immer größer:

$$a(t) = -\frac{w}{m_{\text{Rakete}}(t)} \frac{\Delta m}{\Delta t} \quad \text{mit} \quad w < 0$$

Beim Start der Rakete ist der nach oben wirkenden Schubkraft F_{Schub} die Gewichtskraft der Rakete $F_{\text{G}} = m g$ entgegengerichtet, sodass sich für die Startbeschleunigung ergibt:

$$a_{\text{Start}} = -\frac{w}{m_{\text{Rakete}}} \frac{\Delta m}{\Delta t} - g \quad \text{mit} \quad w < 0$$

Beispiel Raketenstart

Im Juli 1969 startete die 111 m hohe und beim Start 2900 Tonnen schwere Saturn-V-Rakete mit den Astronauten Armstrong, Aldrin und Collins zur ersten Landung auf dem Mond (**Abb. 60.1**). Wie groß waren die Schubkraft und die Startbeschleunigung der Rakete mit der Startmasse $m = 2900$ t, dem Massenfluss $\frac{\Delta m}{\Delta t} = 15$ t/s und der Ausströmgeschwindigkeit $w = 2{,}8$ km/s?

Lösung:

Für die Schubkraft der Rakete am Start gilt

$$F_{\text{Schub}} = 15 \cdot 10^3 \text{ kg/s} \cdot 2{,}8 \cdot 10^3 \text{ m/s} = 42 \cdot 10^6 \text{ N}.$$

Daraus ergibt sich die Beschleunigung unter Berücksichtigung der entgegengesetzt wirkenden Erdbeschleunigung zu

$$a = 42 \cdot 10^6 \text{ N}/2{,}9 \cdot 10^6 \text{ kg} - 9{,}81 \text{ m/s}^2 = 4{,}7 \text{ m/s}^2.$$

Aufgaben

1. Informieren Sie sich im Internet über den Aufbau einer Kaltwasserrakete und einer Druckwasserrakete. Beschreiben Sie jeweils die Wirkungsweise der Rakete.
2. Berechnen Sie mit der Raketengleichung iterativ die Geschwindigkeit $v(t + \Delta t) = v(t) + a(t)\Delta t$, wenn nach 2,5 min die erste Stufe der Saturnrakete ausgebrannt ist. Rechnen Sie mit dem Zeitintervall $\Delta t = 1$ s.
3. Ein Motorboot der Masse $m = 2000$ kg wird nach dem Raketenprinzip angetrieben, indem ein Motor Wasser mit einer Geschwindigkeit $v = 25$ m/s nach hinten ausstößt. Bestimmen Sie die pro Sekunde ausgestoßene Wassermasse, wenn die Beschleunigung $a = 1{,}5$ m/s^2 beträgt.

2.3.2 Stoßvorgänge

Alle Stoßvorgänge lassen sich ohne Kenntnis dessen, was beim Stoß im Einzelnen vor sich geht, allein durch die beiden *Erhaltungssätze* für den Impuls und für die Energie genau beschreiben. Dabei muss sichergestellt sein, dass es sich um *abgeschlossene Systeme* handelt.

Abb. 61.1 zeigt den Frontalzusammenstoß zweier Autos auf einer Teststrecke eines Automobilclubs. Mithilfe des Fotos und den am Unfallort aufgenommenen Daten kann ein Gutachter Aussagen über den Unfallhergang und die Geschwindigkeiten der Fahrzeuge machen.

61.1 Vollkommen unelastischer Stoß zweier Autos. Die kinetische Energie wird bei der Verformung in innere Energie umgewandelt.

Zentraler unelastischer Stoß

Beim *vollkommen unelastischen Stoß* zweier Körper bewegen sich beide Körper nach dem Stoß gemeinsam weiter. Nach dem Impulserhaltungssatz ist die Summe der Impulse der beiden Körper vor dem Stoß gleich dem Impuls des zusammengesetzten Körpers nach dem Stoß. Für einen zentralen Stoß, also einen Stoß längs einer Geraden, wird die Vektoreigenschaft der Impulse durch das Vorzeichen erfasst (z. B. $p_1 = +3\ \text{Ns}$ und $p_2 = -4\ \text{Ns}$):

$$m_1 v_1 + m_2 v_2 = m_1 v_1' + m_2 v_2'$$

Da die Geschwindigkeiten beider Körper nach dem Stoß gleich sind, also $v_1' = v_2' = v'$, gilt:

$$m_1 v_1 + m_2 v_2 = (m_1 + m_2)\, v'$$

Damit ist die Geschwindigkeit nach dem Stoß

$$v' = \frac{m_1 v_1 + m_2 v_2}{m_1 + m_2}.$$

Die kinetische Energie nach dem Stoß

$$E'_{\text{kin}} = \tfrac{1}{2}(m_1 + m_2)\, v'^2$$

ist kleiner als die kinetische Energie vor dem Stoß

$$E_{\text{kin}} = \tfrac{1}{2} m_1 v_1^2 + \tfrac{1}{2} m_2 v_2^2.$$

Die Differenz der kinetischen Energien

$$\Delta E = E_{\text{kin}} - E'_{\text{kin}} = \frac{1}{2}\,\frac{m_1 m_2}{m_1 + m_2}(v_1 - v_2)^2$$

ist beim Stoß als innere Energie in den am Stoß beteiligten Körpern enthalten.
Besitzen die beiden stoßenden Körper gleiche Masse und entgegengesetzt gleiche Geschwindigkeiten, so ist nach dem Stoß ihre Geschwindigkeit und damit auch ihre kinetische Energie null. Die gesamte kinetische Energie wird in eine andere Energieform umgewandelt. Dies wird in Teilchenbeschleunigern zur Erzeugung neuer Teilchen genutzt.

Zentraler elastischer Stoß

Beim vollkommen elastischen Stoß ist die Summe der kinetischen Energien der Stoßpartner vor und nach dem Stoß gleich. Es gelten der Impuls- und der Energieerhaltungssatz:

$$\vec{p_1} + \vec{p_2} = \vec{p_1}' + \vec{p_2}' \quad \text{und} \quad E_{\text{kin}\,1} + E_{\text{kin}\,2} = E'_{\text{kin}\,1} + E'_{\text{kin}\,2}$$

Für einen *zentralen* Stoß längs einer Geraden ergeben sich zwei Gleichungen, aus denen die Geschwindigkeiten v_1' und v_2' nach dem Stoß berechnet werden.

$$m_1 v_1 + m_2 v_2 = m_1 v_1' + m_2' v_2'$$

$$\frac{1}{2} m_1 v_1^2 + \frac{1}{2} m_2 v_2^2 = \frac{1}{2} m_1 v_1'^2 + \frac{1}{2} m_2 v_2'^2.$$

Umformung beider Gleichungen führt zu

$$m_1 (v_1 - v_1') = m_2 (v_2' - v_2)$$

$$m_1 (v_1^2 - v_1'^2) = m_2 (v_2'^2 - v_2^2).$$

Eine einfache Auflösung dieses Gleichungssystems ergibt sich, wenn die Terme auf beiden Seiten der zweiten Gleichung durch die Terme auf beiden Seiten der ersten Gleichung dividiert werden (Voraussetzung: $v_1 \neq v_1'$):

$$v_1 + v_1' = v_2' + v_2.$$

Zusammen mit der Gleichung für die Impulse liegt nun ein lineares Gleichungssystem vor

$$v_1 + v_1' = v_2' + v_2 \quad \text{und} \quad m_1 v_1 + m_2 v_2 = m_1 v_1' + m_2 v_2',$$

aus dem die Geschwindigkeiten v_1' und v_2' folgen:

$$v_1' = \frac{m_1 v_1 + m_2 (2 v_2 - v_1)}{m_1 + m_2}, \quad v_2' = \frac{m_2 v_2 + m_1 (2 v_1 - v_2)}{m_1 + m_2}$$

In den Anfängen der Atomphysik verwendete der englische Physiker Ernest RUTHERFORD α-Teilchen (das sind Kerne von Heliumatomen) zur Untersuchung des Aufbaus der Atome. Er beschoss mit ihnen dünne Metallfolien und beobachtete, dass einige α-Teilchen elastisch gestreut wurden, woraus er auf die Existenz eines sehr kleinen Atomkerns schloss.

Senkrechter elastischer Stoß auf eine Wand

Die Terme für die Geschwindigkeiten zweier Körper nach einem elastischen Stoß beschreiben auch den elastischen Stoß eines Körpers mit einer Wand. Dieser Vorgang ist dadurch gekennzeichnet, dass die Masse der Wand m_2 sehr viel größer ist als die Masse des stoßenden Körpers m_1. Mit $\upsilon_2 = 0$ folgt

$$\upsilon_1' = \frac{m_1 \upsilon_1 + m_2(-\upsilon_1)}{m_1 + m_2} \quad \text{und} \quad \upsilon_2' = \frac{m_1(2\upsilon_1)}{m_1 + m_2}.$$

Division von Zähler und Nenner durch m_2 ergibt

$$\upsilon_1' = \frac{\frac{m_1}{m_2}\upsilon_1 + (-\upsilon_1)}{\frac{m_1}{m_2} + 1} \quad \text{und} \quad \upsilon_2' = \frac{\frac{m_1}{m_2}(2\upsilon_1)}{\frac{m_1}{m_2} + 1}.$$

In beiden Gleichungen steht im Zähler und Nenner der Quotient $\frac{m_1}{m_2}$, der aufgrund des Massenverhältnisses de facto den Wert null hat. Damit ergibt sich das mit der Erfahrung übereinstimmende Ergebnis – der stoßende Körper wird an der Wand reflektiert:

$$\upsilon_1' = -\upsilon_1 \quad \text{und} \quad \upsilon_2' = 0$$

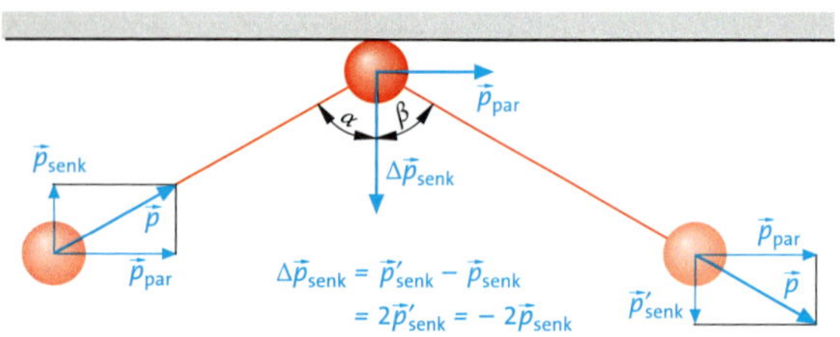

62.1 Schiefer elastischer Stoß mit einer Wand. Die Zeichenebene ist die Einfallsebene. Wegen $p_{senk} = -p'_{senk}$ gilt das Reflexionsgesetz: $\tan(\alpha) = |p_{par}|/|p_{senk}| = \tan(\beta) = |p'_{par}|/|p'_{senk}|$, also Einfallswinkel α = Ausfallswinkel β.

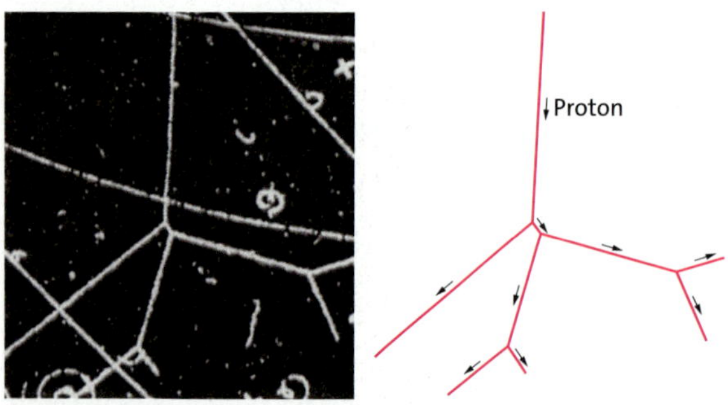

62.2 In einer Blasenkammer stößt ein vom oberen Bildrand einfallendes Proton, ein Wasserstoffkern, nacheinander elastisch mit weiteren ruhenden Protonen. Die Winkel zwischen den Bahnen der Teilchen nach dem Stoß betragen alle nahezu 90°. Dies beruht darauf, dass die wechselwirkenden Körper gleiche Masse haben und die kinetische Energie erhalten bleibt.

Das Reflexionsgesetz

Aus der vektoriellen Formulierung des Impulserhaltungssatzes folgt, dass der Impuls auch komponentenweise erhalten bleibt, also sind z. B. in einem räumlichen Koordinatensystem jeweils die Summe der x-Komponenten, der y-Komponenten und der z-Komponenten zeitlich konstant.

Beim schiefen elastischen Stoß eines Körpers mit einer Wand kann jeder Impulsvektor in zwei Komponenten zerlegt werden, eine Komponente parallel und eine Komponente senkrecht zur Wand. Durch diese beiden Vektoren ist eine Ebene, die sogenannte *Einfallsebene*, definiert, die senkrecht zur Wand steht. Diese Ebene ist die Zeichenebene in **Abb. 62.1**.

Aus dem Impulserhaltungssatz folgt, dass die Komponente des Impulses p_{par} parallel zur Wand beim Stoß unverändert bleibt: $p_{par} = p'_{par}$. Für die senkrechte Impulskomponente gilt $p_{senk} = -p'_{senk}$, was auf der gegenüber der Masse des stoßenden Körpers sehr viel größeren Masse der Wand beruht (s. o.). Das bedeutet, dass auch nach der Reflexion der Vektor des Impulses p' bzw. der Geschwindigkeit υ' in der oben definierten Einfallsebene liegt. Für den Einfallswinkel α gilt $\tan(\alpha) = |p_{par}|/|p_{senk}|$, für den Reflexionswinkel $\tan(\beta) = |p'_{par}|/|p'_{senk}|$. Wegen der Beziehungen zwischen den Impulskomponenten folgt $\alpha = \beta$, d. h. der Einfallswinkel ist gleich dem Ausfallswinkel. Für den elastischen Stoß eines Körpers auf eine Wand gilt das Reflexionsgesetz.

Beispiel Elastischer Stoß in der Teilchenphysik

Für den Stoß eines schnellen Protons mit einem ruhenden Proton gelten der Impuls- und der Energieerhaltungssatz:

$$\vec{p_1} = \vec{p_1}\,' + \vec{p_2}\,' \quad \text{und} \quad E_{kin,1} = E'_{kin,1} + E'_{kin,2}$$

Da die Masse der beteiligten Teilchen gleich ist, folgt nach Division beider Gleichungen durch m:

$$\vec{\upsilon_1} = \vec{\upsilon_1}\,' + \vec{\upsilon_2}\,' \quad \text{und} \quad (\upsilon_1)^2 = (\upsilon_1')^2 + (\upsilon_2')^2$$

Abb. 62.3 zeigt die vektorielle Addition der Geschwindigkeiten. Da für die Beträge der Geschwindigkeiten der Satz des Pythagoras gilt, ist der Winkel zwischen den Teilchenbahnen nach dem Stoß 90°.

62.3 Impulserhaltung beim Stoß zweier Protonen: Für die Beträge der Geschwindigkeiten vor und nach dem Stoß gilt der Satz des Pythagoras. Der Winkel zwischen den Teilchenbahnen nach dem Stoß ist 90°.

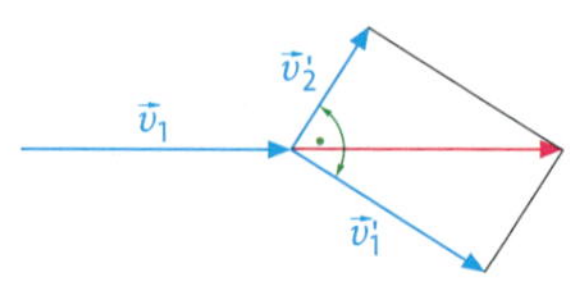

Beispiel Return beim Tennis

Beim Tennis wird ein sehr „schneller" Ball vom Gegenspieler returniert. Wie ist es zu erklären, dass beim Return der Betrag der Ballgeschwindigkeit nahezu konstant bleibt?

Lösung:

Der Tennisball und die Bespannung des Schlägers besitzen große Elastizität, sodass der Return als ein elastischer Stoß zweier Körper behandelt werden kann. Entscheidend für die Geschwindigkeit v'_B des returnierten Tennisballs sind die Schlägergeschwindigkeit v_S und das Massenverhältnis des Balls m_B und des Schlägers m_S.

Aus den Gleichungen für den elastischen Stoß folgt:

$$v'_B = \frac{m_B v_B + m_S(2v_S - v_B)}{m_B + m_S} \approx 2v_S - v_B$$

Da die Masse des Schlägers sehr viel größer ist als die des Balls ($m_S >> m_B$), ergibt sich für den Nenner des Bruches der Wert m_S und der Quotient m_B/m_S ist klein gegenüber 1. Ferner ist die Schlägergeschwindigkeit v_S der Ballgeschwindigkeit v_B entgegengerichtet, also negativ, sodass die Ballgeschwindigkeit nach dem Schlag entgegengesetzt zur Geschwindigkeit vor dem Schlag und betragsmäßig größer als diese ist.

Beispiel Zusammenstoß zweier Autos

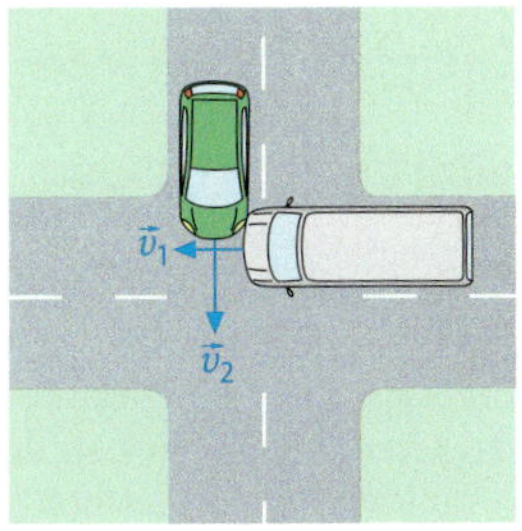

Auf einer rechtwinkligen Kreuzung prallen bei eisglatter Fahrbahn ein Transporter ($m_1 = 2200$ kg; $v_1 = 45$ km/h) und ein Kleinwagen ($m_2 = 900$ kg; $v_2 = 61$ km/h) zusammen. Dabei verkeilen sich beide Autos ineinander und rutschen gemeinsam weiter. Welchen Betrag und welche Richtung hat die gemeinsame Geschwindigkeit?

Lösung:

Die Impulse der beiden Wagen ergeben sich zu

$$p_1 = m_1 v_1 = 27\,500 \text{ Ns und } p_2 = m_2 v_2 = 15\,500 \text{ Ns.}$$

Die Richtungen der beiden Impulse stehen senkrecht aufeinander und addieren sich vektoriell. Daraus folgt, dass für den Winkel α – gemessen gegen die ursprüngliche Fahrtrichtung des Transporters – gilt:

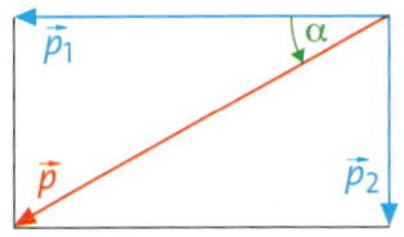

$$\tan(\alpha) = \frac{p_2}{p_1} = 0{,}564, \text{ also } \alpha \approx 29°$$

Der Betrag des Gesamtimpulses ist

$$p = \sqrt{{p_1}^2 + {p_2}^2} = 31567 \text{ Ns.}$$

Damit ergibt sich die gemeinsame Geschwindigkeit

$$v' = \frac{p}{m_1 + m_2} \approx 10{,}18 \text{ m/s} \approx 37 \text{ km/h.}$$

Aufgaben

1. Eine Pendelkugel ($d = 2{,}4$ cm, $m = 300$ g) wird an einem Band der Länge $l = 1{,}20$ m auf die Höhe $h = 20$ cm gehoben. Im untersten Punkt braucht sie zum Durchlaufen der Lichtschranke ($\Delta s = d$) die Zeit $\Delta t = 0{,}012$ s. Vergleichen Sie die daraus berechnete kinetische Energie mit der potentiellen Energie der Kugel im obersten Punkt.
2. Eine Kugel der Masse $m_1 = 600$ g stößt mit der Geschwindigkeit 1,5 m/s auf eine ruhende Kugel ($m_2 = 50$ g). Bestimmen Sie die Geschwindigkeiten der Kugeln nach dem Stoß.
3. Eine Explosion zersprengt einen Stein in drei Teile. Zwei Steinbrocken ($m_1 = 1$ kg und $m_2 = 2$ kg) fliegen rechtwinklig auseinander mit $v_1 = 12$ m/s und $v_2 = 8$ m/s. Der dritte Brocken fliegt mit $v_3 = 40$ m/s weg. Ermitteln Sie aus einem Diagramm die Richtung der Geschwindigkeit und die Masse des dritten Brockens.
4. Ein Wagen der Masse $m_1 = 4$ kg stößt mit der Geschwindigkeit $v_1 = 1{,}2$ m/s auf einen zweiten Wagen mit der Masse $m_2 = 5$ kg, der sich in der gleichen Richtung mit der Geschwindigkeit $v_2 = 0{,}6$ m/s bewegt.
   a) Berechnen Sie die Änderungen der kinetischen Energien beim zentralen elastischen Stoß.
   b) Bestimmen Sie die Lösungen, wenn die Wagen aufeinander zu laufen.
5. In der Stroboskopaufnahme mit 30 Blitzen pro Sekunde kommt eine Kugel von unten und stößt nicht zentral gegen eine ruhende Kugel der gleichen Masse ($m = 173$ g), die nach rechts oben wegrollt. Im Foto ist die zunächst ruhende Kugel mehrfach belichtet und erscheint deshalb heller.

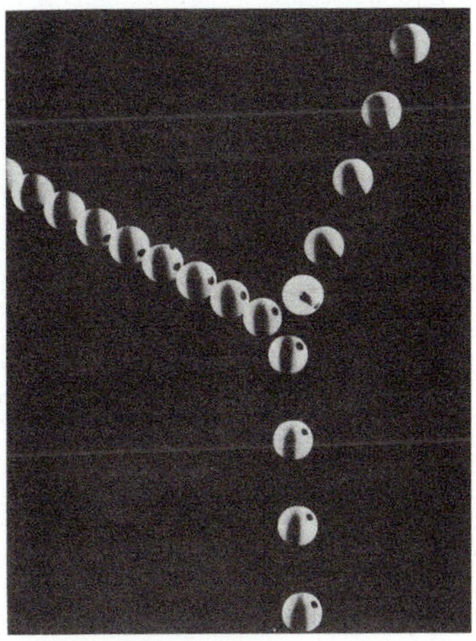

   a) Ermitteln Sie die Geschwindigkeiten der Kugeln vor und nach dem Stoß. Der Abbildungsmaßstab ergibt sich aus der Größe der Kugeln, die einen Durchmesser von 6 cm haben.
   b) Berechnen Sie die Beträge der Impulse und stellen Sie diese in einem Vektordiagramm dar. Zeigen Sie grafisch, dass der vektorielle Impulserhaltungssatz gilt.

Materialgestützte Aufgaben

Energie aus dem Meer

Wind und Gezeiten bewegen in den Meeren unseres Planeten riesige Wassermassen. Aus der Energie der Wellen und Gezeitenströme lässt sich elektrische Energie gewinnen. Mit diesem Ziel vor Augen haben Ingenieure in den letzten Jahrzehnten die unterschiedlichsten Kraftwerke entworfen und gebaut. Während das Gezeitenkraftwerk an der Rance-Mündung in der Bretagne (Frankreich, **Abb. a**) schon seit 1967 elektrische Energie liefert – mit einer Spitzenleistung von 240 MW –, sind viele Kraftwerksmodelle noch im Erprobungsstadium.

Die Wellenenergie lässt sich zum Beispiel mit einer am Meeresboden verankerten **Boje** (**Abb. b**) anzapfen. Durch die dem Wellengang folgende Auf- und Abwärtsbewegung des Hydraulikzylinders wird ein Generator angetrieben. Die erzeugte Energie wird über ein unterseeisches Kabel in das Stromnetz eingespeist. 45 solcher „Powerbuoys" sollen vor der Küste Australiens eine elektrische Leistung von 19 MW liefern.

Aus dem Wasser ragen die Rotoren des **Gezeitenströmungskraftwerks** SeaGen (**Abb. c**) nur bei Wartungsarbeiten. Solche Anlagen werden an Orten mit einer starken Gezeitenströmung eingesetzt – wie zum Beispiel in der Meerenge von Strangford in Nordirland, wo bei jeder Flut etwa 18 000 Kubikmeter Wasser mit einer durchschnittlichen Geschwindigkeit von 2,5 m/s in die Meerenge strömen und bei Ebbe zurück in die Irische See fließen. Die Rotoren der „Unterwasserwindmühle" passen sich an die Strömungsrichtung an und liefern eine Spitzenleistung von 1,2 MW. Im Gegensatz zu Wellen sind Gezeitenströme vorhersehbar und relativ konstant. Für Meeresbewohner wie Tümmler und Robben ist bei SeaGen eine Schutzzone von 30 Metern eingerichtet. Dringt ein Tier in diese Zone ein, werden die Rotoren abgeschaltet.

Pelamis ist das griechische Wort für **Seeschlange** (**Abb. d**); sie wird vor den Küsten Schottlands und Portugals getestet. Die Anlage schwimmt auf dem offenen Meer und passt sich dem Wellengang an. Mit der Kraft der Auf-und-Ab-Bewegungen der Wellen werden über hydraulische Vorrichtungen zwischen den einzelnen Gliedern der Schlange Generatoren angetrieben.

Das **Wellenkraftwerk mit oszillierender Wassersäule** (OWC = Oscillating Wave Column, **Abb. e**) ist fest am Ufer installiert. Die auf die Küste zurollenden Wellen strömen in einen Hohlraum, in dem der Wasserspiegel abwechselnd steigt und fällt. Die Luft über dem Wasserspiegel wird dabei durch eine Öffnung gedrückt und wieder angesaugt. Durch den Druckunterschied der Luft wird eine mit einem Generator verbundene Turbine angetrieben. Im spanischen Ort Mutriku liefert ein solches Kraftwerk bisher „nur" maximal 300 kW, dafür dient es aber gleichzeitig dem Küstenschutz.

Der **Wellendrache** (wave dragon, **Abb. f**) ist eine im offenen Meer verankerte schwimmende Plattform. Die Wellen fließen über eine Rampe in ein Becken und von dort über Turbinen zurück ins Meer. Kleinere Wellendrachen könnten 1,5 MW liefern, größere bis zu 7 MW.

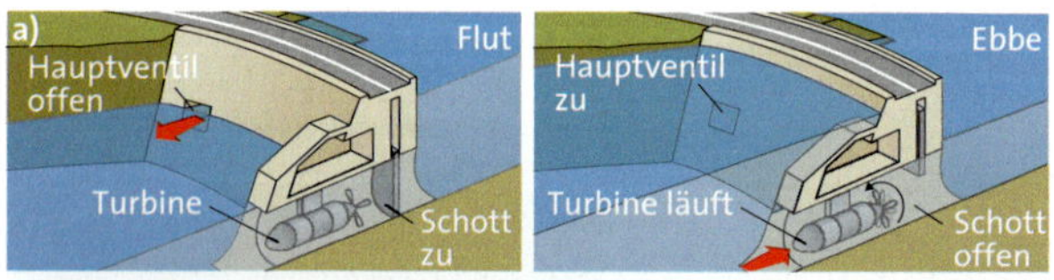

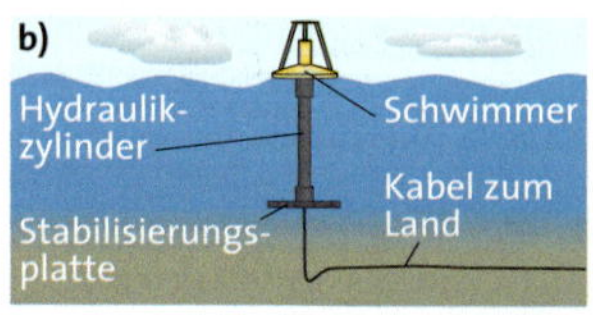

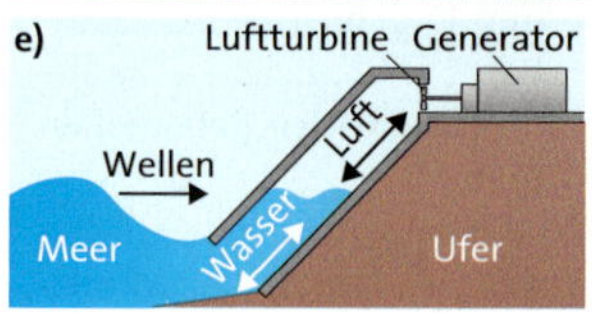

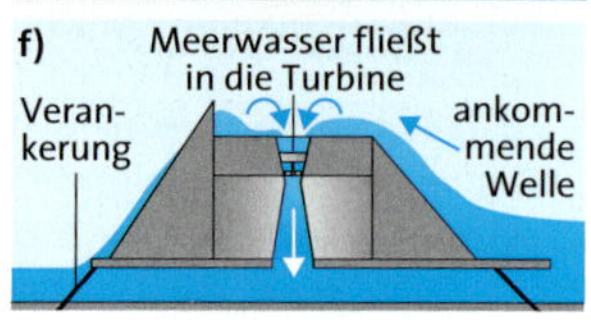

Aufgaben

1. Eine auf „Meeresenergie" spezialisierte Firma möchte eines oder mehrere der fünf vorgestellten Verfahren zur Energiegewinnung auf den Markt bringen. Erarbeiten Sie als Mitglied einer Arbeitsgruppe die einem dieser Verfahren zugrunde liegenden physikalischen Sachverhalte, die Aspekte der technischen und praktischen Realisierung sowie der Umweltverträglichkeit des Verfahrens, sodass Sie in der Lage sind, dies alles in einem Vortrag darzustellen.
   Stichpunkte: Umwandlung von potentieller und/oder kinetischer Energie in elektrische Energie, Strömungsgeschwindigkeit, Wellenhöhe, Anbindung ans Stromnetz, Gefährdung von Meeresbewohnern durch sich drehende Rotoren, möglicherweise auslaufendes Öl in den Hydraulikanlagen, Verlandung, integrierter Küstenschutz, Gefahren für die Schifffahrt, Materialaufwand, Korrosion, Sturm usw.
2. Überlegen Sie sich gemeinsam Argumente, ob bzw. welche der vorgestellten Kraftwerke auch an der deutschen Nord- und Ostseeküste eingesetzt werden könnten.
3. Stellen Sie die Vor- und Nachteile von Wellen- und Gezeitenkraftwerken im Vergleich zu konventionellen Kraftwerken und zu anderen erneuerbaren Energieformen dar.
   Zum Vergleich: Das weltweit größte Braunkohlekraftwerk in Neurath (NRW) hat eine Leistung von 2,2 GW und kann 3,4 Mio Haushalte versorgen. Es stößt im Jahr allerdings auch 17 Mio t CO_2 aus. Das größte Solarkraftwerk Europas, Andasol, steht in Spanien und hat eine Leistung von 50 MW.

Mit Sonnensegel zur Venus

Im Jahr 2010 brachte eine japanische Trägerrakete den Sonnensegler IKAROS ins All **(Abb. a)**. Mit diesem drachenähnlichen Gebilde soll u.a. getestet werden, ob der Strahlungsdruck der Sonne als Antrieb für Raumschiffe genutzt werden kann.

Die von der Sonne abgestrahlten Lichtteilchen (Photonen) übertragen ihren Impuls auf den Segler, der – abhängig von der Ausrichtung zur einfallenden Strahlung – beschleunigt oder abgebremst wird. Auf diese Weise kann seine Bahn verändert werden. In **Abb. c)** ist der Fall eingezeichnet, dass die als Segel dienende, nur 7,5 μm dicke Kunstharzfolie das Licht der Sonne vollständig reflektiert. Der Impuls eines einzelnen Photons ist extrem klein (in der Größenordnung 10^{-27} N s). Der Stoß des Photons mit dem Segel kann als (schiefer) *elastischer Stoß gegen eine Wand* modelliert werden (→ S. 62). Die Richtung des übertragenen Impulses ist stets senkrecht zur Segelfläche. Trifft das Photon senkrecht auf die Folie, ist der übertragene Impuls bei Reflexion maximal – doppelt so groß wie der Impuls des einfallenden Photons. Wird das Photon dagegen absorbiert, d.h. bleibt das Photon in der Folie „stecken", handelt es sich um *einen unelastischen Stoß*: Das Segel „übernimmt" in diesem Fall Richtung und Betrag des Photonenimpulses (→ Aufgabe 10, S. 59).

Der von der Sonne auf einen Körper übertragene Impuls pro Zeit und Fläche wird als *Strahlungsdruck* bezeichnet. Ein Maß für die Strahlung der Sonne ist die *Solarkonstante*. Da die Umlaufbahn von IKAROS etwa der Umlaufbahn der Venus entspricht, wird als Wert der Solarkonstante in diesem Sonnenabstand 2615 W/m² verwendet. Das entspricht einem Strahlungsdruck von etwa 9 μN/m², wenn die Photonen von der Folie vollständig absorbiert werden, bei Reflexion entsprechend mehr.

Zur Stabilisierung dreht sich die Raumsonde zusammen mit dem Sonnensegel ständig um ihre eigene Achse. Um die Orientierung der Drehachse der Sonde bezüglich der Richtung der Sonnenstrahlung zu verändern, befinden sich auf der fast 200 m² großen Segelfläche acht Bereiche mit Flüssigkristallelementen, die wie Spiegel wirken (**Abb. b**). Diese Bereiche können einzeln an- und abgeschaltet werden, sodass zum Beispiel die eine Hälfte des Segels das Sonnenlicht stärker reflektiert als die andere. Dadurch konnte die Richtung der Drehachse um mehr als 180° geändert werden (**Abb. d**).
Insgesamt verlief die IKAROS-Mission erfolgreich. Das technisch nicht einfache Auseinanderfalten des 14 m x 14 m großen Segels verlief wie geplant, sodass sich die Geschwindigkeit der Sonde durch den Strahlungsdruck der Sonne in sechs Monaten um 100 m/s vergrößerte.

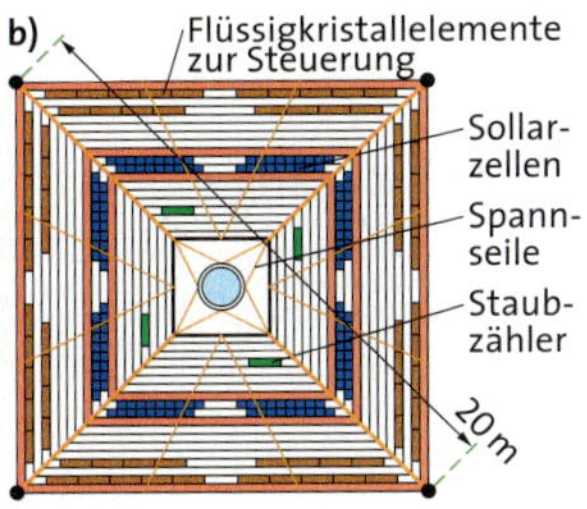

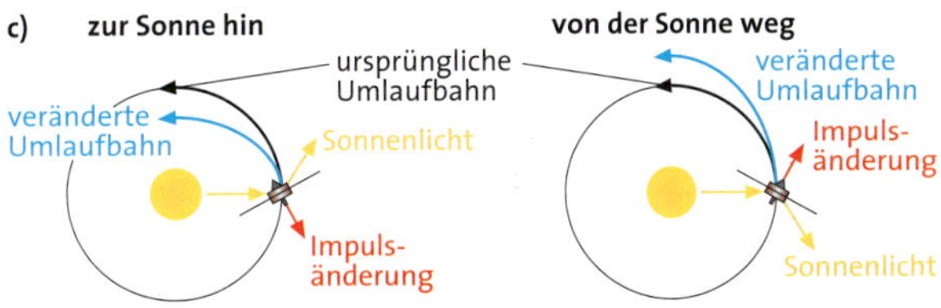

Aufgaben

1. Erarbeiten Sie in einer Gruppe die physikalischen Grundlagen und das Funktionsprinzip des Sonnensegels und stellen Sie diese in einem Schaubild dar.
2. a) Fertigen Sie eine Skizze an, die in Anlehnung an **Abb. c)** den Fall des unelastischen Stoßes darstellt (schwarze Folie, Photonen werden nicht reflektiert).
   b) Stellen Sie explizit den Unterschied zwischen reflektierender und absorbierender Folie dar – d.h. zwischen elastischem und unelastischem Stoß Photon – Folie.
   c) Auf der elliptischen Bahn wurde die Einstellung des Sonnensegels um mehr als 180° geändert **(Abb. d)**. Müsste das Segel die Sonnenstrahlung reflektieren oder absorbieren und welche Stellung des Segels wäre geeignet, um eine entsprechende Bahnänderung zu verursachen? Begründen Sie Ihre Antwort.

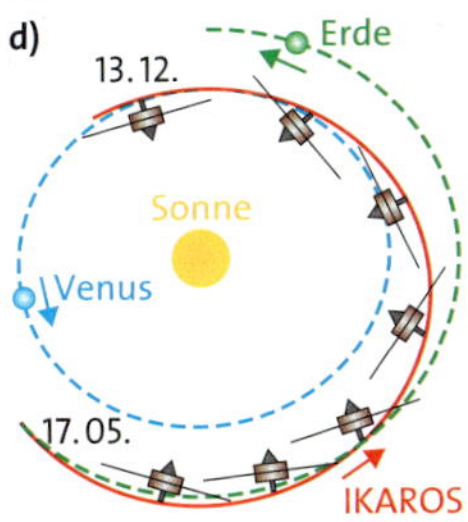

3. Die Masse des Sonnenseglers beträgt 315 kg, die Segelfläche 173 m². Für den Strahlungsdruck wird 9 μN/m² angesetzt (keine Reflexion). Ermitteln Sie die Kraft auf das Segel, wenn es senkrecht zur Sonne steht. Bestimmen Sie daraus die Beschleunigung.
4. Betrachten Sie den Fall einer linearen Bewegung mit konstanter Beschleunigung und bestimmen Sie die Geschwindigkeitsänderung, die die soeben berechnete Beschleunigung in einer Stunde bzw. in 6 Monaten verursachen würde.
5. Bewerten Sie die Vor- und Nachteile dieser Antriebsart für Raumfahrzeuge im Vergleich zum Antrieb mit Feststoff- und Flüssigkeitstriebwerken.
6. Schätzen Sie ab, wie groß auf der Erde die durch den Strahlungsdruck der Sonne verursachte Kraft auf Ihre Hand ist.
   Hinweis zur Lösung: Sie stehen mittags an einem klaren Sommertag auf dem Domplatz in Münster, d.h. die Sonne scheint mit einer Leistung von ca. 1000 W/m², was einem Strahlungsdruck von 3,4 μN/m² entspricht.
   Schätzen Sie die Fläche Ihrer Hand ab und bestimmen Sie, mit welcher Kraft die Sonnenstrahlung auf Ihre (senkrecht zur einfallenden Strahlung gehaltene) Hand „drückt". Vergleichen Sie diesen Wert mit der auf Ihre Hand wirkenden Gewichtskraft (Masse einer Hand ≈ 300 g).

Grundwissen Energie und Impuls

Energie

Wird ein Körper mit der konstanten Kraft F parallel zum Weg längs der Wegstrecke s bewegt, ist dazu die *mechanische Energie* (oft auch als *Arbeit* bezeichnet) $\boldsymbol{\Delta E = F s}$ nötig.
Die Einheit der Energie ist 1 Joule: $[E] = 1\ \text{Nm} = 1\ \text{J}$.

Greift die Kraft nicht parallel, sondern unter einem Winkel α zur Wegrichtung an, so gilt: $\boldsymbol{\Delta E = F s \cos(\alpha)}$.

Formen mechanischer Energie

Lageenergie oder potentielle Energie
Befindet sich ein Körper der Masse m im Gravitationsfeld der Erde gegenüber einem Nullniveau in der Höhe h, so ist in dem *System Erde – Körper* die Lageenergie oder potentielle Energie E_{pot} gespeichert:

$$E_{pot} = m g h$$

Bewegungsenergie oder **kinetische Energie**
Die kinetische Energie eines Körpers der Masse m, der sich mit der Geschwindigkeit v bewegt, beträgt:

$$E_{\text{kin}} = \frac{1}{2} m v^2$$

Spannenergie oder potentielle Federenergie
Die Spannenergie oder potentielle Federenergie E_S einer Feder mit der Federkonstanten D beträgt bei der Verlängerung s aus der entspannten Lage:

$$E_S = \frac{1}{2} D s^2$$

Reibungsenergie
Wird ein Körper mit der Kraft F längs eines Weges s mit konstanter Geschwindigkeit v gegen die Reibungskraft F_R bewegt, so beträgt die dazu nötige Energie:

$$E_R = F s = F_R s$$

Energieerhaltungssatz der Mechanik

In einem abgeschlossenen System, in dem keine Reibung auftritt, ist zu jedem Zeitpunkt t die Summe der mechanischen Energien konstant:

$$E_{\text{kin}}(t) + E_{\text{pot}}(t) = \textbf{konstant}$$

Leistung als Umsatz von Energie

Die Leistung P ist der Quotient aus der einem System zugeführten oder entnommenen Energie ΔE und der dazu benötigten Zeit Δt: $\boldsymbol{P = \Delta E / \Delta t}$.
Wird ein Körper unter Einwirkung einer konstanten Kraft F mit der Geschwindigkeit v bewegt, so ist die dafür benötigte Leistung $\boldsymbol{P = F v}$.
Die Einheit der Leistung ist 1 Watt: $[P] = 1\ \text{W} = 1\ \text{J/s}$.

Impuls

Der Impuls p eines Körpers ist das Produkt aus seiner Masse m und seiner Geschwindigkeit v:

$$p = m v \quad \text{oder vektoriell} \quad \vec{p} = m \vec{v}$$

Die Einheit des Impulses ist $[p] = 1\ \text{kg m/s} = 1\ \text{N s}$.

Impulserhaltungssatz
In einem abgeschlossenen System aus n Körpern ist die vektorielle Summe der Impulse zeitlich konstant:

$$p_1 + p_2 + \ldots + p_n = \textbf{konstant}$$

Der Impuls und die Newton'schen Axiome

Das *erste Newton'sche Axiom* ist mit dem Impulserhaltungssatz gleichwertig: Der Impuls eines Körpers, auf den keine äußeren Kräfte wirken, ist konstant.
Das *zweite Newton'sche Axiom* ist eine Aussage über die Impulsänderung Δp, wenn eine Kraft F eine Zeit Δt auf einen Körper einwirkt:

$$F \Delta t = \Delta p \quad \text{oder vektoriell} \quad \vec{F} \Delta t = \Delta \vec{p}$$

Das *dritte Newton'sche Axiom* $\vec{F_1} = -\vec{F_2}$ ist gleichbedeutend mit dem Impulserhaltungssatz.

Stoßvorgänge

Bei einem *elastischen Stoß* gelten der Energie- und der Impulserhaltungssatz. Beim *unelastischen Stoß* gilt nur der Impulserhaltungssatz.

Beim **zentralen unelastischen Stoß** zweier Körper mit den Massen m_1 und m_2 beträgt die Geschwindigkeit v' nach dem Stoß

$$v' = \frac{m_1 v_1 + m_2 v_2}{m_1 + m_2}.$$

Beim **zentralen elastischen Stoß** zweier Körper mit den Massen m_1 und m_2 sind die Geschwindigkeiten nach dem Stoß:

$$v_1' = \frac{m_1 v_1 + m_2 (2 v_2 - v_1)}{m_1 + m_2}, \quad v_2' = \frac{m_2 v_2 + m_1 (2 v_1 - v_2)}{m_1 + m_2}$$

Abgeschlossenes System

Eine Anordnung von Körpern, die nur untereinander wechselwirken oder Kräfte aufeinander ausüben, bildet ein abgeschlossenes System.

In einem abgeschlossenen System von Körpern gelten der Energieerhaltungssatz und der Impulserhaltungssatz.

1. Ein Wagen der Masse $m_1 = 3$ kg fährt auf einer Schiene mit $v_1 = 5$ m/s nach rechts und stößt mit einem zweiten Wagen der Masse $m_2 = 7$ kg zusammen, der mit $v_2 = -6$ m/s nach links fährt.

a) Ermitteln Sie die Geschwindigkeit der beiden Wagen nach einem unelastischen Stoß.

b) An den Stirnseiten der beiden Wagen seien nun Stahlfedern angebracht. Ermitteln Sie die Geschwindigkeiten nach einem als ideal elastisch angenommenen Stoß.

c) Zeigen Sie, dass bei beiden Stößen der Gesamtimpuls erhalten bleibt.

2. Ein Eisenbahnwaggon mit der Masse $m = 40$ t stößt mit der Geschwindigkeit $v = 1{,}5$ m/s auf drei stehende, miteinander verbundene Waggons der Gesamtmasse 150 t und bleibt ebenfalls mit diesen verbunden.

a) Berechnen Sie die Geschwindigkeit der vier Waggons nach dem Stoß.

b) Vergleichen Sie die gesamte kinetische Energie vor und nach dem Stoß.

3. Beim unelastischen Stoß eines Gleiters der Masse m gegen einen ruhenden Gleiter von gleicher Masse geht ein Teil der kinetischen Energie verloren. Bestimmen Sie den prozentualen Anteil dieses Energieverlustes.

4. Ein offener Güterwagen der Masse $m = 20$ t rollt ohne Reibung mit der Geschwindigkeit $v = 5$ m/s, als es stark zu regnen beginnt. Nach einer Minute haben sich 3000 Liter Wasser im Wagen angesammelt.

a) Berechnen Sie die Geschwindigkeit v', die der Wagen nach einer Minute hat.

b) Prüfen Sie folgende Behauptung: Wird der Wagen mit einer Kraft von 250 N gezogen, bleibt die Geschwindigkeit konstant.

5. Ein Körper der Masse $m_1 = 2$ kg, der sich reibungsfrei mit $v_1 = 4$ m/s nach rechts bewegt, stößt längs einer Geraden mit einem Körper der Masse $m_2 = 3$ kg zusammen, der sich daraufhin mit der Geschwindigkeit $v_2' = 5{,}4$ m/s nach rechts bewegt. Berechnen Sie die Geschwindigkeiten v_1' und v_2, wenn der Stoß ideal elastisch ist. Überprüfen Sie das Ergebnis, indem Sie den Gesamtimpuls vor und nach dem Stoß berechnen.

6. Ein Traktor zieht einen Pflug mit der Kraft $F = 800$ N.

a) Berechnen Sie die vom Traktor aufgewandte Energie, wenn ein 350 m langes Feld in 25 Bahnen gepflügt wird.

b) Recherchieren Sie im Internet den Grundumsatz eines 70 kg schweren Mannes und vergleichen Sie den Wert mit dem in a) berechneten Wert für die mechanische Energie des Traktors.

7. Ein Skifahrer mit einer Masse von 70 kg fährt „im Schuss" einen 60 m hohen Hang hinunter (er drückt sich beim Starten nicht ab, sondern startet aus der Ruhe) und erreicht den Fuß des Hangs mit einer Geschwindigkeit von 20 m/s. Berechnen Sie die durch Reibung und Luftwiderstand verloren gegangene Energie.

8. Ein Stein wird von einem Turm mit der Anfangsgeschwindigkeit v_0 in unterschiedlicher Weise geworfen: **a)** vertikal nach oben, **b)** vertikal nach unten und **c)** waagerecht. Vergleichen Sie die kinetische Energie des Steins in den drei Fällen beim Aufprall auf den um die Strecke h tiefer als die Abwurfposition liegenden Boden.

9. Ein Auto ($m = 1{,}2$ t) wird vom Stand aus gleichmäßig in 12 s auf 100 km/h beschleunigt.

a) Berechnen Sie die beschleunigende Kraft und die Strecke, nach der die Endgeschwindigkeit erreicht wird.

b) Geben Sie eine Gleichung für den zeitlichen Verlauf der Motorleistung $P(t)$ an.

***10.** Ein Lastwagen ($m = 3{,}5$ t) fährt 4,8 km auf einer Straße mit 8 % Steigung (je 100 m in waagerechter Richtung nimmt die Höhe um 8 m zu) mit 40 km/h bergauf.

a) Berechnen Sie die Zunahme der potentiellen Energie.

b) Berechnen Sie die mittlere Leistung des Motors, wenn $\frac{1}{3}$ der aufgewandten Energie für die potentielle Energie und $\frac{2}{3}$ für Reibungsverluste (Rollreibung, Luftwiderstand) veranschlagt werden.

***11.** Beim Geschwindigkeitsskifahren in Vars (Frankreich) rasen speziell ausgerüstete Skifahrer einen Hang mit einem mittleren Gefälle von 130,3 % (52,5°) herunter. Zu Beginn der Messzone – 450 m nach dem Start – erreichen die Fahrer Geschwindigkeiten von bis zu 250 km/h.

a) Berechnen Sie die kinetische Energie zu Beginn der Messzone für einen Skifahrer der Masse $m = 90$ kg.

b) Ermitteln Sie die Geschwindigkeit des Skifahrers zu Beginn der Messzone, wenn die gesamte Lageenergie zwischen Startpunkt und Messpunkt in kinetische Energie umgewandelt werden würde.

c) Zeigen Sie, dass die Rechnung zum gleichen Ergebnis führt, wenn Sie anstelle der Differenz der Lageenergien die bei der Abfahrt umgewandelte mechanische Energie des Skifahrers (Hangabtriebskraft mal Weg) berechnen.

***12.** Fallen zwei aufeinanderliegende hochelastische (Super)-Bälle in der dargestellten Lage, so bleibt der größere von beiden am Boden liegen, während der kleinere ein Vielfaches der Fallhöhe emporspringt.

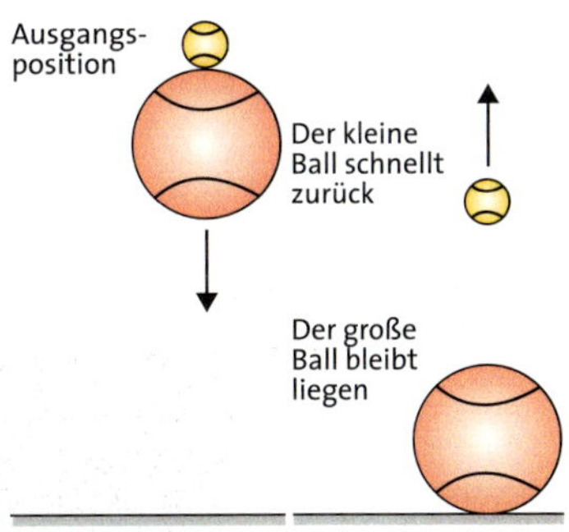

Dies geschieht allerdings nur, wenn die Massen der beiden Bälle in einem bestimmten Verhältnis zueinander stehen.

a) Berechnen Sie dieses Massenverhältnis. Gehen Sie davon aus, dass der größere der beiden Bälle vor dem Zusammenstoß mit dem kleineren am Boden reflektiert wird.

b) Erläutern Sie, weshalb in diesem Fall der kleinere Ball viermal so hoch fliegt wie seine Ursprungshöhe.

3 GRAVITATION

Das **Sonnensystem** mit Sonne, Mond und Planeten als den auffälligsten Himmelskörpern zieht schon seit Tausenden von Jahren die Aufmerksamkeit der Menschen auf sich. Bereits Babylonier, Griechen, Ägypter und Maya beobachteten die Planeten, die vor dem Sternenhimmel zu wandern scheinen, und deuteten ihre Bahnen. Die Erfindung des Fernrohrs im 17. Jahrhundert bahnte schließlich den Weg zu unserem heutigen detaillierten Bild vom Aufbau des Sonnensystems.

Die Sonne ist ein Stern, der im Gegensatz zu den Planeten selbst leuchtet. Die Energie, die die Sonne abstrahlt, stammt aus Kernreaktionen, bei denen Wasserstoff in Helium umgewandelt wird. Die Masse der Sonne macht allein 99,86 Prozent der Gesamtmasse unseres Sonnensystems aus.

Als Zentralgestirn des Sonnensystems bindet die Sonne durch die Gravitation neben Planeten (**Abb. 68.1**) unzählige andere Himmelskörper an sich. Seit 2006 ist genau festgelegt, welche Himmelskörper zu den Planeten gezählt werden:

- Planeten befinden sich auf einer Bahn um die Sonne.
- Sie verfügen über eine ausreichend große Masse, um durch ihre Gravitation annähernd Kugelgestalt anzunehmen und
- andere umlaufende Körper von ihrer Umlaufbahn zu entfernen.
- Sie sind nicht selbst Trabant eines anderen Himmelskörpers.

Nach dieser Definition hat das Sonnensystem acht Planeten: Merkur, Venus, Erde, Mars, Jupiter, Saturn, Uranus und Neptun. Pluto zählt seit 2006 nicht mehr zu den Planeten, denn in seiner Umgebung wurden etliche weitere Himmelskörper von vergleichbarer Größe entdeckt. Deshalb wird Pluto als Zwergplanet klassifiziert.

Außer den acht Planeten mit ihren Monden und den Zwergplaneten zählen zum Sonnensystem die noch kleineren Kleinplaneten (Asteroiden), deren Masse nicht groß genug ist, um sie Kugelgestalt annehmen zu lassen. Auch sie bewegen sich auf elliptischen Bahnen um die Sonne, vorwiegend zwischen den Bahnen von Mars und Jupiter im sogenannten Asteroidengürtel.

Dazu kommen die etwa 1300 bekannten Kometen, die sich auf lang gestreckten Ellipsen mit Umlaufzeiten von bis zu mehreren tausend Jahren ebenfalls um die Sonne bewegen. Schließlich zählen noch die Meteore oder Sternschnuppen zum Sonnensystem, die jeweils an bestimmten Tagen des Jahres die Bahn der Erde kreuzen und bei denen es sich um Bruchstücke von Kometen handelt.

Alle diese Himmelskörper sind durch die Gravitationskraft an die Sonne gebunden. Das von Newton gefundene Gravitationsgesetz beschreibt die Abhängigkeit dieser Kraft vom Abstand und von den Massen der Himmelskörper und erlaubt es, ihre Bahnen aus den Gesetzen der Mechanik zu berechnen.

68.1 Die Planeten im Größenvergleich; von innen nach außen Merkur, Venus, Erde, Mars, Jupiter, Saturn, Uranus und Neptun

69.1 Etwa 12 500 Satelliten umkreisen die Erde.

Um zu verstehen, wie die Sonne über den fast materiefreien Raum hinweg eine Kraft auf die Planeten ausüben kann, wird der wichtige Begriff des **Feldes** eingeführt. Die Sonne erzeugt ein Gravitationsfeld, in dem sich die Planeten bewegen und das auf sie wirkt. Mit dem Feldbegriff wird die Vorstellung einer unmittelbaren Kraftwirkung zwischen zwei weit voneinander entfernten Körpern („Fernwirkung“) vermieden. Nicht nur die Sonne, sondern alle Körper erzeugen ein Gravitationsfeld. Dies wird zum Beispiel an den Monden deutlich, die sich im Gravitationsfeld der Planeten bewegen.

Immer wieder gibt es Katastrophenfilme, in denen das Leben auf der Erde durch den Einschlag eines Asteroiden bedroht ist. Seit Mitte der 1990er Jahre gibt es Suchprogramme der NASA, die nach NEOs („Near Earth Objects“) suchen – Asteroiden und Kometen, die der Erde möglicherweise in der Zukunft gefährlich nahe kommen.

Wie aber kann heute schon vorhergesagt werden, ob ein Asteroid wie Apophis im Jahr 2036 die Erde treffen oder knapp verfehlen wird? Hier wird die Vorhersagekraft der physikalischen Gesetze genutzt. Die Bahn eines Asteroiden und auch anderer Himmelskörper kann berechnet werden, wenn sowohl das Gravitationsfeld im betrachteten Teil des Weltraums als auch die Anfangsbedingungen, also die aktuellen Bahndaten, genau bekannt sind. Die Bahnberechnung von NEOs wird durch den Umstand erschwert, dass dabei nicht nur das Gravitationsfeld *eines* Himmelskörpers allein (z. B. das der Erde oder der Sonne) berücksichtigt werden muss, sondern auch die Gravitationsfelder der Planeten und sogar diejenigen der größeren Asteroiden.

Im Januar 2013 näherte sich der Asteroid Apophis der Erde bis auf 14,5 Millionen Kilometer. Dabei konnten seine Bahn über zweieinhalb Wochen verfolgt und die Bahndaten sehr präzise bestimmt werden. Seine Position wurde durch Radarmessungen bis auf 75 m und seine Geschwindigkeit bis auf 1 mm/s ermittelt – eine erstaunliche Messgenauigkeit, die über diese riesige Entfernung hinweg erreicht wurde. Durch die anschließenden Bahnberechnungen konnte ausgeschlossen werden, dass Apophis die Erde 2029 oder 2036 trifft.

Apophis – Asteroid auf Erdkurs
Einschlag oder knapp daneben?

Benannt ist er nach dem ägyptischen Gott der Zerstörung und des Bösen, der Asteroid Apophis. Er wird in den nächsten Jahrzehnten gleich zwei Mal haarscharf an der Erde vorbeischrammen und könnte sie 2036 sogar treffen.
Als der Asteroid Apophis im Jahr 2004 entdeckt wurde, war er nur einer von vielen. Denn gut 900 Gesteinsbrocken im Weltall könnten theoretisch irgendwann auf Kollisionskurs mit der Erde gehen, weil ihre Flugbahn die der Erde kreuzt. Doch der 300-Meter-Brocken Apophis hat es in sich: Denn er passiert die Erde in Zukunft gleich mehrmals extrem nah. Für einige Zeit galt ein Impakt im Jahr 2029 sogar als ziemlich wahrscheinlich. Inzwischen gibt es – zumindest für den 13. April 2029 – Entwarnung: Apophis wird nicht einschlagen, sondern die Erdoberfläche in nur knapp 30 000 km Höhe passieren – das ist niedriger als die Umlaufbahnen der geostationären Satelliten. (Scinexx/Springer)

Wenn bei der Bahnbestimmung nur das Gravitationsfeld eines einzelnen Himmelskörpers zu berücksichtigen ist, wird die Berechnung sehr viel einfacher. In diesem Fall wird die Bahn eines umlaufenden Körpers vollständig durch die drei Kepler'schen Gesetze beschrieben. Sie gelten beispielsweise auch für die Bahnen von Satelliten um die Erde. Mit Raketenstarts werden die Satelliten in eine Erdumlaufbahn gebracht, wo sie sich auf exakt geplanten Bahnen bewegen. **Abb. 69.1** zeigt eine (nicht maßstäbliche) „Momentaufnahme“ der seit 1957 in eine Erdumlaufbahn gebrachten Objekte. Besonders auffällig ist der Ring der geostationären Satelliten (→ 3.2.4), die die Erde in der Äquatorebene in einer Höhe von 36 000 km umkreisen.

3.1 NEWTONS Gravitationsgesetz

Beruhend auf den genauen Beobachtungsdaten Tycho BRAHES (1546–1601) konnte Johannes KEPLER (1571–1630) die Gesetzmäßigkeiten für die Bewegung der Planeten um die Sonne formulieren. Es war die große Leistung von Isaac NEWTON (1642–1727), die Gesetze der Planetenbewegung mit seiner neu entwickelten Mechanik und des von ihm gefundenen Gravitationsgesetzes theoretisch herzuleiten und sie damit zu verstehen.

3.1.1 Die Kepler'schen Gesetze

Die drei **Kepler'schen Gesetze** erlauben eine genaue Vorhersage der Planetenbewegung:

① Die Planeten bewegen sich auf Ellipsen, in deren einem Brennpunkt die Sonne steht (**Abb. 70.1**).
② Der Vektor von der Sonne zum Planeten überstreicht in gleichen Zeiten gleich große Flächen.
③ Das Verhältnis aus den dritten Potenzen der großen Bahnhalbachsen a der Ellipsen und den Quadraten der Umlaufzeiten T ist für alle Planeten konstant:

$$\frac{a_1^{\ 3}}{T_1^2} = \frac{a_2^{\ 3}}{T_2^2} = \ldots = \text{konstant} \quad \text{oder} \quad \frac{a^3}{T^2} = C$$

Die Kepler'schen Gesetze gelten für alle Bewegungen im Gravitationsfeld eines Zentralkörpers, also auch der Monde um ihre Planeten und der Satelliten um die Erde. Der **Flächensatz** (das zweite Kepler'sche Gesetz) macht eine Aussage über die Bahngeschwindigkeit der Planeten (**Abb. 70.2**): In der Nähe der Sonne ist die Geschwindigkeit größer als in der Ferne. Sie ist im *Perihel*, dem sonnennächsten Punkt (*perihel*, griech.: zur Sonne hin), am größten, im Aphel, dem sonnenfernsten Punkt (*aphel*, griech.: von der Sonne weg), am kleinsten.

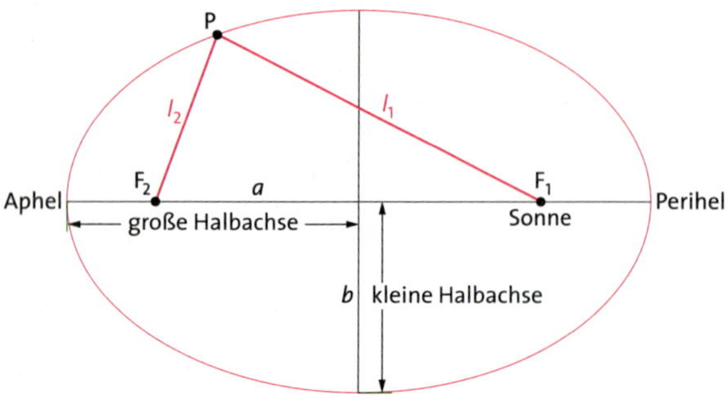

70.1 Ellipse mit großer Halbachse a und kleiner Halbachse b. Für jeden Punkt P der Ellipse gilt: Die Summe der Abstände zu den beiden Brennpunkten F_1 und F_2 ist konstant: $l_1 + l_2$ = konstant $= 2a$.

3.1.2 Das Gravitationsgesetz

NEWTONS entscheidender Schritt bei der Herleitung der Kepler'schen Gesetze lag in der Erkenntnis, dass für die Bewegung der Himmelskörper die gleichen Gesetze gelten wie auf der Erde – eine damals revolutionäre Einsicht. In seiner berühmten „Mondrechnung" von 1666, auf die er durch einen herabfallenden Apfel gebracht worden sein soll, kam er zum Gravitationsgesetz. Er überprüfte dabei eine Vermutung von Robert HOOKE (1635–1703), nach der die Gravitationsanziehung zwischen zwei Körpern umgekehrt zum Quadrat ihrer Entfernung abnimmt.

NEWTON argumentierte: Wie der Apfel, so „fällt" auch der Mond ständig zur Erde. Ohne die Gravitationskraft würde seine Bahn geradlinig verlaufen. Die als Zentripetalkraft wirkende Gravitationskraft der Erde führt zu einer Abweichung von der geradlinigen Bahn (**Abb. 71.1**). Nach NEWTON rühren die Zentripetalbeschleunigung des Mondes und die Fallbeschleunigung des Apfels von der gleichen Anziehungskraft her; beide nehmen mit dem Quadrat der Entfernung vom Schwerpunkt der Erde ab, was in der folgenden Rechnung gezeigt wird:

Der Mond umläuft die Erde in 27,32 Tagen, bis er wieder die gleiche Stellung vor den Sternen einnimmt (*siderischer Monat*). Die Zentripetalbeschleunigung des Mondes ergibt sich aus dem Radius der Mondbahn $r = 3{,}84 \cdot 10^8$ m (rund 60 Erdradien) und seiner Umlaufzeit zu $a_M = v^2/r = 2{,}72 \cdot 10^{-3}\ \text{m/s}^2$. Die Fallbeschleunigung des Apfels ist $a_A = g = 9{,}81\ \text{m/s}^2$. Damit stimmt das Verhältnis $a_A : a_M = 9{,}81\ \text{m/s}^2 : 2{,}72 \cdot 10^{-3}\ \text{m/s}^2 = 3600 = 60^2$ umgekehrt mit dem Quadrat der Strecken Erdschwerpunkt–Erdoberfläche und Erde–Mond, nämlich $R^2 : (60\,R)^2 = 1 : 60^2$, überein. NEWTON schloss aus seiner „Mondrechnung":

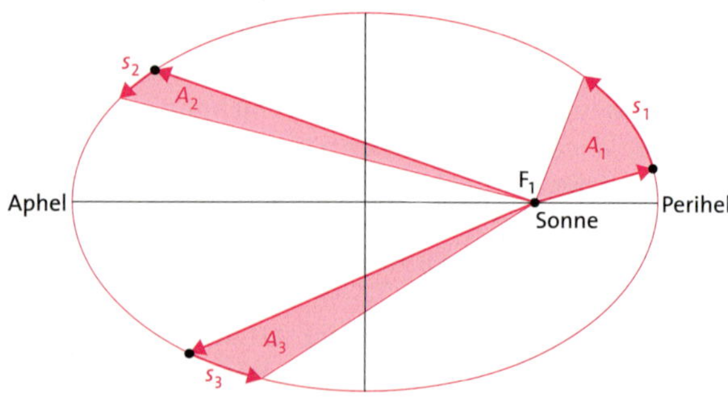

70.2 Die Flächen, die in gleichen Zeiten vom Vektor Sonne–Planet überstrichen werden, sind inhaltsgleich: $A_1 = A_2 = A_3$. Daher werden die Ellipsenbögen, für die $s_1 > s_3 > s_2$ gilt, in unterschiedlichen Geschwindigkeiten durchlaufen.

Die Kraft, die das Herabfallen eines Körpers auf der Erdoberfläche verursacht, und die Kraft, die den Mond auf seiner Bahn um die Erde hält, sind gleichen physikalischen Ursprungs – die von der Erde auf den fallenden Körper und den Mond ausgeübte Gravitationskraft.

1686, zwanzig Jahre nach seiner Mondrechnung, legte NEWTON in seinem Hauptwerk „*Philosophiae naturalis principia mathematica*“ seine Gravitationstheorie vor. Er konnte zeigen, dass sich für die Bahnkurve der Planeten eine Ellipse ergibt, wenn angenommen wird, dass die Gravitationskraft zwischen Sonne und Planet quadratisch mit dem Abstand abnimmt. Damit hatte er das erste Kepler'sche Gesetz mithilfe seiner neu geschaffenen Mechanik begründet.

Nach NEWTON existiert Gravitation nicht nur zwischen der Sonne und den Planeten. Die Gravitationskraft wirkt vielmehr als universelle Kraft zwischen allen Körpern. Sie greift am Schwerpunkt der Körper an und hängt nur von deren Gesamtmasse ab (**Abb. 71.2**).

Gravitationsgesetz: Zwei Körper der Masse m_1 und m_2 ziehen sich gegenseitig mit der Gravitationskraft F in Richtung der Verbindungslinie ihrer Schwerpunkte an. Die Gravitationskraft ist proportional zum Produkt der Massen m_1 und m_2 und umgekehrt proportional zum Quadrat des Abstands r ihrer Schwerpunkte:

$$F = \gamma \frac{m_1 m_2}{r^2}$$

Die **Gravitationskonstante** γ hat den Wert $\gamma = 6{,}67384 \cdot 10^{-11}\ \mathrm{Nm^2/kg^2}$.

Auch das **dritte Kepler'sche Gesetz** lässt sich für den Sonderfall, dass die Bahn ein Kreis ist (also ein spezieller Fall einer Ellipse mit $a = b = r$), in einfacher Weise aus dem Gravitationsgesetz herleiten; die Argumentation ist ähnlich wie bei der Mondrechung: Die Gravitationskraft stellt die Zentripetalkraft dar, die für eine Kreisbewegung erforderlich ist:

$$m\frac{v^2}{r} = \gamma \frac{mM}{r^2}$$

Werden die Bahngeschwindigkeit $v = 2\pi r/T$ sowie der Bahnradius $r = a$ eingesetzt, ergibt sich nach einer Umformung *das dritte Kepler'sche Gesetz*:

$$\frac{a^3}{T^2} = \frac{\gamma M}{4\pi^2}$$

Die Konstante $\gamma M/(4\pi^2)$ hängt nur von der Masse M des Zentralkörpers (und der Gravitationskonstante) ab. Sie ist für alle Körper, die sich um denselben Zentralkörper mit der Masse M bewegen, gleich groß.

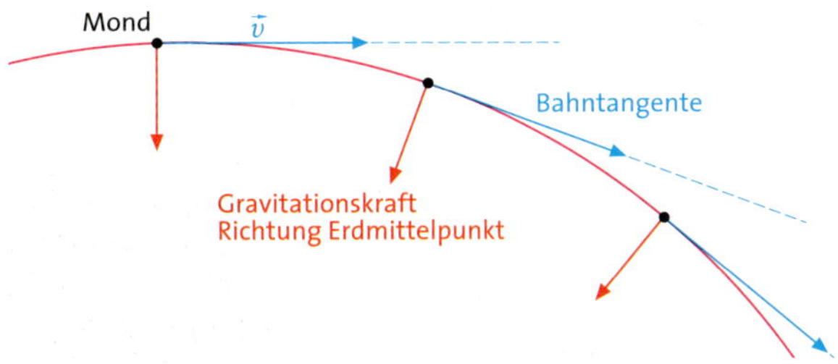

71.1 Bei der Bewegung des Mondes um die Erde verursacht die Gravitationskraft der Erde eine ständige Fallbeschleunigung in Richtung Erdmittelpunkt. Sie führt zur Abweichung von der geradlinigen Bewegung.

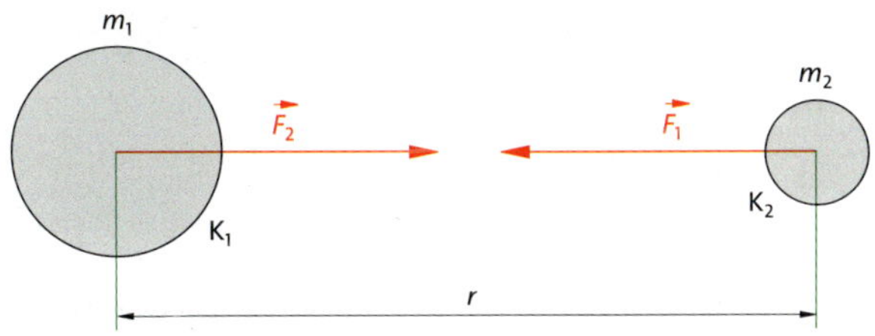

71.2 Gravitationsgesetz. Der Körper K_1 zieht den Körper K_2 mit der Kraft $\vec{F}_1$ an, die gleich groß, aber der Kraft $\vec{F}_2$ entgegengesetzt gerichtet ist, mit der K_2 seinerseits K_1 anzieht.

Aufgaben

1. Bestimmen Sie die Umlaufzeit des Uranus aus der mittleren Entfernung der Erde von der Sonne $r_1 = 149{,}6 \cdot 10^9$ m und der mittleren Entfernung des Uranus von der Sonne $r_2 = 2{,}873 \cdot 10^{12}$ m.
2. Ermitteln Sie, welche Jahreszeit in Deutschland herrscht, wenn die Bahngeschwindigkeit der Erde am größten ist. Recherchieren Sie die zur Begründung nötigen Informationen im Internet.
3. Das 2. Kepler'sche Gesetz kann auch folgendermaßen formuliert werden: Für einen um die Sonne kreisenden Himmelskörper ist das Produkt aus Abstand zur Sonne und Bahngeschwindigkeit des Himmelskörpers konstant ($rv = C$ = konstant).
   a) Berechnen Sie aus der bekannten Umlaufzeit der Erde um die Sonne und dem mittleren Abstand Erde–Sonne ($r = 149{,}6 \cdot 10^9$ m) die mittlere Bahngeschwindigkeit der Erde. Bestimmen Sie daraus die Konstante C.
   b) Recherchieren Sie die Entfernungen Erde–Sonne im Aphel und im Perihel (r_A und r_P) und berechnen Sie daraus – mithilfe der in a) bestimmten Konstante C – die Bahngeschwindigkeiten der Erde im Aphel v_A und im Perihel v_P.
4. Bestimmen Sie, wie genau die Umlaufbahn der Erde um die Sonne der Kreisform nahekommt, indem Sie den Abstand zwischen dem Mittelpunkt der Sonne und dem Mittelpunkt der „Erdbahn-Ellipse“ berechnen. Abstand Erde–Sonne im Perihel = 147 098 290 km, im Aphel = 152 098 232 km.
   a) Fertigen Sie eine Skizze an.
   b) Berechnen Sie den gesuchten Abstand und vergleichen Sie ihn mit dem äquatorialen Radius der Sonne (→ S. 128).

Exkurs

Ein schwarzes Loch im Zentrum der Milchstraße

Das Zentrum der Milchstraße liegt etwa 24 000 Lichtjahre von der Erde entfernt im Sternbild Schütze (Sagittarius, abgekürzt Sgr). Mit optischen Teleskopen ist diese Region nicht zugänglich, da sie von großen Dunkelwolken verdeckt wird. Details werden aber durch Radio-, Infrarot- und Röntgenstrahlung sichtbar.

Abb. a) zeigt eine Aufnahme des galaktischen Zentrums mit der Radio- und Röntgenquelle Sgr A* (im Inneren des hellsten Flecks). Die Messung wurde mit einer interferometrischen Anordnung von Radioteleskopen, dem Very Large Array (VLA) in New Mexico, gemacht. Durch immer feinere Messungen konnte eine Auflösung erreicht werden, die etwa der 0,3-fachen Entfernung Erde–Sonne entspricht. Die daraus folgende obere Grenze für die Ausdehnung von Sgr A* und die Tatsache, dass sich Sgr A* nicht bewegt, machten die Radioquelle zu einem Kandidaten für ein supermassives schwarzes Loch.

Die Masse des schwarzen Lochs, die in dem kleinen Bereich um Sgr A* konzentriert ist, konnte mithilfe des dritten Kepler'schen Gesetzes bestimmt werden. Wissenschaftler vom Max-Planck-Institut für extraterrestrische Physik in Garching bei München verfolgten die Bewegung des Sterns S2, der sich in einem Abstand von nur wenigen Lichttagen um das galaktische Zentrum bewegt, über mehr als 10 Jahre. S2 ist vermutlich ein Stern mit etwa der 15-fachen Masse und dem 7-fachen Durchmesser der Sonne. Seine geringste Entfernung zum schwarzen Loch beträgt nur 17 Lichtstunden.

Der Stern umläuft das schwarze Loch einmal in 15,2 Jahren. Nach den in **Abb. c)** gezeigten Daten stimmt seine Bahn gut mit einer Kepler-Ellipse überein, wobei die große Halbachse $a = 5{,}5$ Lichttage beträgt. Sgr A* befindet sich in einem der Brennpunkte der Ellipse, erscheint aufgrund der relativ komplexen geometrischen Verhältnisse jedoch in der Abbildung etwas aus der Achse verschoben.

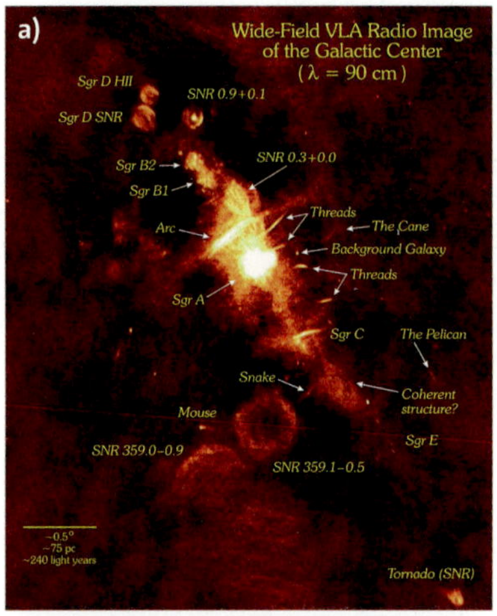

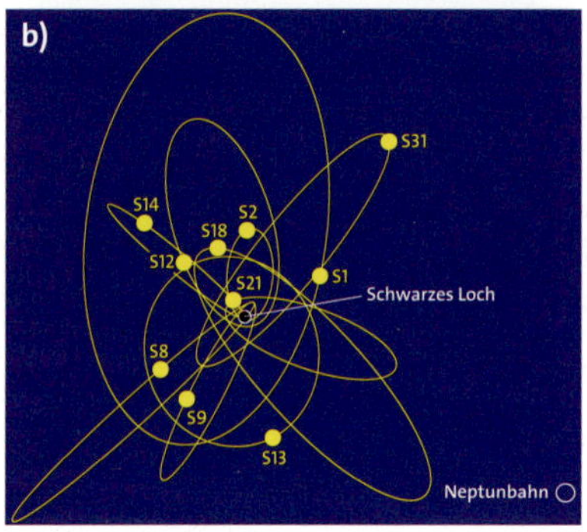

c)

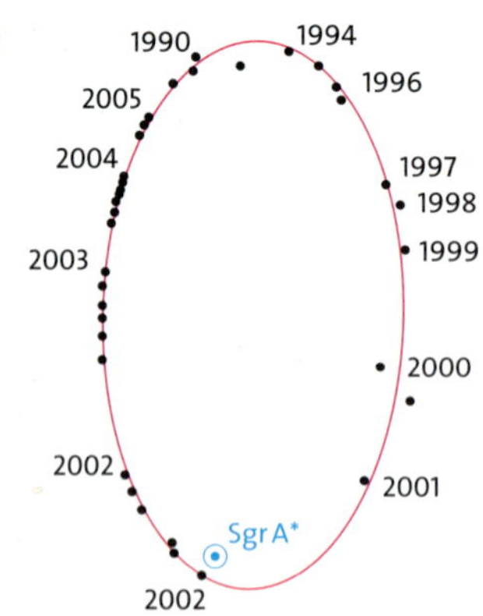

Wird das dritte Kepler'sche Gesetz

$$\frac{a^3}{T^2} = \frac{\gamma m_{\text{Sgr A*}}}{4\pi^2}$$

nach $m_{\text{Sgr A*}}$ aufgelöst, lässt sich die Masse von Sgr A* aus der Umlaufzeit T und der großen Halbachse a berechnen:

$$m_{\text{Sgr A*}} = \frac{4\pi^2}{\gamma}\,\frac{a^3}{T^2}$$

Mit $a = 5{,}5$ Lichttage ($1{,}4 \cdot 10^{14}$ m) und $T = 15{,}2$ Jahre ($4{,}8 \cdot 10^8$ s) folgt:

$$m_{\text{Sgr A*}} = \frac{4\pi^2}{6{,}67 \cdot 10^{-11}\,\frac{\text{m}^3}{\text{kgs}^2}}\,\frac{(1{,}4 \cdot 10^{14}\,\text{m})^3}{(4{,}8 \cdot 10^8\,\text{s})^2}$$
$$= 7{,}4 \cdot 10^{36}\,\text{kg}$$
$$= 3{,}7 \cdot 10^6 \text{ Sonnenmassen}$$

Bei einer solch großen Masse, die in einem Volumen konzentriert ist, das nur drei Mal so groß ist wie unser Sonnensystem, handelt es sich aller Wahrscheinlichkeit nach um ein schwarzes Loch. Derzeit werden etwa 30 Sterne beobachtet, die das schwarze Loch umkreisen. Einige Bahnkurven sind in **Abb. b)** gezeigt. Zum Vergleich ist die Größe der Bahn des Planeten Neptun eingezeichnet.

Schwarze Löcher zählen zu den merkwürdigsten Objekten im Universum. Nach EINSTEINS Allgemeiner Relativitätstheorie entsteht ein schwarzes Loch, wenn eine bestimmte Materiemenge auf ein sehr kleines Volumen konzentriert wird. Mit menschlichen Mitteln ist ein schwarzes Loch nicht herstellbar: Die Gesamtmasse der Erde müsste auf einen Radius von weniger als 1 cm konzentriert werden. Von außen betrachtet macht sich ein schwarzes Loch nur durch seine Gravitationswirkung bemerkbar. Doch für ein Objekt, dessen Radius erst einmal den Grenzwert des Schwarzschild-Radius unterschritten hat, gibt es keine Möglichkeit, jemals wieder nach außen zu kommen. Selbst das Licht kann nicht aus dem Inneren eines schwarzen Lochs entweichen. Deshalb lassen sich schwarze Löcher auch nicht direkt beobachten.

Die Astrophysiker vermuten, dass sich im Zentrum der meisten Galaxien massereiche schwarze Löcher befinden. Die elektromagnetische Strahlung, die Sgr A* aussendet, stammt nicht vom schwarzen Loch selbst, sondern aus der Materie in seiner unmittelbaren Umgebung. Wenn Gas und Staub in Richtung auf das schwarze Loch beschleunigt werden, heizen sie sich auf sehr hohe Temperaturen auf und emittieren dabei elektromagnetische Strahlung.

3.2 Bewegungen im Gravitationsfeld

Die Anziehung der Planeten durch die Sonne oder des Mondes durch die Erde lässt sich durch das Newton'sche Gravitationsgesetz quantitativ beschreiben. Unbefriedigend bleibt jedoch die damit verbundene Vorstellung einer Fernwirkung. NEWTON hatte ursprünglich angenommen, dass die Gravitationskräfte den Raum zwischen den Körpern gleichsam „überspringen". Er hatte aber schon die logische Schwierigkeit erkannt, dass sie sich dann unendlich schnell ausbreiten müssten. Die Einführung des **Gravitationsfeldes**, das von der Sonne (und allen anderen Körpern, die eine Gravitationswirkung ausüben) erzeugt wird, und in dem sich die anderen Körper bewegen, behebt diese Schwierigkeit.

3.2.1 Die Gravitationsfeldstärke

Die Gravitationskraft eines Körpers der Masse M auf einen anderen Körper der Masse m ist nach dem Gravitationsgesetz durch $F_G = \gamma m M/r^2$ gegeben. An einer bestimmten Stelle im Raum ist der Quotient $F_G/m = \gamma M/r^2$ für alle Körper konstant – unabhängig von ihrer Masse m. Der Quotient $F_G/m = G$ charakterisiert die Anziehungskraft im Raum um den Körper der Masse M; er wird als Gravitationsfeldstärke bezeichnet.

> Die **Gravitationsfeldstärke** G an einer bestimmten Stelle des Raumes ist der Quotient aus der Gravitationskraft F_G, die ein Körper der Masse m an dieser Stelle erfährt, und dieser Masse m: $G = F_G/m$.

Die Gravitationsfeldstärke an der Erdoberfläche ist ungefähr gleich der Fall- oder Erdbeschleunigung g (→ S. 18), die im Mittel 9,81 m/s² beträgt. Denn wegen der täglichen Rotation der Erde wirkt auf jeden Körper eine senkrecht zur Rotationsachse gerichtete und vom Ort auf der Erdoberfläche abhängige Zentrifugalkraft. Die radiale Komponente dieser Zentrifugalkraft wirkt der Gravitationskraft entgegen. Am Äquator beträgt der Unterschied zwischen Gravitationsfeldstärke und Erdbeschleunigung 0,034 m/s² oder 0,3 %; an den Polen sind beide gleich groß.

> An der Erdoberfläche ist die Gravitationsfeldstärke der Erde ungefähr gleich der Fall- oder Erdbeschleunigung: $G \approx g$.

Die Gravitationsfeldstärke $\vec{G} = \vec{F}_G/m$ ist ein Vektor in Richtung der an einer bestimmten Stelle wirkenden Gravitationskraft $\vec{F}_G$. Auf diese Weise wird jedem Punkt des Feldes ein Vektor der Gravitationsfeldstärke $\vec{G}$ zugeordnet: Das Gravitationsfeld ist ein Vektorfeld.

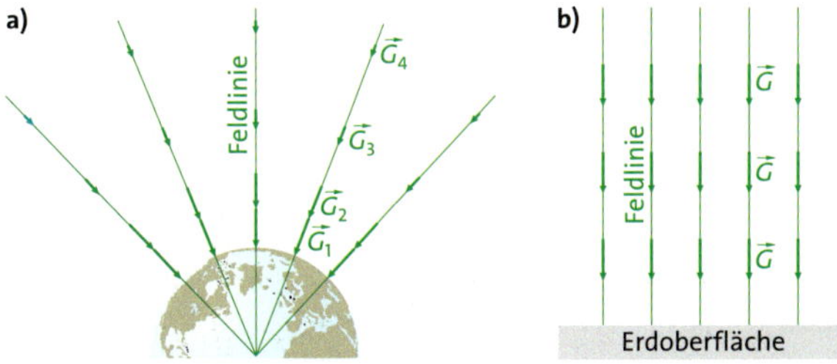

73.1 Feldstärkevektoren (dicke grüne Pfeile) und Feldlinien (dünne grüne Linien) kennzeichnen die Kräfte nach Richtung und Stärke. **a)** Radialfeld; **b)** homogenes Feld

Das **Feldlinienbild** ist eine anschauliche Darstellung des Feldes. Die Feldlinien sind so in das Feld einzuzeichnen, dass in jedem Punkt des Feldes die Tangente an die Feldlinie in Richtung des dortigen Feldstärkevektors zeigt. Der *Betrag der Feldstärke* in der Umgebung eines Punktes wird durch die Anzahldichte der Feldlinien veranschaulicht. Je größer die Feldstärke an der betrachteten Stelle eines Feldes ist, desto dichter (enger aneinander) sind die Feldlinien gezeichnet.

> **Feldlinienbilder** stellen eine Veranschaulichung des Feldes dar. Feldlinien sind gedankliche, keine realen physikalischen Gebilde.

Im *Radialfeld* der Erde oder jedes anderen kugelförmigen Körpers sind die Feldstärkevektoren überall auf den Massenmittelpunkt des Körpers gerichtet, die Feldlinien laufen *radial* auf ihn zu (**Abb. 73.1a**). In einem genügend kleinen Bereich eines Gravitationsfeldes hat die Feldstärke näherungsweise jeweils gleichen Betrag und gleiche Richtung. Es liegt ein *homogenes Feld* vor (**Abb. 73.1b**).

Aufgaben

1. Erläutern Sie den Unterschied zwischen Gravitationskraft und Gravitationsfeldstärke.
2. Am Äquator ist die Erdbeschleunigung geringer als am Nordpol. Mit zunehmendem Abstand vom Erdmittelpunkt nimmt die Erdbeschleunigung ebenfalls ab. Wo vermuten Sie den Ort auf der Erde, an dem die Erdbeschleunigung am niedrigsten ist? Begründen Sie Ihre Vermutung und recherchieren Sie anschließend, wo dieser Ort liegt und wie groß dort die Erdbeschleunigung ist.
3. Haben die physikalischen Größen „Gravitationsfeld" und „Magnetfeld" eine Entsprechung in der Realität oder handelt es sich lediglich um theoretische Konstrukte? Entwickeln Sie eine eigene Position zu dieser Frage und diskutieren Sie sie mit Argumenten und Gegenargumenten.

3.2.2 Die Gezeiten

Küstenbewohner und Seeleute sind vertraut mit den **Gezeiten**, dem Wechsel von Ebbe und Flut, der sich zweimal täglich vollzieht. Ursache der Gezeiten sind die Gravitationskräfte des Mondes und der Sonne. Weil die Erde ein ausgedehnter Körper ist, macht es sich in den Gezeiten bemerkbar, dass die Gravitationsfeldstärken des Mondes bzw. der Sonne an verschiedenen Punkten der Erde unterschiedlich sind. Die Auswirkungen dieser Inhomogenität der Gravitationsfelder lassen sich am Beispiel der Sonne in einem einfachen Modell diskutieren (**Abb. 74.1**).

Die Erde mit ihrem Wassermantel wird als ein System von drei Körpern modelliert: einer Masse auf der sonnenzugewandten Seite, der Masse des festen Erdkörpers, und einer Masse auf der sonnenabgewandten Seite. Die Gravitationskraft der Sonne auf den festen Erdkörper hält die Erde auf ihrer Bahn. Weil die Gravitationsfeldstärke der Sonne mit der Entfernung abnimmt, ist die Kraft auf einen Körper auf der sonnenzugewandten Seite größer, auf der sonnenabgewandten Seite dagegen kleiner als auf einen mit der festen Erde verbundenen Körper. Daher ist die Bahn des sonnennäheren Körpers stärker gekrümmt, die des sonnenferneren Körpers schwächer gekrümmt als diejenige des mittleren Körpers. Im inhomogenen Gravitationsfeld streben die drei Körper auseinander. Würden sie wie in **Abb. 74.1** durch Federn verbunden, so würden die Federn gespannt. Die Kräfte, die sie spannen, heißen **Gezeitenkräfte**. Sie entstehen also durch den Unterschied zwischen den Feldstärken auf den zu- bzw. abgewandten Seiten und der Feldstärke auf den gesamten festen Erdkörper.

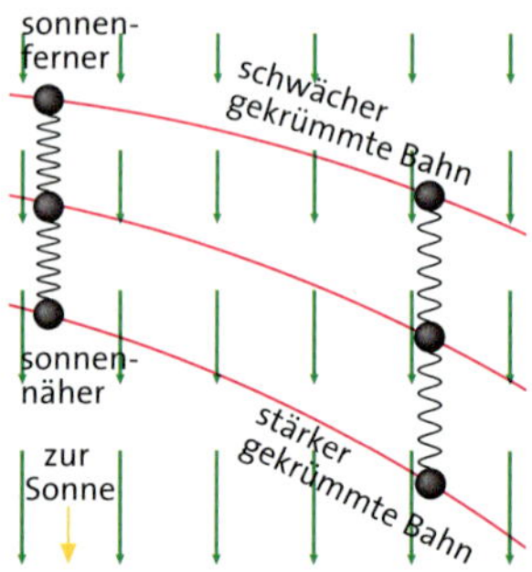

74.1 Im inhomogenen Gravitationsfeld verlaufen die Bahnen frei fallender Körper nicht parallel. Die Körper driften auseinander. Würden sie mit Federn verbunden, so würden die Federn gespannt.

Auf der Erde verursacht nicht nur die Sonne, sondern auch der Mond Gezeitenkräfte. Bei den Gezeitenkräften kommt es darauf an, wie sehr sich die Feldstärken in der Erdmitte und die auf der zu- bzw. abgewandten Seite unterscheiden. Daher sind die vom Mond verursachten Gezeitenkräfte wegen seines geringeren Abstandes von der Erde etwa doppelt so groß wie die von der Sonne hervorgerufenen. Die physikalische Argumentation bleibt jedoch unverändert.

Ein quantitativer Ausdruck für die von den Gezeitenkräften auf einer Geraden zwischen Mond bzw. Sonne und Erde verursachten Beschleunigungen Δa_{Gez} ergibt sich nach **Abb. 74.2** aus der Differenz der Feldstärken im Erdmittelpunkt und an der Erdoberfläche im Abstand $\pm R$ vom Mittelpunkt:

$$\Delta a_{\text{Gez}} = \gamma M \left(\frac{1}{(r \pm R)^2} - \frac{1}{r^2} \right) = \gamma M \frac{\mp 2rR - R^2}{r^2 (r \pm R)^2}$$

Hierbei ist M die Masse des Mondes bzw. der Sonne und r ihr jeweiliger Abstand zur Erde. In guter Näherung lässt sich im Zähler R^2 gegenüber $2rR$ und im Nenner R gegenüber r vernachlässigen. Damit ergibt sich für die Gezeitenkräfte, die z. B. auf ein Wasservolumen der Masse m wirken, nach der Beziehung *Kraft = Masse × Beschleunigung*

$$F_{\text{Gez}} = \mp 2 \gamma M m \frac{R}{r^3}.$$

Das Einsetzen der Zahlenwerte zeigt, dass die Gezeitenkräfte etwa 10^7-mal kleiner sind als die Schwerkraft der Erde.

Während die Gezeitenkräfte im festen Erdkörper durch Kräfte kompensiert werden, die innerhalb des Gesteins wirken, kann sich das Wasser der Ozeane unter der Wirkung der Gezeitenkräfte verschieben. Sowohl auf der mondzugewandten als auch auf der mondabgewandten Seite bilden sich „Flutberge" (**Abb. 74.3**). Weil die Erde einmal in 24 Stunden unter den Flutbergen hinweg rotiert, kommt es zum 12-stündigen Wechsel von Ebbe und Flut.

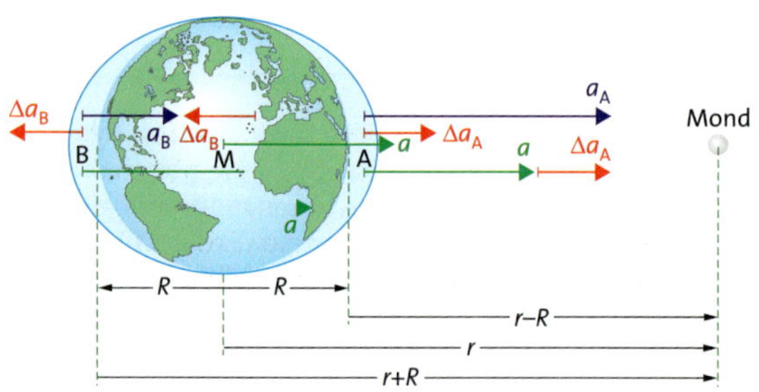

74.2 Die von der Gravitationskraft des Mondes verursachte Beschleunigung a (grün) des festen Erdkörpers ist überall gleich groß. Für Wasser auf der dem Mond zugewandten Seite ist die Beschleunigung a_A größer, auf der vom Mond abgewandten Seite kleiner (a_B) als die für den festen Erdkörper. Ihre Differenz ergibt die (fast) gleichgroßen Beschleunigungen (Δa_A, Δa_B, rot) auf den Seiten der Erde.

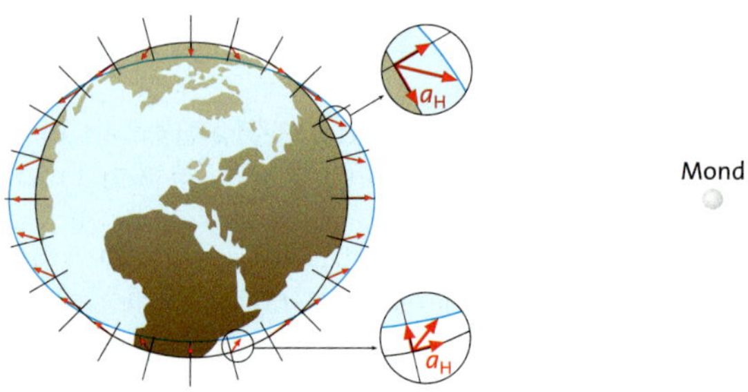

74.3 Da sich das Wasser der Weltmeere unter der Wirkung der Gezeitenkräfte verschieben kann, bilden sich zwei Flutberge, unter denen sich die Erde in 24 Stunden hinwegdreht. Die Abbildung zeigt die Richtung der Gezeitenkräfte für verschiedene Punkte auf der Erdoberfläche. Für die Verschiebung der Wassermassen ist nur ihre Horizontalkomponente maßgeblich.

3.2.3 Energie im Gravitationsfeld

Wenn ein Satellit aus einer kreisförmigen Umlaufbahn um die Erde auf eine höher gelegene Bahn gebracht werden soll, müssen seine Triebwerke gezündet werden. Dadurch erfährt er den erforderlichen Geschwindigkeitsschub, der ihn auf die höhere Bahn hebt. Es ist möglich, solche Vorgänge durch Kräfte und die dadurch verursachten Beschleunigungen zu beschreiben. Oft ist es aber einfacher, mit dem Energiesatz zu argumentieren. Durch den Wechsel in eine höhere Umlaufbahn *ändert* sich die Lage des Satelliten im Gravitationsfeld und damit auch die **Lageenergie** bzw. die **Gravitationsenergie** im System Erde–Satellit (→ 2.1.1).

Um eine Formel für die Gravitationsenergie zu erhalten, wird die Energie ermittelt, die zugeführt werden muss, um einen Körper von einem niedrigeren Punkt P_1 gegen die anziehende Kraft zu einen höher gelegenen Punkt P_2 zu bringen (**Abb. 75.1**). Für den Spezialfall des homogenen Gravitationsfeldes nahe der Erdoberfläche ist das Ergebnis bekannt: Bei konstanter Gravitationskraft $F_G = mg$ wird die Änderung der potentiellen Energie mithilfe der Höhendifferenz $(h_2 - h_1)$ zwischen Ausgangspunkt und Endpunkt der Bewegung berechnet (→ 2.1.1):

$$\Delta E_{pot} = mg(h_2 - h_1) = mg\Delta h$$

Im *inhomogenen Gravitationsfeld* der Erde oder allgemein eines (kugelförmigen) Zentralkörpers ändert sich die *Gravitationsfeldstärke* und damit die Kraft F längs des gewählten Weges ständig (**Abb. 75.1**). Die aufzubringende Energie wird mit Hilfe einer komplizierteren Überlegung berechnet (s. rechts). Das Ergebnis lautet:

> Die **Änderung der potentiellen Energie** eines Körpers der Masse m, der im Gravitationsfeld der Erde oder eines Zentralkörpers mit der Masse M vom Punkt $P_1(r_1)$ zum Punkt $P_2(r_2)$ bewegt wird, beträgt
>
> $$\Delta E_{pot} = \gamma m M\left(\frac{1}{r_1} - \frac{1}{r_2}\right).$$

Liegt der Punkt $P_1(r_1)$ auf der Erdoberfläche, so ist r_1 gleich dem Radius R der Erde. Energieänderungen gegenüber diesem Bezugspunkt sind positiv. Liegt der Punkt $P_1(r_1)$ im Unendlichen, dann wird mit $r_1 \to \infty$ der Bruch $1/r_1 = 0$. Die Änderung der potentiellen Energie gegenüber dem Bezugspunkt im Unendlichen wird negativ; sie wird als *potentielle Energie* bezeichnet.

> Die **potentielle Energie** eines Körpers der Masse m im radialen Feld eines Zentralkörpers der Masse M ist im Punkt P (r) gegenüber dem Unendlichen
>
> $$E_{pot}(r) = -\gamma \frac{mM}{r}.$$

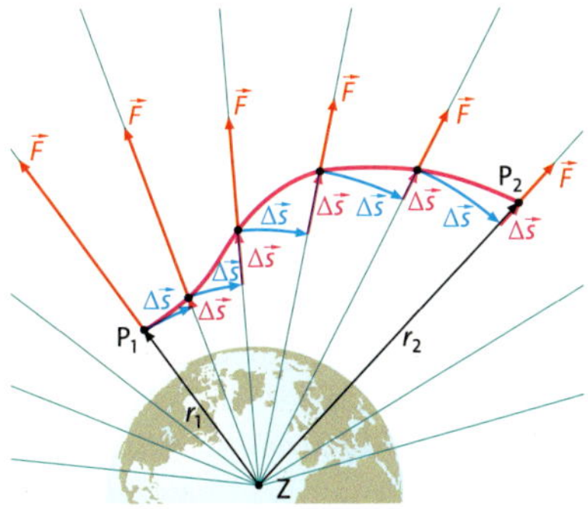

75.1 Der Weg s von $P_1(r_1)$ nach $P_2(r_2)$ wird durch Teilwege Δs parallel (rot) und senkrecht (blau) zu den Feldlinien ersetzt.

Berechnung der potentiellen Energie

Für die Berechnung der Änderung der potentiellen Energie ist es gleichgültig, auf welchem Weg der Körper von $P_1(r_1)$ zu $P_2(r_2)$ gelangt. Wird der Weg in Teilstrecken parallel und senkrecht zu den Feldlinien zerlegt (**Abb. 75.1**), ist senkrecht zu den Feldlinien keine Energie aufzubringen, weil Kraft $\vec{F}$ und Weg $\Delta\vec{s}$ rechtwinklig aufeinander stehen (→ S. 48).

Die Energie ΔE, die aufgebracht werden muss, um den Körper entlang einer kleinen radialen Teilstrecke $\Delta\vec{s}$, auf der sich die Gravitationskraft F kaum ändert, von r_A nach r_B zu transportieren, ist

$$\Delta E_{(A \to B)} \approx \gamma \frac{mM}{r^2}(r_B - r_A).$$

Da der Faktor r^2 im Nenner zwischen $r_B^{\,2}$ und $r_A^{\,2}$ variiert, kann er näherungsweise durch $(r_A r_B)$ ersetzt werden:

$$\Delta E_{(A \to B)} \approx \gamma \frac{mM}{r_A r_B}(r_B - r_A) = \gamma m M\left(\frac{1}{r_A} - \frac{1}{r_B}\right)$$

Alle anderen radialen Intervalle auf dem Weg von P_1 nach P_2 liefern gleichartige Beiträge. Die Näherung wird umso genauer, in je kleinere Teilstrecken der Weg zerlegt wird. Beim Aufsummieren der Beiträge aller radialen Teilstrecken, die zwischen P_1 und P_2 liegen, heben sich fast alle Terme auf und nur die „Randterme" bleiben übrig:

$$\Delta E_{(P_1 \to P_2)} = \gamma m M\left(\frac{1}{r_1} - \frac{1}{r_2}\right)$$

Dieses Ergebnis entspricht der im Merksatz angegebenen Formel für die Änderung der potentiellen Energie ΔE_{pot}.

Aufgaben

1. Begründen Sie, warum es nicht sinnvoll ist, den Bezugspunkt für die potentielle Energie in die Mitte des Zentralkörpers zu legen.
2. Ein Satellit ($m = 1{,}5$ t) wird von der Erdoberfläche aus auf die Höhe 25 000 km gebracht. Ermitteln Sie die erforderliche Energie
   a) mit der Näherung, dass die Gravitationsfeldstärke konstant ist (wie auf der Erdoberfläche);
   b) im radialen Gravitationsfeld der Erde.
3. Berechnen Sie die potentielle Energie der Sonnensonde Helios ($m = 370{,}5$ kg) bezüglich der Sonnenoberfläche für den sonnenfernsten Punkt der Bahn (Entfernung zum Sonnenmittelpunkt 147,5 Mio km) und den sonnennächsten Punkt (Entfernung 46,5 Mio km).

3.2.4 Satelliten und Raumfahrt

Geostationäre Satelliten

Die Kepler'schen Gesetze gelten nicht nur für natürliche Himmelskörper (Planeten, Monde und Asteroiden). Auch die Satelliten, die von Raketen in eine Umlaufbahn um die Erde gebracht werden, gehorchen ihnen. Ihre Umlaufzeiten können mit dem dritten Kepler'schen Gesetz berechnet werden, wobei für M die Masse der Erde eingesetzt werden muss. Einen Sonderfall bilden die geostationären Satelliten, die auf Kreisbahnen über dem Äquator in 24 Stunden einmal die Erde umrunden. Vom Erdboden aus gesehen scheinen sie daher immer an der gleichen Stelle zu stehen. Das ist z. B. bei fest ausgerichteten „Satellitenschüsseln“ für den Fernsehempfang von entscheidender Bedeutung.

Beispiel Bahnradius geostationärer Satelliten

Geostationäre Satelliten umkreisen die Erde in einer ganz bestimmten Höhe. Der Abstand zum Erdmittelpunkt ergibt sich aus dem dritten Kepler'schen Gesetz:

$$\frac{r^3}{T^2} = \gamma \frac{M_{\text{Erde}}}{4\pi^2}$$

Auflösen nach dem Bahnradius r führt auf:

$$r = \sqrt[3]{\gamma \frac{M_{\text{Erde}}\, T^2}{4\pi^2}}$$

Das Einsetzen der Zahlenwerte ergibt 42 200 km. Der Erdradius beträgt 6370 km, sodass sich ein geostationärer Satellit in einer Höhe von 35 830 km über der Erdoberfläche befinden muss.

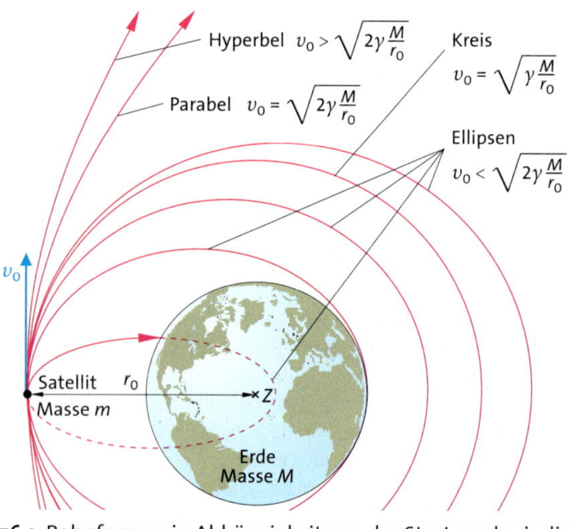

76.1 Bahnformen in Abhängigkeit von der Startgeschwindigkeit. Eingezeichnet sind die Bahnen, die sich ergeben, wenn der Satellit im Abstand r_0 senkrecht zur Verbindungslinie Erde–Satellit auf die Geschwindigkeit v_0 gebracht wird.

Formen von Satellitenbahnen

Nach dem Energiesatz ist die Summe aus kinetischer und potentieller Energie für jeden Punkt einer elliptischen Satellitenbahn gleich der konstanten Gesamtenergie E_G:

$$E_G = E_{\text{kin}} + E_{\text{pot}} = \frac{1}{2} m v^2 - \gamma \frac{mM}{r} = \text{konstant}$$

Speziell für die *Kreisbahn* lässt sich die Gesamtenergie wie folgt berechnen: Die Gravitationskraft wirkt als Zentripetalkraft: $m v^2/r = \gamma m M/r^2$. Aus dieser Gleichung ergibt sich einmal die Bahngeschwindigkeit auf dem Kreis $v = \sqrt{\gamma M/r}$, zum anderen, wenn die Gleichung mit $r/2$ multipliziert wird, die kinetische Energie im Abstand r vom Erdmittelpunkt:

$$E_{\text{kin}} = \frac{1}{2} m v^2 = \frac{1}{2} \gamma \frac{mM}{r} = -\frac{1}{2} E_{\text{pot}}$$

Sie ist betragsmäßig gleich der halben potentiellen Energie. Die Gesamtenergie auf der Kreisbahn ist damit

$$E_G = E_{\text{kin}} + E_{\text{pot}} = -\frac{1}{2} E_{\text{pot}} + E_{\text{pot}} = \frac{1}{2} E_{\text{pot}}\,.$$

Dieses Ergebnis gilt auch für die *Ellipsenbahnen*.

> Die Gesamtenergie eines Satelliten, der auf einer Ellipsenbahn mit der großen Halbachse a um die Erde (Masse M) läuft, ist
>
> $$E_G = -\frac{1}{2} \gamma \frac{mM}{a}.$$

Nur Satelliten, die an den Zentralkörper gebunden sind, laufen auf Ellipsenbahnen. Startet ein Satellit mit höherer Energie, kann er der Anziehung des Zentralkörpers entkommen. Es ergeben sich dann **Parabel- oder Hyperbelbahnen**. Ob ein Satellit im Einflussbereich eines Zentralkörpers verbleibt, hängt davon ab, ob die Gesamtenergie größer oder kleiner als null ist. Wenn $E_G > 0$, dann ist die kinetische Energie des Satelliten so groß, dass sie auch für $r \to \infty$ (wo $E_{\text{pot}} = 0$ ist) noch größer als null ist. Der Satellit kann mit der entsprechenden Geschwindigkeit ins Unendliche entkommen. Entscheidend dafür ist die Grenzgeschwindigkeit $v_0^2 = 2\gamma M/r_0$, die sich aus der Energiegleichung durch Nullsetzen der Gesamtenergie ergibt:

$$E_G = E_{\text{kin}} + E_{\text{pot}} = \frac{1}{2} m v_0^2 - \gamma \frac{mM}{r} = 0$$

Daraus lässt sich herleiten: Wird ein Satellit im Abstand r_0 zur Erde mit der Geschwindigkeit v_0 gestartet, so beschreibt er je nach Geschwindigkeit v_0 bzw. Gesamtenergie E_G folgende Bahnform (**Abb. 76.1**):

- für $v_0^2 > 2\gamma \frac{M}{r_0}$ eine Hyperbel ($E_G > 0$),
- für $v_0^2 = 2\gamma \frac{M}{r_0}$ eine Parabel ($E_G = 0$),
- für $v_0^2 < 2\gamma \frac{M}{r_0}$ eine Ellipse ($E_G < 0$),
- für $v_0^2 = \gamma \frac{M}{r_0}$ einen Kreis ($E_G < 0$).

„Swing-by" – das Gravitationsmanöver

Fliegt eine Raumsonde nahe an einem Planeten vorbei, so kann sie mit dem sogenannten *Swing-by-Manöver* abgelenkt und beschleunigt werden, ohne dass dafür Treibstoff verbraucht wird. Der Planet gibt einen geringen Teil seiner kinetischen Energie an die Raumsonde ab, bewegt sich selbst aber wegen seiner ungleich größeren Masse ungestört weiter. In einem einfachen Modell kann das Swing-by-Manöver als schräger elastischer Stoß des Satelliten auf eine unendlich schwere bewegliche „Wand" (den Planeten) beschrieben werden, deren Geschwindigkeit $\vec{v}_P$ beträgt (**Abb. 77.1 a**). Während die Geschwindigkeitskomponente der Raumsonde parallel zur Wand unverändert bleibt, ergibt sich aus dem Impulserhaltungssatz (→ 2.2.2) für die Komponente der Geschwindigkeit senkrecht zur Wand:

$$v'_x = 2\,v_P - v_x$$

In diesem Modell hat die Geschwindigkeitszunahme der Raumsonde die gleiche Ursache wie diejenige eines Tennisballs nach der Reflexion an einem Tennisschläger, der sich auf den Ball zu bewegt. Im Unterschied zum Tennisschläger erfolgt aber die Ablenkung beim Swing-by-Manöver nicht durch eine abstoßende, sondern durch eine anziehende Kraft: die Gravitation des Planeten. Die Raumsonde muss daher *hinter* dem Planeten vorbeifliegen, um „reflektiert" zu werden und dadurch Energie zu gewinnen (**Abb. 77.1 b**).

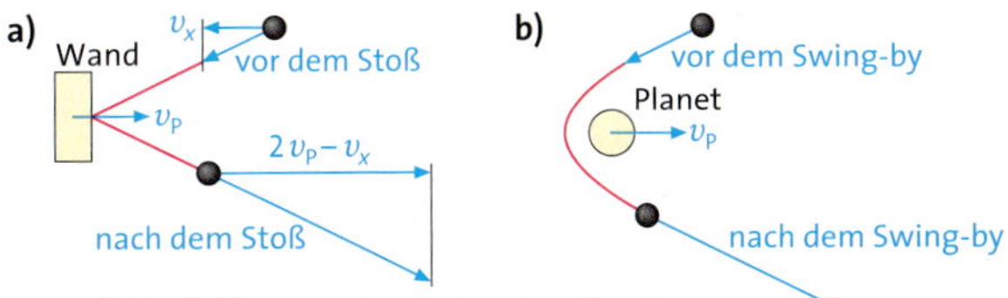

77.1 a) Modellierung des Swing-by-Manövers als elastischer Stoß; **b)** Realisierung des „Stoßes" durch Gravitationsanziehung

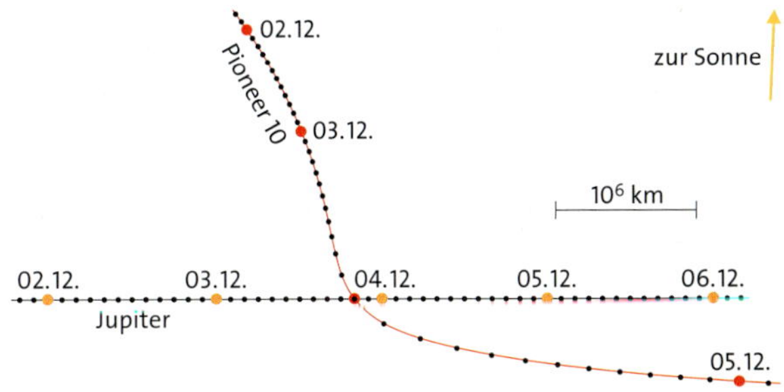

77.2 Bahndaten des Swing-by-Manövers der Raumsonde Pioneer 10 an Jupiter 1973. Die Punkte geben die Positionen von Planet und Raumsonde im Abstand von 2 Stunden an.

Beispiel Swing-by an Jupiter

Ein Paradebeispiel für eine interplanetare Mission, die ohne Swing-by-Manöver nicht hätte stattfinden können, war der **Flug der Galileo-Sonde zum Jupiter**. Die Galileo-Sonde, gestartet 1989, umkreiste seit 1995 den Planeten Jupiter zur Erforschung seiner Monde Europa und Io. Erst im September 2003 verglühte Galileo in der Jupiter-Atmosphäre. In den sechs Jahren auf dem Weg zum Jupiter hat Galileo durch Swing-by-Manöver an der Venus und an der Erde Energie im Vorbeiflug aus deren Gravitationsfeld aufgenommen (**Tab. 77.3**).

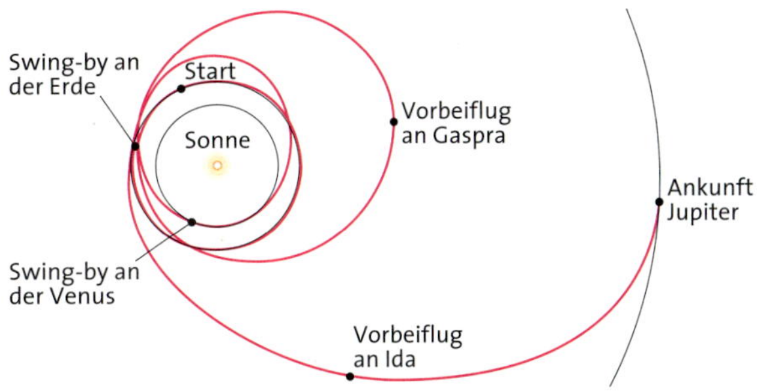

Manöver	v_{vor}	v_{nach}
Abflug von Erde 18.10.89	30,0 km/s	26,7 km/s
Swing-by an Venus 10.02.90	37,4 km/s	39,7 km/s
1. Swing-by an Erde 08.12.90	30,1 km/s	35,3 km/s
2. Swing-by an Erde 08.12.92	35,3 km/s	38,9 km/s
Ankunft Jupiter 07.12.95	7,2 km/s	12,8 km/s

77.3 Galileo-Mission zum Jupiter

Aufgaben

1. Recherchieren Sie im Internet über die letzten bemannten und unbemannten Raumfahrt- und Forschungsmissionen der NASA und der ESA. Stellen Sie in einer Präsentation die wissenschaftlichen Ergebnisse dar. Ermitteln Sie auch die Kosten der Missionen und setzen Sie sie zu den Zielen und Ergebnissen in Beziehung. Bewerten Sie die Ergebnisse Ihrer Recherchen vor dem Hintergrund der Zielsetzungen.
2. Inszenieren Sie ein Streitgespräch, in dem Sie Argumente für und gegen bemannte Missionen zum Mars im Gegensatz zur Erforschung mit unbemannten Raumsonden austauschen.
3. Bei dem in **Abb. 77.2** dargestellten Swing-by-Manöver der Raumsonde Pioneer 10 an Jupiter im Dezember 1973 betrug die Geschwindigkeit von Jupiter 13,4 km/s. Die Geschwindigkeitskomponenten von Pioneer 10 bei der Annäherung an Jupiter waren $v_x = 6{,}8$ km/s und $v_y = -7{,}3$ km/s. Berechnen Sie im Modell des schrägen elastischen Stoßes die Geschwindigkeitskomponenten von Pioneer nach dem Stoß. Vergleichen Sie die Beträge von Anfangs- und Endgeschwindigkeit. Der gemessene Wert für die Endgeschwindigkeit betrug 22,7 km/s.

3.3 Weltbilder

Die Frage nach dem Aufbau der Welt hat die Menschen von jeher beschäftigt. Die Entwicklung der physikalischen Theorien und die zunehmende Verfeinerung der Beobachtungsmethoden führten zu einer immer detaillierteren Beschreibung des Universums – sie warfen aber auch immer neue Fragen auf.

3.3.1 Von der Antike zu KEPLER und NEWTON

Die griechische Mythologie übernahm das Weltbild der Ägypter und Babylonier. Die Erde wurde als flache Scheibe beschrieben, im Mittelpunkt der Olymp, ringsherum umgeben vom Okeanos, darüber das Himmelsgewölbe. Doch schon die Pythagoräer (um 500 v. Chr.) waren von der Kugelgestalt der Erde überzeugt. ARISTOTELES (384–322 v. Chr.) nennt als Beweis: Ein Beobachter an Land sieht von einem ankommenden Schiff zuerst die Masten über der Kimm; bei Mondfinsternis zeichnet sich der Erdschatten auf dem Mond kreisförmig ab. In dieser Zeit begann auch die wissenschaftliche Beschäftigung mit astronomischen Fragestellungen. Wie groß ist die Erde? Wie weit ist die Sonne entfernt? Das sind Fragen, die sich nicht durch direkte Messung beantworten lassen, die aber mit intelligenten Überlegungen und Beobachtungen auch von der Erde aus zu beantworten sind.

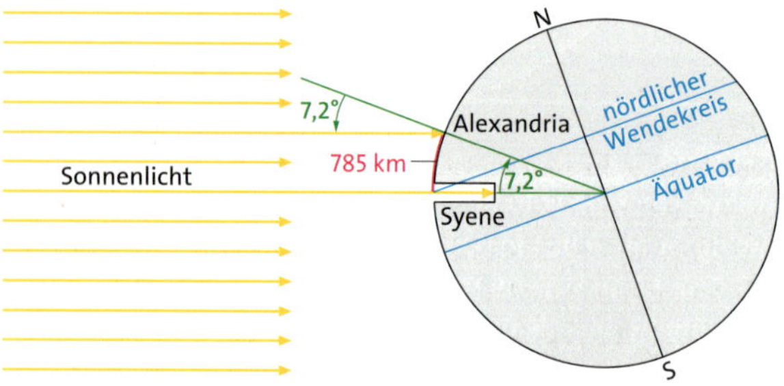

78.1 Messung des Erdumfangs durch ERATOSTHENES

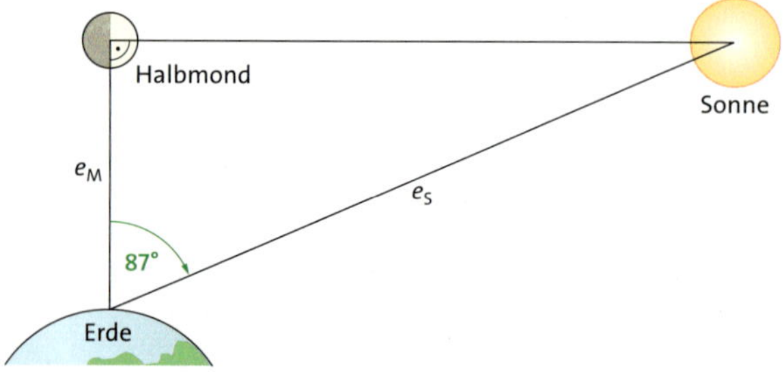

78.2 Bestimmung der relativen Entfernung von Mond und Sonne nach ARISTARCH

Den **Erdumfang** bestimmte zuerst ERATOSTHENES (um 275–195 v. Chr.). Wenn zur Zeit der Sommersonnenwende die Sonne in Syene (Assuan) genau senkrecht über dem Beobachter steht (**Abb. 78.1**), beträgt die Mittagshöhe im nördlich davon gelegenen Alexandria 82,8°. Dem Winkel von 7,2°, den die nach Syene und Alexandria weisenden Erdradien einschließen, entspricht auf der Erdoberfläche die Entfernung zwischen beiden Städten, die ERATOSTHENES mit umgerechnet 785 km angab (**Abb. 78.1**). Damit erhielt er für den Erdumfang 39 375 km, was dem heute bekannten Wert von 40 076 km schon sehr nahe kommt. Die Kugelgestalt der Erde war damit nachgewiesen.

Den relativen **Abstand der Erde zu Sonne und Mond** ermittelte ARISTARCH von Samos (um 320–250 v. Chr.) mithilfe des rechtwinkligen Dreiecks, das der Mond im ersten oder letzten Viertel mit Erde und Sonne bildet (**Abb. 78.2**). Aus dem gemessenen Winkel von 87°, unter dem ihm Mond und Sonne bei Halbmond erschienen, schloss er auf ein Entfernungsverhältnis Erde–Mond zu Erde – Sonne von 1 : 19. Heute wird das Entfernungsverhältnis zwischen Sonne und Mond mit 1 : 382 angeben. Die Diskrepanz zu ARISTARCHS Ergebnis – das auf einer korrekten Argumentation beruht – geht auf die Ungenauigkeit der Winkelmessung zurück. Der genaue Wert liegt bei 89° 51'.

ARISTARCH wurde damit zum Vorläufer von KOPERNIKUS. Entgegen der allgemeinen Lehrmeinung hielt er nicht die Erde, sondern die nach seinen Berechnungen wesentlich größere und weiter als alle Planeten entfernte Sonne für den Mittelpunkt der Welt. Aber seine heliozentrische Theorie (*helios*, griech.: Sonne) setzte sich nicht durch. Denn – so die Gegenargumente – die Wolken müssten bei einer täglichen Drehung der Erde um ihre Achse zurückbleiben und ständig nach Westen wandern, und die erdnächsten Sterne müssten sich bei der jährlichen Bewegung der Erde um die Sonne vor dem Hintergrund des fernen Himmels verschieben, also eine *Parallaxe* aufweisen. Die wegen der großen Entfernung selbst der nächsten Sterne schwierig zu messende Sternparallaxe konnte erst 1838 von BESSEL nachgewiesen werden.

Die größte Leistung der griechischen Astronomie war eine vollständige Beschreibung der Planetenbewegung. Die Griechen suchten nicht nach einer physikalischen Erklärung; sie versuchten, sich den Mechanismus der Planetenbewegung nur rein kinematisch-geometrisch mit Hilfe von Kreisen vorzustellen, denn die Kreise sahen sie als die vollkommenste aller Bahnformen an.

PTOLEMÄUS (um 100–178 n. Chr.) brachte mit seiner **Epizykeltheorie** in seinem Werk „Almagest“ das **geozentrische Weltbild** auf die für das Mittelalter maßgebende Form (*ge*, griech.: Erde):

- Die Erde steht im Mittelpunkt der Welt.
- Die Planeten, zu denen im Altertum Sonne, Mond und die (eigentlichen) Planeten Merkur, Venus, Mars, Jupiter und Saturn zählten, bewegen sich auf (sieben) Kristallkugeln um die Erde.
- Umschlossen ist das Weltall von einer (achten) Kugel, die die Fixsterne trägt.

Die Epizykeltheorie beruht auf komplizierten geometrischen Konstruktionen. Sonne und Mond bewegen sich direkt auf Kreisen um die Erde als Mittelpunkt, während die (anderen) Planeten sich jeweils auf einem Beikreis (Epizykel) bewegen, dessen immaterieller Mittelpunkt seinerseits auf einem Trägerkreis (Deferent) abrollt. Mit weiteren Zusätzen benötigte PTOLEMÄUS schließlich 80 Kreise, konnte aber die Planetenbewegungen zuverlässig beschreiben. Sogar die zeitweise auftretende scheinbar schleifenförmige Bewegung der Planeten am Himmel konnte beschrieben werden (**Abb. 79.1**). Das ptolemäische Weltbild galt unangefochten bis ins 15. Jahrhundert.

Ein verändertes Denken, demzufolge nicht mehr versucht wurde, die Natur aus den Schriften der „Alten“ zu erforschen, sowie bessere Beobachtungsmethoden leiteten den Umbruch ein. Nikolaus KOPERNIKUS (1473–1543) begründete mit dem in seinem Todesjahr erschienenen Werk „De revolutionibus orbium coelestium“ das **heliozentrische Weltbild** mit der Sonne im Mittelpunkt der Welt:

- Die Erde dreht sich täglich einmal um ihre Achse.
- Die Erde bewegt sich einmal im Jahr um die Sonne.
- Die Planeten bewegen sich auf Kreisen um die Sonne.

KOPERNIKUS ging es in erster Linie um eine einfachere Theorie, die die Bewegung der Planeten und den Kalender hinreichend genau vorauszuberechnen gestattete. Er fand sie durch einen Standortwechsel des Beobachters von der Erde zur Sonne. An der Kreisbewegung als der natürlichsten Bewegungsform hielt er fest. Durch die Annahme, dass sich die Erde um die Sonne bewegt, konnte er die scheinbare Schleifenbewegung der Planeten (**Abb. 79.2**) und die scheinbare Ungleichheit ihrer Umlaufzeiten ohne Zuhilfenahme von Epizykeln und Deferenten erklären.

Tycho BRAHE (1546–1601) bestimmte mithilfe neuer Beobachtungsmethoden (ohne Fernrohr!) Planeten- und Sternorte mit einer bis dahin nicht gekannten Genauigkeit von bis zu einer Bogenminute. In jahrzehntelanger Arbeit wertete Johannes KEPLER (1571–1630) das Beobachtungsmaterial von BRAHE aus. In den „*Astronomia nova*“ 1609 und in den „*Harmonices mundi*“ 1619 legte er die nach ihm benannten Kepler'schen Gesetze vor (→ 3.1). NEWTON gelang schließlich mit der von ihm entwickelten Mechanik und dem Gravitationsgesetz der Übergang von einer reinen Beschreibung zu einer physikalischen Erklärung der Planetenbewegung.

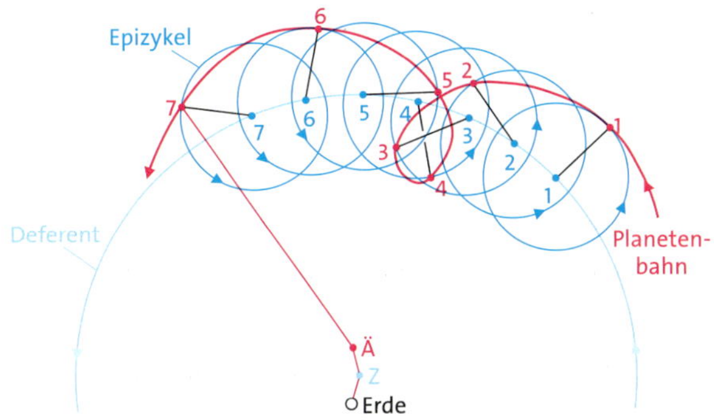

79.1 PTOLEMÄUS' Erklärung für die rückläufige Schleifenbahn eines Planeten: Der Planet bewegt sich auf einem kleinen Kreis, dem Epizykel, dessen Mittelpunkt M auf einem großen Kreis, dem Deferenten, umläuft. Kompliziert wird die Epizykeltheorie durch die Annahme, dass die Erde nicht im Mittelpunkt Z des Deferenten steht und der Planet sich nicht gleichmäßig um ihn dreht.

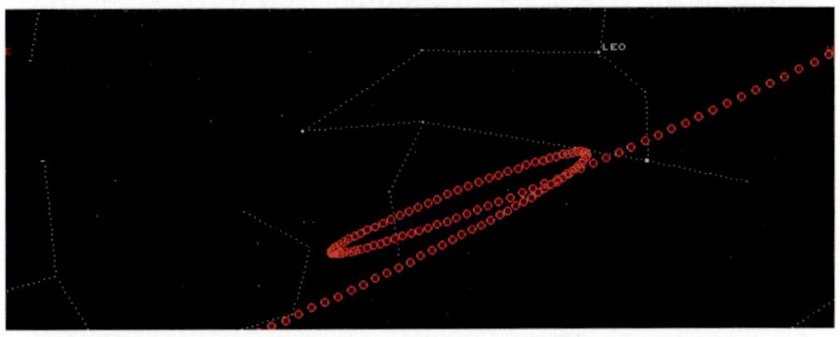

79.2 Scheinbare Schleifenbewegung des Planeten Mars am Nachthimmel. Die Punkte geben die Position des Planeten vor den Fixsternen im Hintergrund im Abstand von je zwei Tagen wieder.

Aufgaben

1. Bestimmen Sie den Erdumfang, indem Sie die Argumentation von ERATOSTHENES nachvollziehen.
2. Diskutieren Sie, warum ARISTARCHS relativ kleiner Messfehler von nur 2,5° zu einem drastisch falschen Ergebnis für den relativen Abstand von Sonne und Mond führt.
3. Vergleichen Sie die verschiedenen Auffassungen von der Arbeitsweise der Naturwissenschaften in Antike und Neuzeit und ihre Auswirkungen auf das jeweilige Weltbild.

3.3.2 Das heutige kosmologische Weltbild

Das Universum ist vor 13,8 Milliarden Jahren im sogenannten **Urknall** entstanden und hat sich seither entwickelt. Diese Entwicklung lässt sich an den heute beobachteten Galaxien verfolgen. Da sie Entfernungen von einigen Millionen bis zu mehreren Milliarden Lichtjahren haben, war das Licht von ihnen entsprechend lange unterwegs. Wir sehen sie heute so, wie sie erschienen, als das Licht ausgesandt wurde. Mit unseren Beobachtungen sehen wir also nicht nur in die Tiefen des Weltalls, sondern auch in seine Vergangenheit.

Weit entfernte Galaxien, die in einem frühen Entwicklungszustand des Universums zu sehen sind, unterscheiden sich deutlich von nahe gelegenen Galaxien. Auffällig sind „aktive“ Galaxien, die mit der millionenfachen Intensität des Milchstraßensystems strahlen. Alle beobachteten aktiven Galaxien sind älter als 9 Milliarden Jahre. Mit fortschreitender Zeit werden die aktiven Galaxien seltener. Die entfernteste normale Galaxie ist 9 Milliarden Jahre alt. Dies zeigt, dass das Universum sich verändert und nicht stationär ist.

Die Entwicklung des Universums nach dem Urknall wird mit dem **kosmologischen Standardmodell** beschrieben. Es stützt sich auf astrophysikalische Beobachtungen und Erkenntnisse der Elementarteilchenphysik. Danach expandiert das Universum nach einem Anfangszustand extrem hoher Energiedichte großräumig homogen. Die Ausbreitung erfolgt dabei nicht in einen bereits vorhandenen Raum, denn nach der **Allgemeinen Relativitätstheorie** dehnt sich nicht die Materie in den Raum hinein aus, sondern es ist der Raum selbst, der sich ausdehnt und die Materie mitführt. Durch die Expansion des Raumes wird auch die Wellenlänge des Lichts gedehnt, das von den Galaxien zu uns gelangt (**Abb. 80.1**). Die Farbe des ausgesandten Lichtes ändert sich dadurch: Z. B. rückt ursprünglich gelbes Licht in den roten oder infraroten Spektralbereich. Je weiter entfernt die Lichtquelle ist, umso größer ist diese Rotverschiebung. Daher lässt sich aus der Verschiebung auf den Abstand weit entfernter Galaxien schließen.

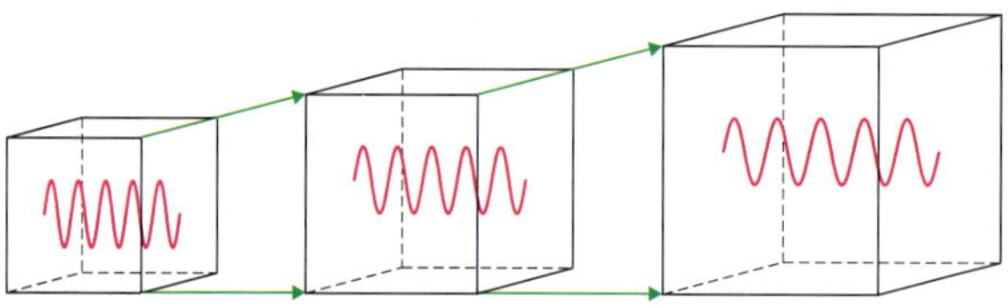

80.1 Die Expansion des Raumes führt zu einer Vergrößerung der Wellenlänge, also einer Rotverschiebung.

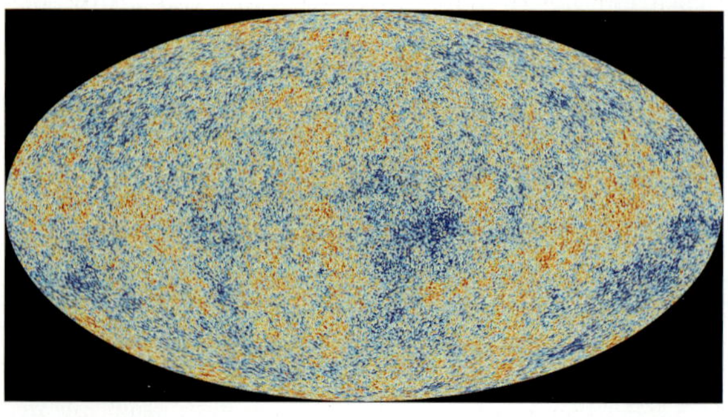

80.2 Die Temperaturschwankungen der kosmischen Hintergrundstrahlung, die 380 000 Jahre nach dem Urknall entstand, wurden seit 2009 von dem Satelliten Planck aufgezeichnet.

Kosmische Hintergrundstrahlung

Detaillierte Erkenntnisse über die Frühzeit des Universums liefert auch die Beobachtung der **kosmischen Hintergrundstrahlung**. Sie wurde 1965 von Arno Penzias (*1933) und Robert Wilson (*1936) zufällig entdeckt, als sie sich zur Verbesserung der Kommunikation mit Satelliten mit Rauschquellen bei Mikrowellenstrahlung befassten. Mit ihrer sechs Meter großen Hornantenne entdeckten sie eine Strahlung von 7,35 cm Wellenlänge, deren Intensität auf ein Promille genau gleich stark aus allen Richtungen des Alls kam.
George Gamow (1904–1968) hatte bereits vor dieser Entdeckung der kosmischen Hintergrundstrahlung aufgrund theoretischer Überlegungen vorausgesagt, dass beim Urknall Strahlung entstanden sein müsse, die noch heute nachweisbar sein müsste.

Der 1989 gestartete Satellit COBE (Cosmic Background Explorer) bestätigte mit seinen Messungen, dass die kosmische Hintergrundstrahlung den für Wärmestrahlung mit einer Temperatur von $T = 2{,}725$ K charakteristischen Verlauf besitzt. Es wurden auch räumliche Unregelmäßigkeiten in der kosmischen Hintergrundstrahlung entdeckt: sehr kleine Variationen der Temperatur je nach Blickrichtung. Dies war zu erwarten, denn aus einer homogenen Materieverteilung im frühen Universum hätten keine Galaxien und Sterne entstehen können. Der 2001 gestartete Satellit WMAP (Wilkinson Microwave Anisotropy Probe) lieferte nach zwölfmonatiger Beobachtungszeit ein Bild mit großräumigen Strukturen und erstaunlichem Detailreichtum. Die 2013 vorgestellten Ergebnisse des Satelliten Planck konnten die Genauigkeit noch einmal verbessern (**Abb. 80.2**). Die Bedeutung solcher Messungen besteht darin, dass an ihnen Modellrechnungen des Universums auf der Grundlage der Allgemeinen Relativitätstheorie getestet werden können. Als ein Ergebnis folgt das Alter des Universums zu 13,8 Milliarden Jahre mit einer Genauigkeit von 0,2 %!

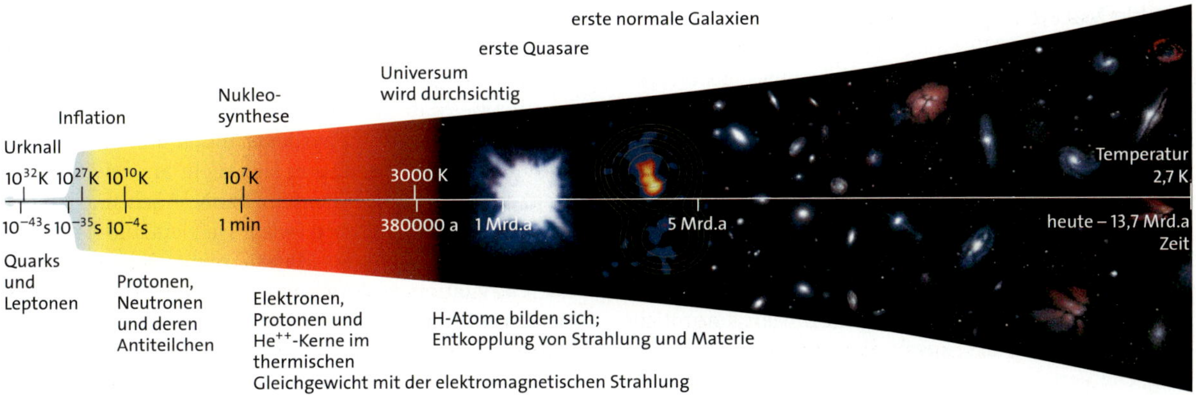

81.1 Die Entwicklung des Universums nach dem kosmologischen Standardmodell. Die Zeit ist unten nach rechts, die Temperatur oben nach links aufgetragen. Die trichterförmige Verbreiterung weist auf die zunehmende Expansionsrate des Universums hin.

Die Entwicklung des Universums

Nach dem heutigen Standardmodell, das bis zurück zu einer Minute nach dem Urknall durch Beobachtungen (Häufigkeit des Elements Helium im Universum) quantitativ getestet werden kann, stellt sich die Entwicklung des Kosmos wie folgt dar:

Der **Urknall** steht für den Beginn des Raumes und der Zeit. Ein Vorher gibt es nicht, und nach der Allgemeinen Relativitätstheorie besitzt auch die Frage, was „vor dem Entstehen der Zeit" war, keinen Sinn.

$t \approx 10^{-43}$ **s:** Vor diesem Zeitpunkt (der sogenannten „Planck-Zeit") waren gravitative Quanteneffekte wirksam. Weil es trotz vieler Bemühungen noch nicht gelungen ist, eine zufriedenstellende Theorie der Quantengravitation aufzustellen, sind keine physikalischen Aussagen darüber möglich. Erst danach bilden sich Raum und Zeit nach unserer heutigen Vorstellung und die uns bekannten Naturgesetze erlangen ihre Gültigkeit. Das Universum ist kleiner als ein Proton und seine Temperatur beträgt 10^{32} K. Es bildet sich – aus noch nicht geklärten Gründen – ein geringfügiger Unterschied von Materie gegenüber Antimaterie: (1 Milliarde + 1) Materieteilchen zu 1 Milliarde Antimaterieteilchen. Die geringe Differenz konnte im Folgenden nicht zerstrahlen und bildet die heutige Materie.

$t \approx 10^{-35}$ **s:** Das Universum erfährt eine rapide **Inflation**, d. h. es dehnt sich sehr schnell um den Faktor 10^{30} aus, wodurch es auf 10^{27} K abkühlt. Es ist erfüllt mit einem Gemisch aus Photonen und Elementarteilchen.

$t \approx 10^{-4}$ **s:** Die weitere, inzwischen wesentlich langsamere Ausdehnung lässt das Universum auf 10^{10} K abkühlen. Es bilden sich Protonen und Neutronen sowie deren Antiteilchen, da die thermische Energie nicht mehr ausreicht, um die neu gebildeten Teilchen aufzubrechen. Materie und Antimaterie stoßen zusammen und vernichten sich gegenseitig. Aufgrund der erwähnten Differenz bleibt die heutige Materie übrig.

$t \approx$ **1 min:** Die Temperatur ist auf 10^7 K gesunken, so dass die Fusion von Protonen und Neutronen zu Kernen von Deuterium, Helium und in geringeren Mengen Lithium möglich ist, ohne dass energiereiche Strahlung diese Kerne sofort wieder auseinanderbricht. Diese Phase der Nukleosynthese dauert nur wenige Minuten, da die Expansion die Temperatur schnell auf Werte sinken lässt, die für eine Fusion nicht mehr ausreichen.

In diesem Universum gibt es sehr viel elektromagnetische Strahlung, die sich aufgrund der intensiven Wechselwirkung mit den elektrischen Ladungen der Elektronen und der Atomkerne nicht weit ausbreiten kann. Daher ist das Universum praktisch lichtundurchlässig.

$t \approx$ **380 000 Jahre:** Die Temperatur ist auf 3000 K gefallen und das Universum hat ein Tausendstel seiner heutigen Größe erreicht. Die kinetische Energie der Materie ist nun geringer als die Ionisierungsenergie leichter Atome, sodass sich Elektronen und Kerne zu Atomen vereinen können. Es gibt nur noch wenige freie Elektronen und Protonen und da die Wechselwirkung der Strahlung mit den Atomen gering ist, können sich Photonen über große Entfernung ausbreiten. Das Universum wird durchsichtig und die fortan ungestörte Strahlung bildet heute die kosmische Hintergrundstrahlung. Ihre Beobachtung gibt also Aufschluss über den Zustand des Universums zu diesem Zeitpunkt.

$t >$ **200 Mio Jahre:** Die Materie beginnt, sich unter dem Einfluss der Gravitation zusammenzuziehen. Nach einer Milliarde Jahren entstehen die ersten aktiven Galaxien, nach etwa zwei Milliarden Jahren die ersten normalen Galaxien. Auch unsere Galaxis, die Milchstraße, entstand vor etwa 11,5 Milliarden Jahren. Innerhalb eines Durchmessers von 60 000 Lichtjahren enthält sie ungefähr 100 Milliarden Sterne. Die Erde entstand zusammen mit der Sonne und den übrigen Planeten vor 4,6 Milliarden Jahren.

Dunkle Materie

Schon seit etwa 1930 gibt es Hinweise darauf, dass es mehr Materie in den Galaxien geben muss, als die Beobachtungen mit Teleskopen zeigen. Die nichtleuchtende **dunkle Materie** verrät sich nur durch ihre Gravitationswirkung. Sie führt zum Beispiel dazu, dass die äußeren Bereiche von Galaxien viel schneller um das Zentrum der Galaxie rotieren als erwartet. Auch die Modelle für die kosmischen Elementhäufigkeiten und für die Entstehung von Galaxien kommen ohne dunkle Materie nicht aus. Der gewichtigste Hinweis kommt aus der Beobachtung der kosmischen Hintergrundstrahlung. Die Verteilung ihrer in **Abb. 80.2** dargestellten Temperaturschwankungen ist nur unter der Annahme der Existenz dunkler Materie mit theoretischen Modellen in Einklang zu bringen. Aus den WMAP- und Planck-Daten lässt sich sogar schließen, dass die Gesamtmasse der dunklen Materie diejenige der gewöhnlichen leuchtenden Materie um mehr als das Fünffache übersteigen muss. Der Großteil der Masse in den Galaxien ist also in den Teleskopen nicht sichtbar; es ist unklar, um welche Form von Materie es sich handelt.

Die dunkle Materie lässt sich in das bisherige Bild, das die Elementarteilchenphysik vermittelt, nur schwer einordnen. Es steht fest, dass es sich nicht um gewöhnliche Materie aus Atomen handeln kann. Auch andere bekannte Elementarteilchen (wie etwa Neutrinos) können die Effekte der dunklen Materie nicht erklären. Außer der Gravitationswirkung wurde bisher keine andere Wechselwirkung mit normaler Materie festgestellt. Das bisher einzige „Bild" einer Verteilung von dunkler Materie konnte entsprechend auch durch ihre Gravitationswirkung gewonnen werden. In **Abb. 82.1** ist die Verteilung der normalen Materie im Galaxienhaufen 1E 0657-556 rot dargestellt. Mithilfe der Lichtablenkung im Gravitationsfeld (Gravitationslinseneffekt) konnte auch die Verteilung der Gesamtmasse (inklusive der dunklen Materie) bestimmt werden, die in der Abbildung blau dargestellt ist. Der Unterschied zwischen den beiden Verteilungen ist der bisher direkteste Nachweis der dunklen Materie.

82.1 Verteilung von leuchtender Materie (rot) und gravitativ wirksamer Masse (blau) im sogenannten „Bullet-Cluster" 1E 0657-556, der aus zwei kollidierenden Galaxienhaufen besteht. Der Unterschied zwischen beiden Verteilungen ist ein Anzeichen für dunkle Materie, die sich nur durch ihre Gravitationswirkung bemerkbar macht.

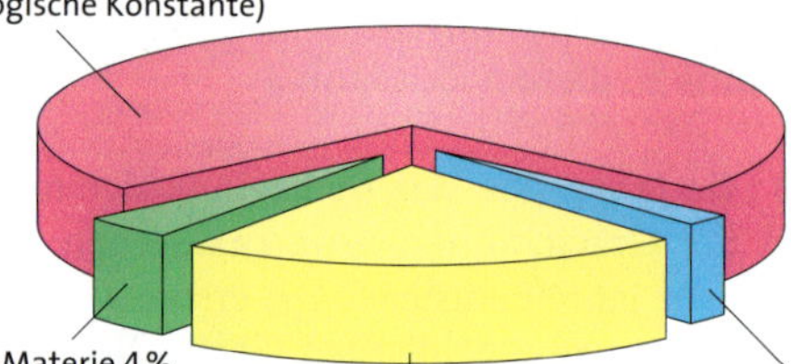

82.2 Die relativen Anteile dunkler Energie, dunkler Materie und gewöhnlicher Materie an der Energieverteilung des Universums. Die Daten wurden aus der Modellierung der vom Satelliten Planck beobachteten Fluktuationen der kosmischen Hintergrundstrahlung im Λ-CDM-Modell gewonnen.

Dunkle Energie

Noch rätselhafter ist die **dunkle Energie**, die die Astrophysiker seit 1998 beschäftigt. Aus Helligkeitsmessungen entfernter Supernovae wurde damals geschlossen, dass die Expansion des Universums sich im Lauf der Zeit beschleunigt – und nicht abbremst, wie man vorher dachte. Der Effekt lässt sich mit EINSTEINS Gleichungen der Allgemeinen Relativitätstheorie beschreiben, wenn diese etwas modifiziert wird und darin die sogenannte **kosmologische Konstante Λ** eingeführt wird. Darunter lässt sich eine den ganzen Kosmos gleichmäßig erfüllende Energie vorstellen, die eine *abstoßende* Gravitationswirkung hat. Was sich physikalisch hinter dieser **dunklen Energie** verbirgt, ist bislang völlig unklar. Für die detaillierte Erklärung der kosmischen Hintergrundstrahlung wird die durch die dunkle Energie verursachte beschleunigte Expansion jedoch benötigt. Um eine Übereinstimmung mit der Theorie zu erhalten, muss die mit Λ verknüpfte Energiedichte etwa 70 % der gesamten Energie im Universum ausmachen. Das kosmologische Standardmodell, das heute als gültig angesehen wird, trägt daher die Bezeichnung Λ-CDM-Modell (CDM = Cold Dark Matter). Nach diesem Modell trägt die gewöhnliche atomare Materie, aus der Sterne und Planeten bestehen, nur knapp 4 % zur Gesamtenergie des Universums bei (**Abb. 82.2**). Die restlichen 96 % entfallen auf die dunkle Materie und die dunkle Energie – also Energieformen, deren Natur weitgehend unbekannt ist und die möglicherweise auf eine ganz neue, noch unerforschte Physik hinweisen.

Exkurs

Kometen- und Meteoriteneinschläge

Am 22. April 2002 wurde gegen 22 Uhr eine sehr helle Feuerkugel über Südbayern beobachtet, die in 22 km Höhe in mehrere Bruchstücke zerbrach (**Abb. a**). Das spektakuläre Ereignis konnte aufgrund der Videoaufzeichnungen von drei Beobachtungsstationen rekonstruiert werden. Nach Berechnung der Flugbahnen unter Berücksichtigung der damaligen Windverhältnisse konnten Bruchstücke des Meteoriten im deutsch-österreichischen Grenzbereich zwischen Füssen und Garmisch-Partenkirchen geborgen werden. Damit gelang es in Deutschland zum ersten Mal (weltweit zum vierten Mal), einen Meteoriten aufgrund von Beobachtungen seiner Flugbahn zu finden. **Abb. a)** zeigt unten die Flugbahn der drei bisher gefundenen Bruchstücke des sogenannten Neuschwanstein-Meteoriten.

Von einer riesigen Feuerkugel berichteten auch Augenzeugen aus Sibirien, die einen der spektakulärsten Meteoriten- bzw. Kometenniedergänge in unserer Zeit beobachten konnten: „Ich sah einen riesigen Feuerball, der einen großen Teil des Himmels bedeckte. Danach wurde es dunkel und gleichzeitig fühlte ich eine Explosion, die mich von meinem Sitz schleuderte", berichtete ein Bauer. Am 30. Juni 1908 hatte der Einschlag eines interplanetaren Kleinkörpers in der Nähe des Flusses *Tunguska* die Energie einer kleinen Atombombe freigesetzt. Bei genaueren Untersuchungen im Jahr 1927 fand sich kein Einschlagkrater, der Kleinkörper war also wohl bereits über der Erdoberfläche explodiert. In einem Umkreis von 30 km waren alle Bäume verkohlt, in noch größerem Umkreis hatte die Wucht der Explosion die Baumstämme radial nach außen umgeknickt (**Abb. b**).

Trifft ein sehr großer Meteorit auf die Erde, so ist der angerichtete Schaden enorm. Spuren solcher Einschläge lassen sich an vielen Orten der Erde finden. **Abb c)** zeigt den *Barringer-Krater* in Arizona. Dort verschob ein 30 m großer Meteorit bei seinem Aufprall etwa 300 Millionen Tonnen Gestein und schuf einen 170 m tiefen Krater.

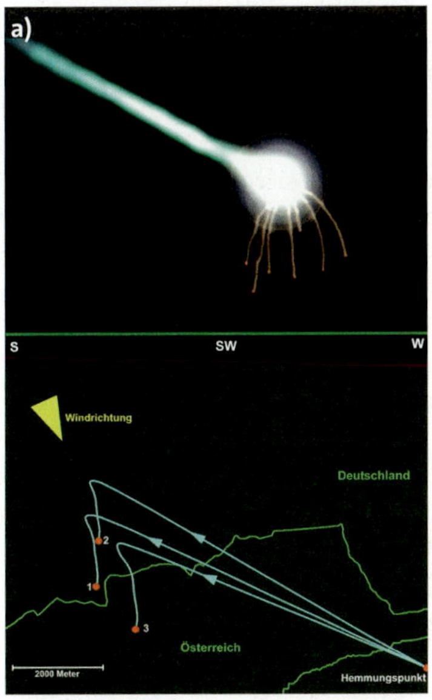

Bekannt ist die These, dass der Einschlag eines sehr großen Asteroiden zum Aussterben der Dinosaurier geführt hat. Zu nennen sind in diesem Zusammenhang die Untersuchungen des Physikers Luis Walter ALVAREZ und seines Sohnes Walter ALVAREZ, eines Geologen. Ihr Interesse galt Sedimentschichten. Zur genaueren Datierung sollte der Iridiumanteil der Gesteinsschichten und damit die Sedimentationsrate bestimmt werden. Iridium ist auf der Erde relativ selten. Es wird angenommen, dass Iridium hauptsächlich aus Meteoriten stammt und dass diese mit einer konstanten Rate in die Erdatmosphäre eindringen. Der Iridiumnachweis wurde mit der Neutronen-Aktivierungsanalyse vorgenommen, bei der die Probe mit Neutronen bestrahlt wird. Die dabei entstehenden radioaktiven Kerne lassen sich identifizieren. Überraschend war, dass in der Grenzschicht zwischen Kreidezeit und Tertiär die Iridiumkonzentration deutlich anstieg. Nach weiteren Untersuchungen konnte dieser Anstieg mit großer Wahrscheinlichkeit einem gewaltigen Meteoriten zugeordnet werden – und tatsächlich wurde 1991 der zugehörige Krater vor der Halbinsel Yucatan am Golf von Mexiko gefunden. Der *Chicxulub-Krater* hat einen Durchmesser von 180 km und ist 20 km tief. Der Meteorit musste einen Durchmesser von etwa 10 km gehabt haben.

Die Katastrophe, durch die sich der Himmel weltweit Monate, vielleicht sogar Jahre lang, verdunkelte, fand vor 65 Millionen Jahren statt, also in etwa zu der Zeit, zu der auch die Dinosaurier ausstarben. Die Entdeckung scheint dafür eine Erklärung zu sein. Noch ist aber keine endgültige Sicherheit erreicht und einige Wissenschaftler zweifeln diese Theorie an. Die Frage, wie die Dinosaurier, die für lange Zeit die Erde beherrschten, verschwanden, ist also noch nicht endgültig geklärt. Nach dem Verschwinden der Dinosaurier ergaben sich für die Säugetiere, die zunächst nur in ökologischen Nischen gelebt hatten, Entwicklungsmöglichkeiten, die bis zur Entstehung des Menschen führten. Meteoriteneinschläge hatten also wahrscheinlich maßgeblichen Einfluss auf die Entwicklungsgeschichte des Lebens auf der Erde.

Grundwissen Gravitation

Das Sonnensystem

Das Sonnensystem besteht aus den acht Planeten Merkur, Venus, Erde, Mars, Jupiter, Saturn, Uranus und Neptun und deren Monden sowie mehreren tausend Kleinplaneten, den Planetoiden oder Asteroiden, die vorwiegend zwischen Mars und Jupiter zu finden sind, und etwa 1300 bekannten Kometen, die sich auf lang gestreckten, meistens parabelnahen Ellipsen um die Sonne bewegen. Bruchstücke solcher Kometen kreuzen jeweils an bestimmten Tagen des Jahres die Bahn der Erde und verglühen in der Erdatmosphäre – sichtbar als Meteore oder Sternschnuppen.

Kepler'sche Gesetze

① Die Planeten bewegen sich auf Ellipsen, in deren einem (gemeinsamen) Brennpunkt die Sonne steht.

② Der Vektor von der Sonne zum Planeten überstreicht in gleichen Zeiten gleiche Flächen.

③ Das Verhältnis aus den 3. Potenzen der großen Bahnhalbachsen a und den Quadraten der Umlaufzeiten T ist für alle Planeten konstant:

$$\frac{a_1^{\,3}}{T_1^{\,2}} = \frac{a_2^{\,3}}{T_2^{\,2}} = \ldots = \text{konstant} \quad \text{oder} \quad \frac{a^3}{T^2} = \text{konstant}$$

Gravitationsgesetz

Zwei Körper der Massen m_1 und m_2 ziehen sich gegenseitig mit der Gravitationskraft F in Richtung der Verbindungslinie ihrer Schwerpunkte an. Die Gravitationskraft ist proportional zum Produkt der Massen m_1 und m_2 und umgekehrt proportional zum Quadrat des Abstandes r ihrer Schwerpunkte:

$$F = \gamma \frac{m_1 m_2}{r^2} \quad \text{mit } \gamma = 6{,}674 \cdot 10^{-11}\ \text{Nm}^2/\text{kg}^2$$

Gravitationsfeld

Jeder Körper erzeugt aufgrund seiner Masse in seiner Umgebung ein Gravitationsfeld oder Schwerefeld.

Die **Gravitationsfeldstärke *G*** an einer bestimmten Stelle des Raumes ist der Quotient aus der Gravitationskraft F_G, die ein Körper der Masse m an dieser Stelle erfährt, und dieser Masse m: $G = F_G/m$.
Auf der Erdoberfläche ist die Gravitationsfeldstärke annähernd gleich der Fall- oder Erdbeschleunigung: $G \approx g = 9{,}81\ \text{m/s}^2$.
Im weiteren Radialfeld der Erde berechnet sich die Gravitationsfeldstärke aus dem Gravitationsgesetz zu

$$G = \gamma \frac{M_E}{r^2}.$$

Potentielle Energie der Gravitation

Die Energie, die ein Körper aus dem System Körper – Zentralkörper erhalten kann, wenn er sich von P_2 zu P_1 bewegt, wird als potentielle Energie der Gravitation E_{pot} des Körpers in P_2 bezüglich P_1 bezeichnet.

Im *homogenen Gravitationsfeld* der Erde ist die potentielle Energie zwischen dem Ausgangspunkt $P(h_1)$ und dem Endpunkt $P(h_2)$

$$\Delta E_{pot} = m g (h_2 - h_1) = m g \Delta h.$$

Im *inhomogenen Gravitationsfeld* der Erde oder eines Zentralkörpers der Masse M ist die potentielle Energie eines Körpers der Masse m, der vom Punkt $P_1(r_1)$ zum Punkt $P_2(r_2)$ bewegt wird,

$$\Delta E_{pot} = \gamma m M \left(\frac{1}{r_1} - \frac{1}{r_2}\right).$$

Bahnformen

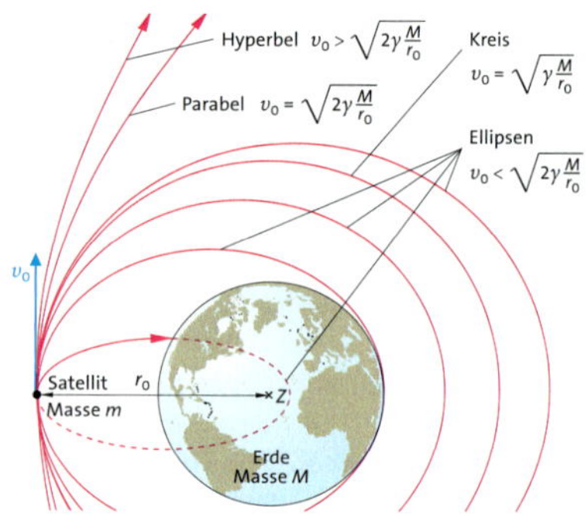

Weltbilder

Bis ins 15. Jahrhundert war das **geozentrische Weltbild** maßgeblich, nach dem die Erde im Mittelpunkt des Sonnensystems steht. Mit dem Modell des PTOLEMÄUS konnte die Bewegung der Planeten zuverlässig beschrieben werden. Nikolaus KOPERNIKUS begründete das **heliozentrische Weltbild** mit der Sonne im Mittelpunkt des Sonnensystems. Dessen Weiterentwicklung führte auf die Kepler'schen Gesetze und später zur Newton'schen Dynamik.

Heutiges kosmologisches Weltbild

Das Universum ist vor 13,8 Milliarden Jahren im sogenannten *Urknall* entstanden. Seine Entwicklung nach dem Urknall wird mit dem **kosmologischen Standardmodell** beschrieben, nach dem das Universum großräumig homogen expandiert.
Das heutige kosmologische Standardmodell, das durch Messungen gut bestätigt ist, sagt zwei bisher noch nicht direkt nachgewiesene Energieformen voraus: die *dunkle Materie* sowie die *dunkle Energie* (die sich auch als kosmologische Konstante deuten lässt).

1. Berechnen Sie die Gravitationskraft zwischen zwei Schiffen von je 100 000 t mit dem Schwerpunktabstand $d = 200$ m sowie von zwei Wasserstoffatomen ($m_H = 1{,}6734 \cdot 10^{-27}$ kg) im Abstand von $d = 10^{-8}$ cm.

2. Vergleichen Sie die Gravitationsfeldstärken auf der Oberfläche der Erde – am Pol und am Äquator –, auf der Mondoberfläche, auf der Oberfläche der Sonne und auf den Planeten.

3. Überprüfen Sie für die acht Planeten unseres Sonnensystems das 3. Kepler'sche Gesetz. Die Umlaufzeiten der Planeten um die Sonne sowie ihre mittleren Entfernungen von der Sonne entnehmen Sie der → Tabelle auf S. 128. Bestimmen Sie mithilfe der Tabellenkalkulationsfunktion Ihres grafikfähigen Taschenrechners den Mittelwert der Kepler-Konstante a^3/T^2.

4. Bestimmen Sie die Masse von Jupiter aus den Daten der vier von GALILEI entdeckten Jupitermonde.

Mond	mittlerer Abstand a in km	siderische Umlaufzeit T in d (Tagen)
Io	421 600	1,769
Europa	670 900	3,551
Ganymed	1 070 400	7,155
Callisto	1 882 700	16,689

5. Berechnen Sie die Masse der Erde jeweils über den gemittelten Abstand der Satelliten (zwei Erdbeobachtungs- und ein Navigationssatellit) vom Erdmittelpunkt unter der Annahme einer Kreisbahn.

Satellit	Abstand zur Erdoberfläche		Umlaufzeit
	im Perigäum	im Apogäum	
TerraSAR-X	512 km	530 km	94,92 min
Cryosat 2	712 km	725 km	96,16 min
Galileo IOV-1	23 242 km	23 307 km	846,98 min

6. Zwei Planeten gleicher Masse m umlaufen einen wesentlich größeren Stern der Masse M, der erste auf einer Kreisbahn mit dem Radius $r_1 = 1 \cdot 10^{11}$ m und der Umlaufzeit $T_1 = 2$ a, der zweite auf einer Ellipse mit folgenden Entfernungen vom Zentralgestirn: $r_A = 1{,}8 \cdot 10^{11}$ m im Aphel A und $r_P = r_1$ im Perihel P.

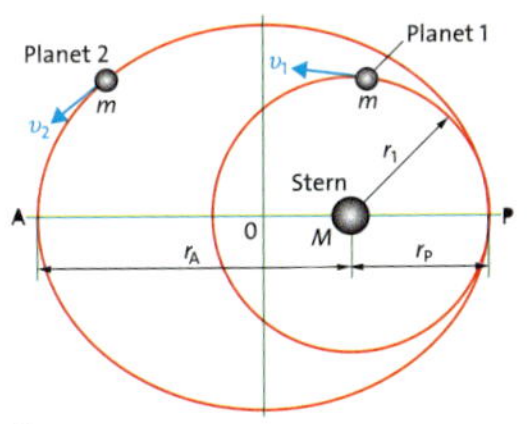

a) Berechnen Sie die Masse des Zentralgestirns.
b) Ermitteln Sie die Geschwindigkeit des ersten Planeten.
c) Berechnen Sie die Umlaufzeit des zweiten Planeten.

7. Der europäische Wettersatellit Meteosat-10 bewegt sich auf einer geostationären Bahn um die Erde – er benötigt für einen Umlauf um die Erde einen siderischen Tag: $T = 23$ h 56 min 4,10 s. Das Hubble-Weltraumteleskop bewegt sich dagegen auf einem „Low Earth Orbit" und braucht für einen Umlauf nur 97 Minuten.
a) Bestimmen Sie für beide Satelliten ihre Höhe über der Erdoberfläche.
b) Vergleichen Sie die Geschwindigkeiten der beiden Satelliten.
c) Diskutieren Sie, weshalb es sinnvoll ist, Fernsehsatelliten auf eine geostationäre Bahn zu bringen.

8. Im Februar 2001 landete die Raumsonde NEAR auf dem Planetoiden Eros. Eros hat eine länglich-krumme Form, soll jedoch als kugelförmig mit dem Radius $r = 8{,}5$ km angenommen werden.

a) Eros umläuft die Sonne auf einer elliptischen Bahn, deren große Halbachse $a = 1{,}46$ AE beträgt. Berechnen Sie seine siderische Umlaufzeit.
b) Im Jahr 2000 bewegte sich NEAR auf einer Umlaufbahn um Eros mit dem Bahnradius 155 km und der Umlaufzeit 6,6 d. Berechnen Sie die Masse von Eros. (Zur Kontrolle: $6{,}8 \cdot 10^{15}$ kg)
c) Berechnen Sie die Fallbeschleunigung an der Oberfläche des Planetoiden (ohne Berücksichtigung der Eigenrotation).

***9.** Diskutieren Sie, wie groß die siderische Umlaufzeit des Erdmondes wäre, wenn
a) der Mond die doppelte Masse besäße und sich auf der gleichen Umlaufbahn bewegte;
b) sich seine Bahngeschwindigkeit verdoppelte.

***10.** **a)** Bestimmen Sie die Geschwindigkeit eines Satelliten der Masse $m = 50$ kg, der von der Erde gestartet wird, um auf die Höhe $h = 2R$ über der Erdoberfläche gebracht zu werden (R = Radius der Erde). Berechnen Sie die für das „Anheben" benötigte Energie.
b) Der Satellit soll in der genannten Höhe eine Kreisbahn um die Erde beschreiben. Berechnen Sie die Energie des Satelliten auf der Umlaufbahn und anschließend die Startgeschwindigkeit, die nötig ist, um den Satelliten auf die gewünschte Höhe zu bringen und ihn auf der Kreisbahn zu halten.
c) Begründen Sie, ob und weshalb der Radius der Umlaufbahn zu- oder abnimmt, wenn die Reibungskraft der äußeren Lufthülle der Erde die Gesamtenergie vermindert.

11. Aufgrund von Gezeitenreibung entfernt sich der Mond jedes Jahr geringfügig von der Erde. Dieses Ergebnis liefern präzise Laser-Reflektor-Messungen, bei denen ein Laserstrahl auf den Mond gerichtet, das Licht an einem auf dem Mond installierten Spiegel reflektiert und anschließend auf der Erde wieder empfangen wird.
a) Bestimmen Sie, wie lange das Laserlicht für den Hin- und Rückweg zum Mond braucht, wenn der Mond seinen kleinsten Abstand von der Erde hat.
b) Die Umlaufzeit des Mondes beträgt 27,321 60 Tage. Ermitteln Sie, um wie viel sich seine Umlaufzeit in 100 000 Jahren verlängert, wenn die Entfernung des Mondes von der Erde jährlich um 3,82 cm zunimmt.

4 MECHANISCHE SCHWINGUNGEN UND WELLEN

Musik kann fröhlich machen, zum Mitsingen und Tanzen anregen, andächtiges Zuhören oder Stürme der Begeisterung hervorrufen. An Physik denkt dabei kaum jemand, obwohl die Erzeugung der Töne mit den unterschiedlichsten Musikinstrumenten, ihre Ausbreitung durch die Luft und ihre Aufnahme durch das menschliche Ohr grundlegende physikalische Phänomene sind. Ursache der Töne sind Schwingungen. Ihre Ausbreitung erfolgt durch Weitergabe der Schwingungen an feste oder gasförmige Körper. Die Wahrnehmung der Töne geschieht mit dem beweglichen Trommelfell und Hörhaaren im Innenohr, die durch ihr Mitschwingen den Nervenreiz für das Gehirn erzeugen.

86.1 Eine Bigband mit Trompeten, Posaunen, Saxophonen, Gitarren, einem Kontrabass und einem Keyboard

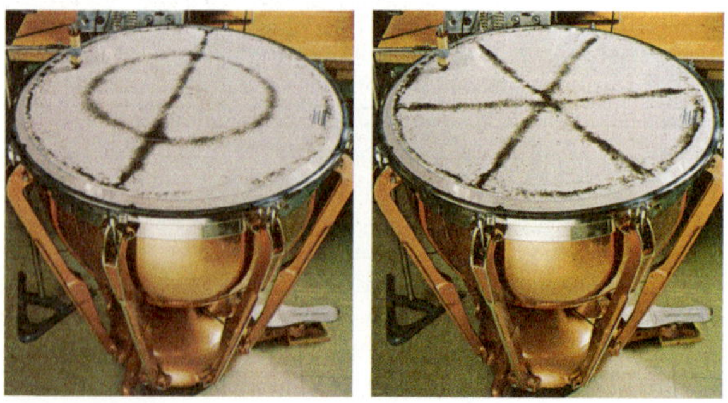

86.2 Die Chladni'schen Klangfiguren charakterisieren bestimmte Schwingungszustände des Trommelfells einer Pauke.

In einer Bigband (**Abb. 86.1**) sind hauptsächlich Blasinstrumente vertreten – zum Beispiel Trompeten, Posaunen, Saxophone –, oft begleitet von Gitarren, Klavier und Schlagzeug. Die Musiker der Bigband erzeugen mit ihren Instrumenten in unterschiedlichster Weise Töne. Die Saiten der Gitarre werden durch Zupfen in Schwingungen versetzt, die des Klaviers werden angeschlagen. Bei der Gitarre drücken die Finger die Saiten auf das Griffbrett, sodass die wirksame Länge der Saiten verkürzt wird – dadurch ändert sich die Tonhöhe. Beim Klavier dagegen haben die Saiten feste, aber unterschiedliche Längen. Die entscheidende Rolle für die Ausbreitung der Töne und deren Lautstärke spielt bei diesen Instrumenten der Korpus des Instruments: Er schwingt mit und gibt den Ton an die Luft weiter.

So wie bei den Saiteninstrumenten wird auch bei einer Pauke die Tonhöhe durch Veränderung der Spannung eingestellt. Die unterschiedlichen Schwingungszustände des Trommelfells können sichtbar gemacht werden, indem das Trommelfell mit Pulver bestreut wird, das sich an Stellen der geringsten Bewegung sammelt (**Abb. 86.2**).

Bei Blasinstrumenten entsteht der Ton durch Schwingungen der Luftsäule im Innern der Instrumente. Die Musiker erzeugen die Schwingungen mit den Mundstücken oder ihren Lippen. Die Länge der Luftsäule kann durch Öffnen oder Verschließen der sogenannten Grifflöcher oder Klappen verändert werden; dadurch wird die Tonhöhe bestimmt.

Tonschwingungen aller Art lassen sich mit einem Mikrofon aufnehmen und bildlich darstellen. Mithilfe dieser Methode können die sehr unterschiedlichen Klangeigenschaften von Instrumenten analysiert werden. Dabei zeigt sich, dass die vom Gehör wahrnehmbaren Unterschiede bei einem bestimmten Ton, der von verschiedenen Instrumenten erzeugt wird, deutlich erkennbare physikalische Entsprechungen haben (**Abb. 87.1**). In jedem der vier Oszillogramme ist die Grundschwingung des Tones, die die Klanghöhe festlegt, erkennbar. In seiner reinster Form wird er von der Stimmgabel erzeugt. Die der Grundschwingung überlagerten Obertöne bestimmen die Klangfarbe des jeweiligen Instrumentes.

Eine Tonschwingung breitet sich ausgehend von ihrer Quelle radial in den sie umgebenden Raum aus. **Abb. 87.2** zeigt die stroboskopische Aufnahme der Ausbreitung einer Schwingung auf einer Wasseroberfläche, die von einem periodisch ins Wasser tauchenden Stift erzeugt wird. Es ist das Bild einer Kreiswelle.

Genauso wie sich auf der Erd- oder Wasseroberfläche die an einem Ort erzeugten Schwingungen kreisförmig ausbreiten, so breiten sich im lufterfüllten Raum die Tonschwingungen als Schallwellen und die Erschütterungen der Erdkruste als Erdbebenwellen vom Ort ihrer Entstehung kugelförmig aus.

Fledermäuse orten ihre Beute mithilfe für das menschliche Ohr nicht mehr wahrnehmbarer Schallwellen, die sie selbst erzeugen und nach der Reflexion wieder auffangen (**Abb. 87.3**).
Elefanten pressen beim Brummen ihren Rüssel auf den Boden und benutzen den Untergrund als Überträgermedium. Tiefe Töne sind wenig störungsanfällig. So erfolgt eine Kontaktaufnahme über weite Strecken ohne Sichtkontakt. Als Empfangsorgane dienen ihnen Rüssel und Füße. Sie besitzen sensible Druckrezeptoren in der Rüsselspitze, mit der sie die Intensität des Schalls ertasten können; mit den Druckrezeptoren in den Fußsohlen ermitteln sie die Schallrichtung. Informationen über eine bevorstehende Geburt wie auch Warnung vor Gefahren werden so weitergegeben.

In der Medizintechnik werden bei einer Ultraschalluntersuchung *(Sonografie)* Schallwellen hoher Frequenz verwandt. Diese werden an den Grenzschichten unterschiedlicher Materialien im menschlichen Körper reflektiert. Ein Schallkopf sendet Schallimpulse aus, die er auch wieder empfängt und die nach elektronischer Verarbeitung Strukturen erkennbar machen.

Eine charakteristische Eigenschaft von Wellen ist der Transport von Energie (**Abb. 87.4**). Dies wird besonders an der zerstörerischen Wirkung von Wasserwellen deutlich, die vom Sturm auf See erzeugt werden und deren Höhe extrem zunimmt, wenn sie auf geringere Wassertiefen vor der Küste treffen.

Schwingungen und Wellen gehören zu den grundlegenden Strukturen, die in allen Gebieten der Physik auftreten – in der Mechanik, in der Elektrizitätslehre, in der Optik und in der Atomphysik. Besonders anschaulich lassen sie sich an mechanischen Beispielen darstellen und mathematisch erfassen. Die zu ihrer Beschreibung in der Mechanik entwickelten Größen, Gesetzmäßigkeiten und Erklärungsmuster erweisen sich in der gesamten Physik als hilfreich.

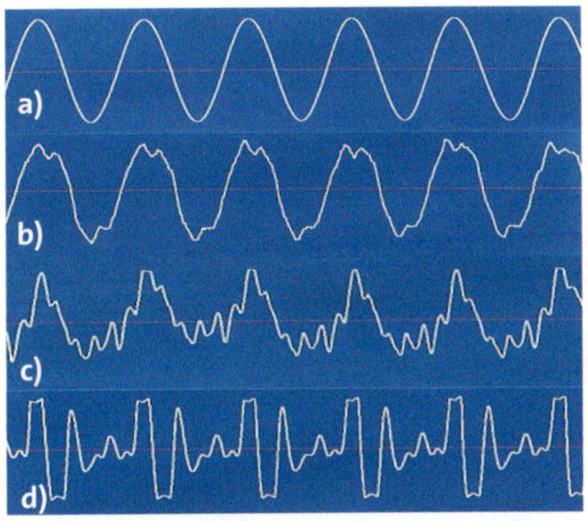

87.1 Schwingungsbilder des Tons a' auf dem Bildschirm eines Oszilloskops: **a)** Stimmgabel, **b)** Klavier, **c)** Gitarre, **d)** Trompete

87.2 Ein periodisch in eine Wasseroberfläche tauchender Stift erzeugt eine Welle mit kreisförmigen Wellenfronten.

87.3 Eine Fledermaus bei ihrer nächtlichen Jagd

87.4 An den Strand laufende Wasserwellen türmen sich zu immer größerer Höhe auf, bis sich der Wellenkamm überschlägt.

4.1 Mechanische Schwingungen

Im Folgenden werden an einfach zu beobachtenden Beispielen aus der Mechanik die Begriffe und Größen eingeführt, mit denen Schwingungsvorgänge beschrieben werden können.

4.1.1 Schwingungsvorgänge und Schwingungsgrößen

Die Beobachtung der Bewegung schwingender Körper, sogenannter *Oszillatoren*, wie sie etwa in **Abb. 88.1** dargestellt sind, führt zu den folgenden Aussagen über Schwingungen:

- Die Bewegung verläuft zwischen zwei *Umkehrpunkten* und durch einen ausgezeichneten Punkt, der **Ruhelage** des Oszillators.
- Die Bewegung ist **periodisch**, d. h. die *Bewegungszustände* wiederholen sich in gleichen Zeitabständen, z. B. die Bewegung in einer bestimmten Richtung durch die Ruhelage.
- Der ausgelenkte Körper wird von einer **Kraft** in jedem Moment zur Ruhelage hin beschleunigt.
- Eine Bewegung mit diesen Merkmalen heißt **Schwingung**.

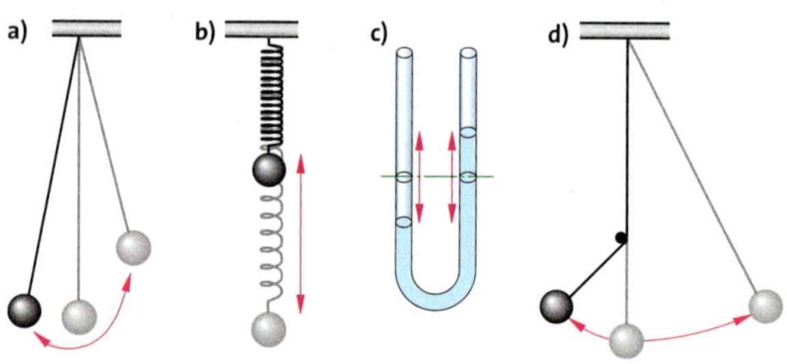

88.1 Beispiele für Schwingungen: **a)** Fadenpendel, **b)** Federpendel, **c)** Wassersäule, **d)** Galilei-Pendel mit nichtsymmetrischer Schwingungsbewegung zur Ruhelage

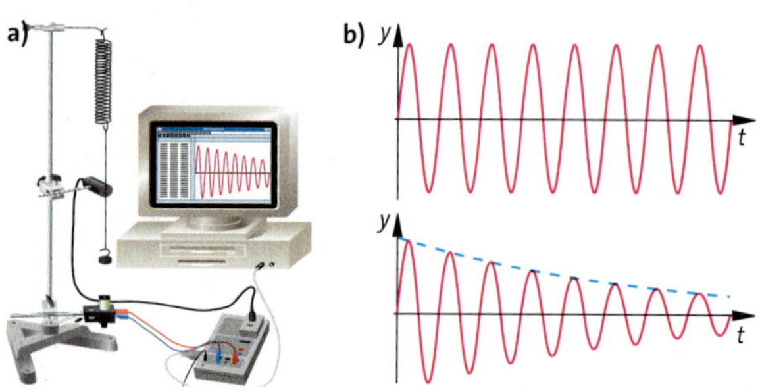

88.2 a) Computergestützte Messwerterfassung des zeitlichen Ablaufs einer Federschwingung; **b)** die Graphen einer ungedämpften (oben) und einer gedämpften Schwingung (unten)

Um Schwingungsvorgänge genau zu beschreiben und mathematisch zu erfassen, werden die folgenden Größen und Begriffe definiert:

- Die **Schwingungsdauer** oder **Periodendauer** T ist die Zeitdauer zwischen zwei gleichen Bewegungszuständen. Werden n vollständige Schwingungen in der Zeit t ausgeführt, so gilt: $T = t/n$.
- Die **Schwingungszahl** oder **Frequenz** f ist der Quotient aus der Anzahl von n Schwingungen und der dazu benötigten Zeit t: $f = n/t$.
Ihre Einheit ist 1 Hertz: $[f] = 1\,\text{s}^{-1} = 1\,\text{Hz}$.
Zwischen der Schwingungsdauer T und der Frequenz f besteht der Zusammenhang $f = 1/T$ bzw. $T = 1/f$.
- Die **momentane Auslenkung** oder **Elongation** $y(t)$ gibt den Weg an, um den sich der schwingende Körper zum Zeitpunkt t aus der Ruhelage entfernt hat.
In der Ruhelage ist die Elongation null. Auslenkungen nach unterschiedlichen Seiten der Ruhelage (Nulllage) werden durch das Vorzeichen unterschieden.
- Die **Schwingungsweite** oder **Amplitude** $\hat{y}$ (gelesen „y Dach") ist der Betrag der größten Elongation.
- Eine Schwingung mit konstanter Amplitude heißt *ungedämpft*. Nimmt die Amplitude mit der Zeit ab, so heißt die Schwingung *gedämpft*.

In den Beispielen der **Abb. 88.1** nimmt die Amplitude am schnellsten bei der schwingenden Wassersäule ab – ihre Schwingung ist stark gedämpft – und am langsamsten beim Fadenpendel – seine Schwingung ist schwach gedämpft. Die Dämpfung entsteht durch den ständigen unvermeidlichen Energieverlust des schwingenden Körpers aufgrund von Reibung.

Versuch 1: Die Schwingung eines Federpendels wird im computergestützten Messverfahren (**Abb. 88.2 a**) untersucht. Auf dem Monitor wird die Zeit-Elongation-Funktion grafisch dargestellt.
Beobachtung: Der Graph der Zeit-Elongation-Funktion der ungedämpften Schwingung sieht aus wie eine Sinus- (oder Cosinus)-Kurve (**Abb. 88.2 b**). ◂

Aufgaben

1. a) Untersuchen Sie die Abhängigkeit der Schwingungsdauer eines Fadenpendels bei konstanter Fadenlänge von der Amplitude der Schwingung und von der Masse des Pendelkörpers.
b) Bestimmen Sie für Fadenpendel mit gleicher Masse des Pendelkörpers die Abhängigkeit der Schwingungsdauer von der Fadenlänge und stellen Sie die Messwerte grafisch dar.

4.1.2 Die harmonische Schwingung

Die Darstellung des zeitlichen Verlaufs einer Pendel- oder Federschwingung ergibt eine Kurve, die aussieht wie eine Sinus- bzw. Cosinusfunktion. Durch den folgenden Vergleich einer Federschwingung mit einer Kreisbewegung wird diese Vermutung überprüft.

Versuch 1: Eine kleine Kugel, die auf einer Stange befestigt ist, bewegt sich auf einer horizontalen Kreisbahn. Davor befindet sich ein ebenfalls horizontal beweglicher, zwischen zwei Federn eingespannter Gleiter auf der Luftkissenfahrbahn (**Abb. 89.1**). Die Bewegungen beider Körper werden in einer Schattenprojektion beobachtet. Die Drehzahl des Motors und die Amplitude der Federschwingung werden so geregelt, dass die Schatten des Aufsatzes auf dem Gleiter und der Kugel ständig in Deckung bleiben.
Ergebnis: Die Projektion einer gleichförmigen Kreisbewegung auf eine Ebene senkrecht zur Bahnebene verläuft synchron mit der Schwingung des Gleiters. Die Schwingung kann also in der gleichen Weise beschrieben werden wie die Projektion einer Kreisbewegung. ◄

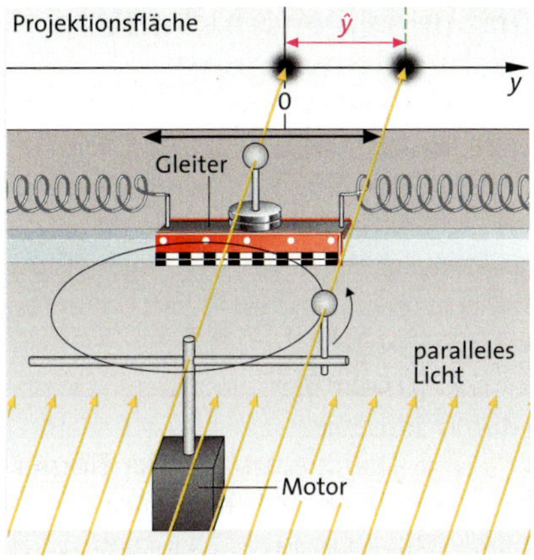

89.1 Gleichzeitige Projektion einer Federschwingung und einer gleichförmigen Kreisbewegung

Die Beschreibung des zeitlichen Verlaufs einer Schwingung bedeutet, den Ort des schwingenden Körpers, also seine Auslenkung bzw. Elongation, in Abhängigkeit von der Zeit anzugeben. Der Ort eines Körpers auf einer Kreisbahn ist durch den Radius r und den Winkel φ bestimmt (**Abb. 89.2**). Die Projektion der Kreisbewegung parallel zur Bahnebene auf die y-Achse ergibt eine Bewegung zwischen den Werten $-r$ und $+r$. Die Amplitude $\hat{y}$ der Schwingung ist also gleich dem Radius r der Kreisbewegung: $\hat{y} = r$. Die momentane Auslenkung y der Schwingung ist gleich dem Abstand des Körpers von der x-Achse. Es gilt:

$$y = r\sin(\varphi) \quad \text{bzw.} \quad y = \hat{y}\sin(\varphi)$$

Der Winkel φ ändert sich mit der Zeit: $\varphi = \omega t$, wobei ω die Winkelgeschwindigkeit der Kreisbewegung ist (→ 1.4.3). Für die Beschreibung des zeitlichen Verlaufs der Schwingung ergibt sich:

$$y(t) = \hat{y}\sin(\omega t)$$

Da die *Geschwindigkeit* v einer Bewegung die erste Ableitung des Weges nach der Zeit und die *Beschleunigung* a die zweite Ableitung des Weges nach der Zeit ist, ergeben sich für die harmonische Schwingung die Gesetze:

$$v(t) = \hat{y}\omega\cos(\omega t) \quad \text{und} \quad a(t) = -\hat{y}\omega^2\sin(\omega t)$$

Die Winkelgeschwindigkeit $\omega = 2\pi/T$ der gleichförmigen Kreisbewegung wird bei einer Schwingung als **Kreisfrequenz** bezeichnet. **Abb. 89.3** zeigt den zeitlichen Verlauf der Elongation y, der Geschwindigkeit v und der Beschleunigung a.

- Zeit-Elongation-Gesetz $y(t) = \hat{y}\sin(\omega t)$
- Zeit-Geschwindigkeit-Gesetz $v(t) = \hat{y}\omega\cos(\omega t)$
- Zeit-Beschleunigung-Gesetz $a(t) = -\hat{y}\omega^2\sin(\omega t)$

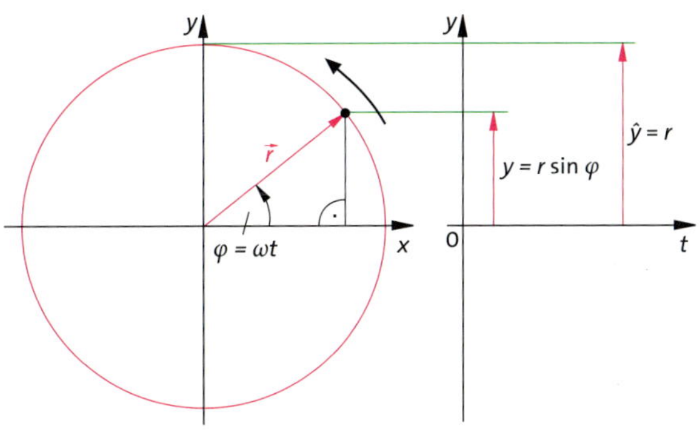

89.2 Der Ort eines Körpers, der gleichförmig auf einer Kreisbahn umläuft, ist durch den Radius r und den Winkel φ bestimmt. Sein Abstand von der x-Achse ist gleich der Auslenkung y der Schwingung. Es gilt $y = r\sin(\varphi)$ bzw. $y = \hat{y}\sin(\omega t)$.

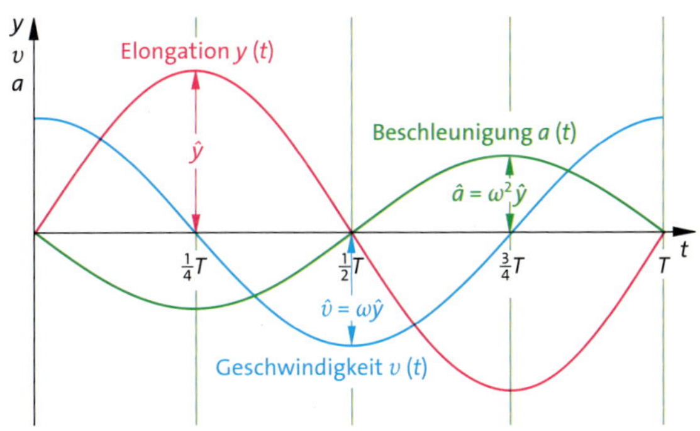

89.3 Darstellung der Bewegungsgesetze der harmonischen Schwingung: Zeit-Elongation-Diagramm (rot), Zeit-Geschwindigkeit-Diagramm (blau) und Zeit-Beschleunigung-Diagramm (grün)

4.1.3 Bedingung und Eigenschaften der harmonischen Schwingung

Voraussetzung für die Entstehung einer realen Schwingung ist, dass bei der Auslenkung des schwingenden Körpers aus seiner Ruhelage auf diesen eine Kraft F wirkt, die ihn zurückbewegt. Nach der Grundgleichung der Mechanik, $F = m\,a$, erzeugt diese Kraft eine Beschleunigung $a = F/m$. Aus dem Zeit-Beschleunigung-Gesetz $a(t) = -\hat{y}\,\omega^2 \sin(\omega t)$ der harmonischen Schwingung ergibt sich durch Einsetzen von $y(t) = \hat{y}\sin(\omega t)$ die Beziehung $a = -\omega^2 y$. Damit folgt für die *rücktreibende Kraft* bei einer harmonischen Schwingung

$$F_r = m\,a = -m\,\omega^2 y = -D\,y \quad \text{mit} \quad D = m\,\omega^2.$$

Die Kraft F_r und die Beschleunigung a sind zu jeder Zeit der Elongation y entgegengerichtet – das ergibt sich aus dem Minuszeichen. Da die Masse m und die Kreisfrequenz $\omega = 2\pi/T$ konstant sind, ist bei einer harmonischen Schwingung der Betrag der rücktreibenden Kraft proportional zur Elongation y.

Bedingung für die Entstehung einer *harmonischen Schwingung* ist eine **rücktreibende Kraft F_r**, deren Betrag proportional zur Elongation y ist. Rücktreibende Kraft und Elongation sind entgegengerichtet.

Die rücktreibende Kraft beim Federschwinger

Auf den zwischen zwei Federn eingespannten Gleiter auf der Luftkissenfahrbahn wirken stets die beiden einander entgegengesetzten Federkräfte F_{links} und F_{rechts} (**Abb. 90.1**). Die rücktreibende Kraft F_r ist die Summe der beiden Kräfte:

$$F_r = F_{\text{links}} + F_{\text{rechts}}$$

Für jede der Federn gilt das Hooke'sche Gesetz, nach dem ihre Spannkraft F_S der Verlängerung s der Feder proportional und entgegengerichtet ist:

$$F_S = -D\,s$$

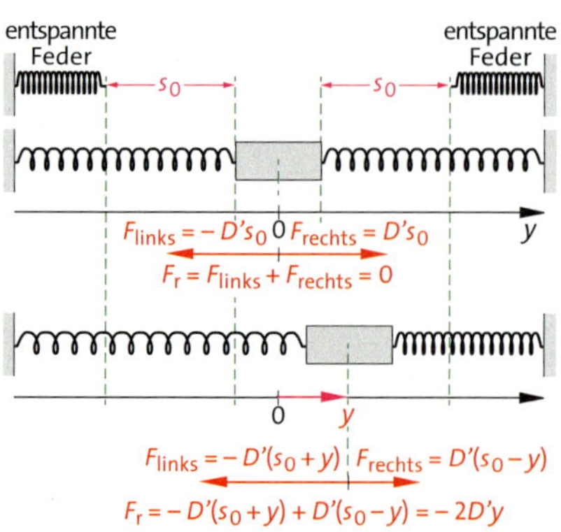

90.1 Kräfte an der schwingenden Masse: Die rücktreibende Kraft F_r ist die vektorielle Summe aus den Federkräften F_{links} und F_{rechts}.

In **Abb. 90.1** haben beide Federn die gleiche Federkonstante $D' = D/2$. Die Elongation y aus der Ruhelage wird nach links negativ, nach rechts positiv gerechnet. Damit ergibt sich die rücktreibende Kraft zu:

$$F_r = -D'(s_0 + y) + D'(s_0 - y) = -2\,D'\,y$$

Also gilt für die rücktreibende Kraft F_r auf einen Körper zwischen zwei gleichen Federn mit der Federkonstanten $D' = D/2$ das lineare Kraftgesetz $F_r = -D\,y$. Die Federschwingung ist folglich eine harmonische Schwingung.

Wegen $F_r = -D\,y$ und $F_r = -m\,\omega^2 y$ ergibt sich für die Schwingungsdauer eines Federpendels mit der Federkonstanten D die Beziehung $D = m\,\omega^2$. Mit $\omega = 2\pi/T$ folgt $D = m\,(2\pi/T)^2$ und daraus $T^2 = 4\pi^2 m/D$ bzw. $T = 2\pi\sqrt{m/D}$. Dies kann verallgemeinert werden:

Gilt für die rücktreibende Kraft einer Schwingung ein lineares Kraftgesetz $F_r = -D\,y$, so ist diese Schwingung harmonisch. Umgekehrt hat auch jede harmonische Schwingung die Eigenschaft, dass für die rücktreibende Kraft ein lineares Kraftgesetz gilt. Die Schwingungsdauer beträgt $T = 2\pi\sqrt{m/D}$.

Beispiel Nichtharmonische Schwingungen

Alle Schwingungen, die die Bedingung des linearen Kraftgesetzes nicht erfüllen, sind nicht harmonisch.

- Dies ist der Fall beim Fadenpendel (→ **Abb. 88.1a**), da die rücktreibende Kraft sich aus der Masse m des Pendelkörpers und dem Winkel φ der Auslenkung zu $F_r = m\,g\,\sin(\varphi)$ ergibt. Nur für kleine Winkel gilt näherungsweise $\sin(\varphi) \approx \varphi$.
- Auch die unsymmetrische Schwingung des Galilei-Pendels (→ **Abb. 88.1d**) ist nicht harmonisch.
- Für einen auf und ab schwingenden Körper an einem Gummiband gilt das lineare Kraftgesetz ebenfalls nicht.
- Ein weiteres Beispiel ist die Bewegung eines Gleiters, der an seinen Stirnseiten zwei Federn hat und zwischen zwei festen Puffern auf einer Luftkissenbahn hin- und hergleitet.

Aufgaben

1. Bei einem vertikal schwingenden Federpendel (→ **Abb. 88.1b**) und → **Abb. 88.2**) stehen in der Ruhelage die Spannkraft der Feder und die Gewichtskraft auf den an der Feder hängenden Körper der Masse m im Gleichgewicht.
   Zeigen Sie, dass auch bei diesem Pendel die rücktreibende Kraft F_r der Elongation y proportional ist.
2. Bestimmen Sie für eine beliebige Schraubenfeder und einen geeigneten Körper aus der Schwingungsdauer die Federkonstante und überprüfen Sie das Ergebnis durch Messung der Verlängerung bei Belastung mit einem Wägestück.

4.1.4 Die Energie der harmonischen Schwingung

Wird ein beliebiger Oszillator zur Anregung einer Schwingung aus seiner Ruhelage ausgelenkt, so wird ihm gegen die rücktreibende Kraft Energie zugeführt. Dadurch nimmt die *potentielle Energie* des Oszillators gegenüber der Ruhelage zu. Sie liegt z. B. beim horizontalen Federschwinger als *Spannenergie* vor (→ 2.1.2) und beim Fadenpendel oder bei der Wassersäule im U-Rohr als *Gravitationsenergie*. Die potentielle Energie des Oszillators ist in der Ruhelage null und erreicht in der maximalen Auslenkung ihren größten Wert.

Wird der Oszillator nach einer Auslenkung freigegeben, so wird er von der rücktreibenden Kraft F_r beschleunigt und gewinnt mit zunehmender Geschwindigkeit kinetische Energie. Beim Durchgang durch die Ruhe- oder Nulllage erreicht die *kinetische Energie* ihr Maximum, im Umkehrpunkt hat sie den Wert null. Bei einer Schwingung wandeln sich potentielle und kinetische Energie ständig ineinander um.

Die **potentielle Energie** eines harmonischen Oszillators, für dessen rücktreibende Kraft das lineare Kraftgesetz $F_r = -D\,y$ gilt, ist gleich der Energie, die beim Auslenken aus der Ruhelage bis zur Elongation y zugeführt wird. Sie entspricht der Energie beim Spannen einer Feder um die Strecke y und beträgt $E_{pot} = \frac{1}{2} D y^2$, sodass sich für die zum Zeitpunkt t erreichte Elongation $y(t) = \hat{y} \sin(\omega t)$ ergibt:

$$E_{pot} = \tfrac{1}{2} D y^2 = \tfrac{1}{2} D \hat{y}^2 \sin^2(\omega t) \qquad \text{(siehe **Abb. 91.1 a**)}$$

Die **kinetische Energie** eines harmonischen Oszillators zu einem beliebigen Zeitpunkt t ergibt sich mit dem Zeit-Geschwindigkeit-Gesetz $v = \hat{y}\,\omega \cos(\omega t)$ zu:

$$E_{kin} = \tfrac{1}{2} m v^2 = \tfrac{1}{2} m \omega^2 \hat{y}^2 \cos^2(\omega t)$$

Da für eine harmonische Schwingung das lineare Kraftgesetz gilt, folgt mit $m\omega^2 = D$:

$$E_{kin} = \tfrac{1}{2} D \hat{y}^2 \cos^2(\omega t) \qquad \text{(siehe **Abb. 91.1 a**)}$$

Die **Gesamtenergie** ist also zu jedem Zeitpunkt:

$$E_{Ges} = E_{pot} + E_{kin}$$

$$E_{Ges} = \tfrac{1}{2} D \hat{y}^2 \sin^2(\omega t) + \tfrac{1}{2} D \hat{y}^2 \cos^2(\omega t)$$

Mit der Beziehung $\sin^2(\alpha) + \cos^2(\alpha) = 1$ ergibt sich für die Gesamtenergie

$$E_{Ges} = \tfrac{1}{2} D \hat{y}^2 [\sin^2(\omega t) + \cos^2(\omega t)] = \tfrac{1}{2} D \hat{y}^2 = \tfrac{1}{2} m \omega^2 \hat{y}^2$$

Das bedeutet: Die Gesamtenergie eines harmonischen Oszillators ist proportional zum Quadrat der Amplitude $\hat{y}$ und zum Quadrat der Kreisfrequenz ω; sie hängt jedoch nicht von der Zeit t ab.

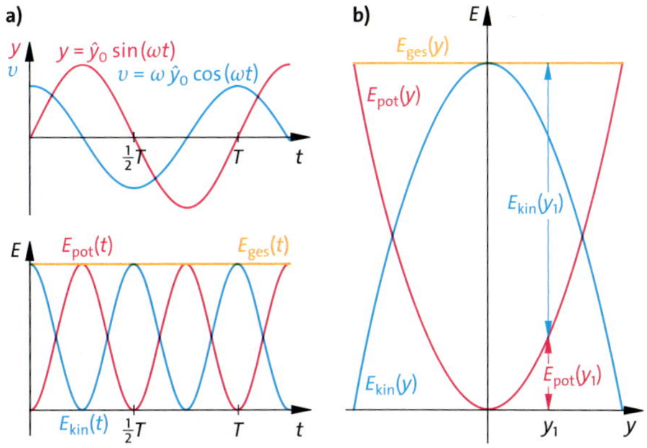

91.1 a) Elongation, Geschwindigkeit und darunter die zugehörige Energie in Abhängigkeit von der Zeit; **b)** potentielle Energie, kinetische Energie und Gesamtenergie in Abhängigkeit von der Elongation

> Potentielle und kinetische Energie eines harmonischen Oszillators wandeln sich periodisch ineinander um. Die Gesamtenergie ist proportional zum Quadrat der Amplitude $\hat{y}$ und zum Quadrat der Kreisfrequenz ω:
>
> $E_{Ges} = \frac{1}{2} D \hat{y}^2 = \frac{1}{2} m \omega^2 \hat{y}^2$

Aufgaben

1. Ein U-Rohr mit einem Innendurchmesser von $d = 2{,}8$ cm ist mit 700 cm³ Wasser gefüllt. Nach dem Auslenken aus der Ruhelage schwingt die Wassersäule (→ **Abb. 88.1**) mit einer Schwingungsdauer von $T = 1{,}53$ s.
   a) Berechnen Sie die rücktreibende Kraft bei einer Auslenkung von $\hat{y} = 4$ cm und zeigen Sie, dass für die schwingende Wassersäule ein lineares Kraftgesetz gilt.
   b) Überprüfen Sie mit einer Rechnung den gemessenen Wert der Schwingungsdauer.
   c) Berechnen Sie die potentielle Energie im Augenblick der maximalen Auslenkung $\hat{y}$ und bestimmen Sie die Geschwindigkeit, mit der der Wasserspiegel der Wassersäule durch die Ruhelage geht.
   d) Zeigen Sie, dass die potentielle Energie im Augenblick der maximalen Auslenkung auch ohne Rückgriff auf die Formel $E = \frac{1}{2} D y^2$ bestimmt werden kann.
2. Ein Fadenpendel aus einem nahezu masselosen Faden der Länge $l = 0{,}6$ m und einem Pendelkörper der Masse $m = 20$ g wird um einen Winkel $\alpha = 10°$ aus der Ruhelage ausgelenkt und dabei gegenüber der Ruhelage um die Höhe h angehoben.
   a) Berechnen Sie die potentielle Energie bei maximaler Auslenkung und die Geschwindigkeit des Pendelkörpers beim Durchgang durch die Ruhelage.
   b) Bestimmen Sie unter der Annahme, dass das Fadenpendel eine harmonische Schwingung ausführt, mithilfe der potentiellen Energie die Richtgröße D und berechnen Sie die Schwingungsdauer.

4.1.5 Energieabgabe und Energieaufnahme bei Schwingungen

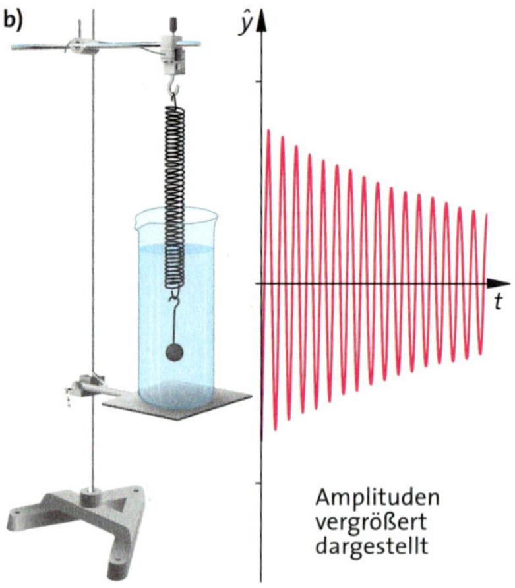

92.1 Modellversuch zur gedämpften Schwingung. Die Amplitude der Schwingung nimmt exponentiell ab.

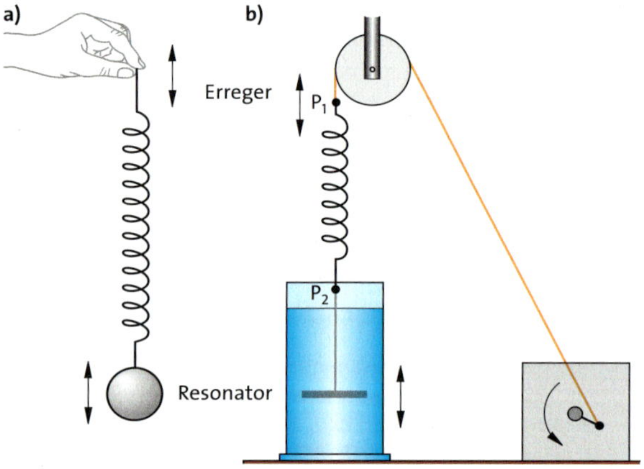

92.2 Erzwungene Schwingungen. In diesem Versuch zeigen der Punkt P_1 die Erregerschwingung und der Pendelkörper bzw. der Punkt P_2 die Resonatorschwingung an.

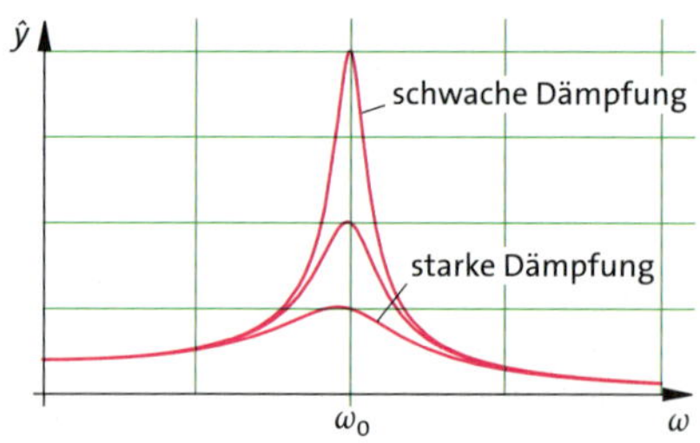

92.3 Resonanzkurven bei verschiedenen Dämpfungen: Die Amplitude des Resonators hat nahe der Eigenfrequenz ein Maximum.

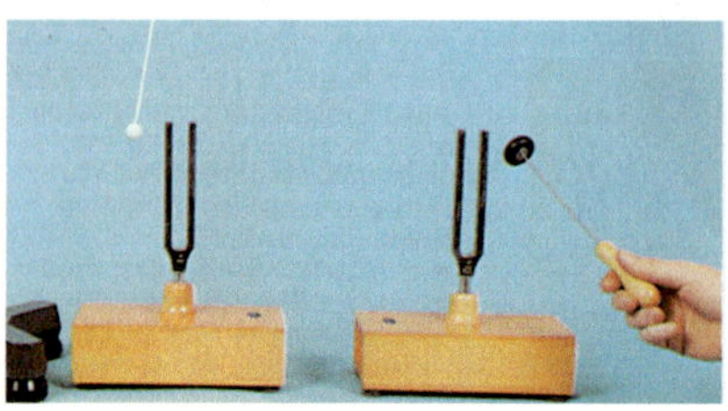

92.4 Energieübertragung im Resonanzfall

An allen Fahrzeugen – an Autos, Eisenbahnwagen, Motorrädern und auch an manchen Fahrrädern – werden harte Stöße mithilfe von Federn gedämpft. Bei dem Mountainbike rechts wird z. B. eine Stahlfeder zusammengedrückt. Sie presst in einem Zylinder mithilfe eines Kolbens Öl durch enge Düsen. Dadurch wird die beim Stoß aufgenommene Energie abgeführt, die Schwingungsamplitude nimmt schnell ab.

Versuch 1: Der Pendelkörper eines vertikal schwingenden Federpendels taucht in ein mit Wasser gefülltes Gefäß und wird in Schwingungen versetzt (**Abb. 92.1**).
Beobachtung: Die Amplitude der freien Schwingung nimmt im Vergleich zur Schwingung des Pendels in Luft deutlich schneller ab.
Erklärung: Die Reibungskraft ist der Bewegung des Pendelkörpers entgegengerichtet; sie ist im Wasser größer als in Luft. Dementsprechend nimmt die Schwingungsenergie des Pendels im Wasser schneller ab. ◂

Das Abnehmen der Amplitude mit der Zeit lässt sich in unterschiedlichem Ausmaß bei allen schwingungsfähigen Systemen beobachten. Wenn die Amplitude einer Schwingung konstant gehalten werden soll, muss dem System ständig Energie zugeführt werden.

Versuch 2: Der Exzenter eines Motors regt mit unterschiedlichen Frequenzen, aber konstanter Amplitude ein Federpendel zu Schwingungen an (**Abb. 92.2**).
Beobachtung: Das Pendel schwingt mit der Frequenz des Erregers, jedoch je nach Frequenz mit unterschiedlich großer Amplitude. Bei einer bestimmten Frequenz wird die Amplitude maximal (**Abb. 92.3**). ◂

Abb. 92.4 zeigt die Übertragung von Energie zwischen zwei Stimmgabeln mit gleicher Eigenfrequenz. Beim Anschlagen der rechten Stimmgabel nimmt die linke einen Teil der Energie auf und schwingt mit gleicher Frequenz.

Wird ein Oszillator (Resonator) mit unterschiedlichen Frequenzen angeregt, so führt er eine **erzwungene Schwingung** aus. Erfolgt die Anregung der Schwingung mit einer Frequenz nahe der **Eigenfrequenz** des Oszillators, so ist die Übertragung von Energie maximal. Es liegt **Resonanz** vor.

Die **Bedeutung des Resonanzfalls** liegt in der optimalen Energieübertragung: Im Resonanzfall lässt sich eine Schwingung mit einem Minimum an Energie aufrechterhalten. Wenn dabei die Energiezufuhr vom Resonator selbst gesteuert wird, wird eine solche Einrichtung als **Rückkopplung** bezeichnet. Rückkopplungen können auch zu unerwünschten Effekten führen, wenn sich Schwingungen bei einer bestimmten Frequenz zu hohen Amplituden aufschaukeln. Ein Beispiel ist das Auftreten eines schrillen Pfeiftons, wenn sich das Mikrofon in der Nähe des Lautsprechers befindet. Eigenschwingungen von Fahrzeugen, Schiffen und Bauwerken können durch Maschinen, Motoren oder äußere Einflüsse wie Wind oder Erdbeben bis zur **Resonanzkatastrophe** verstärkt werden.

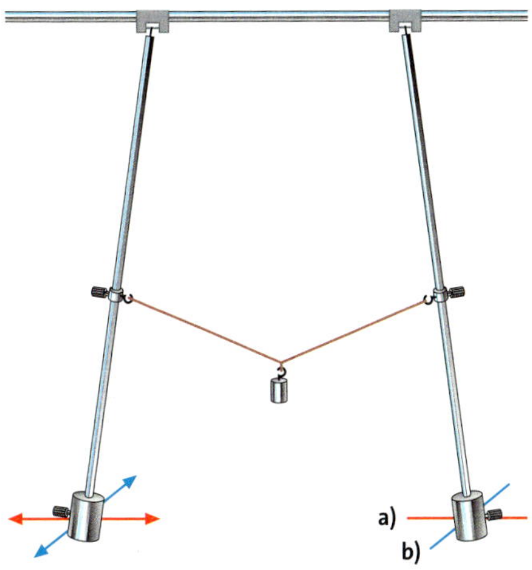

93.1 Gekoppelte Pendel **a)** in longitudinaler, **b)** in transversaler Schwingung

Gekoppelte Schwingungen

Versuch 3: Zwei Fadenpendel werden durch ein Band, das durch ein leichtes Wägestück gespannt wird, miteinander *gekoppelt* (**Abb. 93.1**). Wird das eine Pendel in Richtung auf das andere Pendel (longitudinal) oder senkrecht dazu (transversal) angestoßen, so gerät auch das zweite Pendel in Schwingungen. Seine Amplitude nimmt mit der Zeit ständig zu, während die des ersten Pendels abnimmt. Anschließend wiederholt sich der Vorgang in umgekehrter Richtung.
Erklärung: Der Vorgang kann als *erzwungene Schwingung* aufgefasst werden, bei der der Energievorrat des Erregers begrenzt ist. Haben die Pendel gleiche Eigenfrequenz (Resonanzfall), so wird die Energie nach einiger Zeit vollständig vom ersten Pendel auf das zweite übertragen. Haben die beiden Pendel unterschiedliche Eigenfrequenzen, so erfolgt die Energieübertragung nur teilweise. ◂

Aufgaben

1. Geben Sie weitere Beispiele für Resonanzphänomene an.
2. Geben Sie Beispiele aus der Technik an, in denen für eine möglichst große Dämpfung gesorgt wird.
3. Recherchieren Sie, wieso die Millenium Bridge in London "the wobbly bridge" genannt wird. Erläutern Sie die physikalischen Hintergründe der Schwingungen und die Gegenmaßnahmen, die ergriffen wurden, bevor die Brücke endgültig für die Öffentlichkeit freigegeben werden konnte.

Exkurs

Der Einsturz der Tacoma-Brücke – eine Resonanzkatastrophe

Am 7. November 1940 versetzte ein nicht besonders starker Wind von 68 km/h zuerst den Mittelteil der damals drittgrößten Hängebrücke der Welt, die Tacoma-Brücke über den Pudget-Sound im US-Bundesstaat Washington, in Schwingungen mit einer Frequenz von 0,6 Hz und einer Schwingungsweite von 0,5 m. Wenig später setzte eine Torsionsschwingung (Drehschwingung) mit einer Frequenz von 0,2 Hz ein. Zeitweise war der linke Gehweg 8,5 m höher als der rechte. Der Wind hatte die Brücke in ihrer Eigenfrequenz angeregt, bis schließlich die Resonanzkatastrophe eintrat.

Die Brücke hatte schon bald nach ihrer Eröffnung am 1. Juli 1940 als vibrationsanfällig gegolten. Die Leute nannten sie „Galloping Gertie“.
1950 wurde an der gleichen Stelle eine neue Brücke errichtet. Das Verhältnis von Breite zu Höhe des Brückenquerschnitts wurde verringert und dadurch die Brückenkonstruktion versteift. Die Eigenfrequenz der Brücke war somit verändert, sodass normale Windstärken ihr nichts mehr anhaben konnten. Eine Folge dieses Brückeneinsturzes war, dass heute alle Hängebrücken vor ihrem Bau im Modell im Windkanal getestet werden.

Exkurs

Schwingungen und Musik

Saiteninstrumente

Mit einer gespannten Saite lassen sich durch Zupfen (bei Gitarre, Harfe, Cembalo), Streichen (Geige, Cello, Kontrabass) oder Anschlagen (Klavier) Töne erzeugen, deren Frequenz von Länge, Gewicht und Spannung der Saiten abhängt.

Beim Zupfen oder Anschlagen wird einmalig Energie auf die Saite übertragen, beim Streichen stetig. Je nach der Anregungsart schwingen die Saiten in einem charakteristischen Frequenzspektrum aus Grundton und zugehörigen Obertönen (das sind Schwingungen mit einem Vielfachen der Grundfrequenz). Der große Nachteil einer Saite ist ihre schlechte Schallabstrahlung. Daher wird die Saitenschwingung so verlustfrei wie möglich auf einen Resonanzkörper (Resonator) übertragen, der eine wesentlich größere schwingende Fläche besitzt: den Korpus der Gitarre oder der Streichinstrumente, den sogenannten Resonanzboden der Klaviere. Die angezupfte bzw. angeschlagene Saite regt den Resonanzkörper zu erzwungenen Schwingungen an. Das bedeutet, dass der Resonanzkörper mit den ihm von der Saite aufgezwungenen Frequenzen schwingt – aber nicht in Resonanz, wie der Name vermuten ließe. Vom schwingenden Resonator wird Energie an die Luft übertragen: die gespielten Töne werden hörbar.

Abb. a) zeigt holografische Aufnahmen des Bodens einer Violine mit unterschiedlichen Schwingungszuständen bei bestimmten Frequenzen. Die Klangarbe des erzeugten Tons wird durch das Schwingungsspektrum der Saite und durch das materialbedingte Verhalten des Resonanzkörpers bestimmt.

Die Klaviersaiten bestehen aus dicken, steifen Stahldrähten; manche sind zusätzlich noch umwickelt. Die Frequenzen ihrer höheren Obertöne sind wegen der Steifigkeit der Drähte keine genauen ganzzahligen Vielfachen des Grundtons, sie liegen etwas zu hoch. Das gibt der Saite ihre besondere Klangfarbe und dem Klavier seinen typischen „Ton". Von den 88 Tasten sind 10 für die tiefsten Töne einfach besaitet („einchörig"), die nächsten 18 sind doppelt besaitet und die übrigen 60 dreifach („dreichörig").

Das hat zwei Gründe. Einmal wird die Energie des Hammers auf zwei oder drei Drähte übertragen; dadurch wird der Ton kräftiger, als wenn nur ein Draht für die Saiten vorhanden wäre. Dann schlägt der Hammer gleichzeitig zwei oder drei Drähte an, die unvermeidlich nicht mit der absolut gleichen Frequenz schwingen und daher leichte Schwebungen erzeugen. Auch das trägt dazu bei, dass das Klavier bei verschiedenen Tönen seinen charakteristischen Klang erhält – der Ton klingt voller, „wärmer".

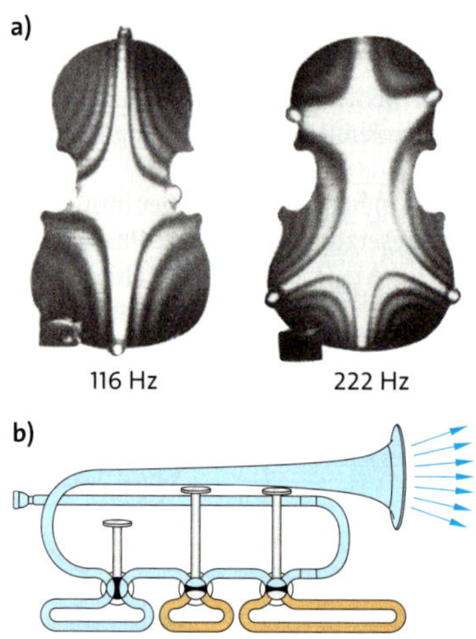

Das Gleiche gilt für ein Orchester: Wenn auf mehreren gleichen Instrumenten von sehr guten Musikern der gleiche Ton gespielt wird, führen Frequenzunterschiede von wenigen Hertz zu einer Schwebung. Der Ton wird „wärmer", als wenn er nur von einem einzelnen Musiker gespielt wird.

Eine Geigensaite schwingt im Gegensatz zu einer Klaviersaite komplexer. Der Bogen haftet so lange an der Saite – die dabei in der Form eines Dreiecks ausgelenkt wird – bis die Rückstellkraft größer als die Haftreibung zwischen Bogen und Saite ist. Zur Erhöhung der Haftreibung wird der Bogen mit einem Harz bestrichen (Kolophonium). Während einer Schwingung läuft dann der „Knick" auf der Saite hin und her, bis sich der Vorgang wiederholt und der Bogen wieder an der Saite haftet. Werden die Saiten durch Zupfen angeregt („Pizzicato"), läuft dieser Vorgang nur einmal ab.

Blasinstrumente

Die Blasinstrumente werden nach der Art der Tonerzeugung in Blech- und Holzblasinstrumente unterteilt; Posaunen, Trompeten und Hörner gehören zur ersten Gruppe, Oboe, Fagott, Klarinette, Flöten und Saxophone zur zweiten.

Anders als bei den Saiteninstrumenten erfolgt die Tonerzeugung im Resonator selbst. Der Resonator hat meistens röhrenförmige oder konische Gestalt und mündet in einen Schalltrichter. Die eingeschlossene Luft wird zu erzwungenen Schwingungen angeregt, im Resonanzfall sind sie besonders kräftig. Die Schwingungen werden durch periodische Druckänderungen am einen Ende der Röhre erzeugt.

Bei den Blechblasinstrumenten wird der Ton durch das Schwingen der Lippen am Mundstück des Instruments erzeugt. Beim Öffnen der Lippen wird ein Luftstoß abgegeben, der am offenen Ende reflektiert wird und zum Mundstück zurückläuft. Dort trifft er dann auf die geschlossenen Lippen und wird erneut reflektiert. Beim nächsten Eintreffen an den Lippen sind diese geöffnet und verstärken durch einen erneuten Luftstoß die Schwingung.

Die höchsten spielbaren Töne sind vom Können des Musikers abhängig, der Grundton wird durch die Länge des Instruments bestimmt. Alle Instrumente mit dem gleichen Grundton haben deswegen auch ungefähr die gleiche Rohrlänge, zum Beispiel Waldhorn, Posaune und Tenorhorn etwa 2,7 m. Durch einen Zug oder durch Ventile kann die Rohrlänge deutlich vergrößert werden. Durchgesetzt hat sich – außer bei der Zugposaune – eine Bauform mit drei Ventilen. Damit kann der Grundton um drei, zwei oder einen Halbton erniedrigt werden.

Durch die Kombination aller Ventile kann eine chromatische Tonleiter in allen Oktavbereichen gespielt werden.

Bei den Holzblasinstrumenten wird die Luftsäule vom Spieler am Mundstück zum Schwingen angeregt. Entweder an einer Anblaskante („Labium") bei Flöten oder durch ein schwingendes Rohrblatt bei Klarinette und Saxophon; bei Oboe und Fagott sind es zwei Rohrblätter die gegeneinander schwingen. Durch Erhöhen des Anblasdrucks kann ein Instrument in einer höheren Lage gespielt werden, es wird dann „überblasen".

Zu den Flöten gehören außer den Längs- und Querflöten auch die meisten Orgelpfeifen (Labialpfeifen), da bei ihnen der Ton nach dem gleichen Prinzip erzeugt wird. Es gibt bei Orgeln aber auch Zungenpfeifen, die einen Klang haben, der dem der Oboe ähnelt, er ist „näselnd".

E-Bass

Mit dem Aufkommen der E-Gitarre ergab sich das Problem, dass in damaligen Bands der verwendete Kontrabass hinsichtlich der Lautstärke unterlegen war. Auch der elektrische Bass (E-Bass) gibt nur einen leisen Ton ab, der wie bei der E-Gitarre verstärkt werden muss. Dazu wandelt ein eingebauter Tonabnehmer die Schwingungen der Metallsaiten in elektrische Signale um, die durch einen Verstärker hörbar gemacht werden. Als Bassinstrument legt er mit seinen tiefen Frequenzen das akustische Fundament. Mit E-Bässen gespielte Basslinien sind typisch für viele Musikrichtungen. Die Saiten weisen gegenüber der E-Gitarre einen größeren Durchmesser auf, da sich mit der höheren Saitenmasse das Schwingungsverhalten so ändert, dass der gewünschte tiefe Ton bei akzeptabler Saitenspannung erreicht werden kann. Die meisten E-Bässe haben vier Saiten.
Die unter den Saiten befindlichen Tonabnehmer (engl.: pickups) wandeln die Schwingungen der Saiten in ein elektrisches Signal um. Es gibt zwei grundsätzliche Möglichkeiten der Klangregelung bei elektrischen Instrumenten: Das Filtern der Lautstärke und einzelner Frequenzbänder (passive Schaltung) oder eine Anhebung und Absenkung von einzelnen Frequenzbändern mit einem Vorverstärker (aktive Schaltung). Bei passiven Schaltungen gibt es einen Lautstärkeregler pro Tonabnehmer und eine gemeinsame Höhenblende, die den Ton dumpfer werden lässt. Außerdem können zusätzliche Filter bedient werden.
Aktive Schaltungen ermöglichen zusätzlich ein vielseitiges Verändern des Klangs. Bei einigen E-Bass-Modellen kann die aktive Elektronik ausgeschaltet werden. Dies ermöglicht dem Spieler eine größere Klangvielfalt.

Synthesizer

Ein elektronisches Instrument erzeugt mit einem oder mehreren Frequenzgeneratoren Wechselströme, die gemischt, verstärkt und über Lautsprecher hörbar gemacht werden. Im Unterschied zu elektromechanischen Musikinstrumenten mit Tonabnehmern (z. B. bei einer E-Gitarre) gibt es keine beweglichen Elemente zur Tonerzeugung. Elektrische Orgeln basieren seit 1935 auf dem Prinzip, einen komplexen Klang aus mehreren Sinusklängen zu mischen. Ein Ton setzt sich zusammen aus einem Grundton, der die Tonhöhe festlegt, und Obertönen, die die Klangfarbe bestimmen. Verschiedenartige Klänge entstehen durch einen verschiedenen Aufbau der Obertonreihen. Die einzelnen Obertöne differieren dabei in Frequenz und Amplitude.

Schon 1950 wurden Geräte zum Erzeugen von Sprache und Musik hergestellt. Ab 1980 wurden digitale Synthesizer gebaut, die völlig neue Klänge ermöglichten. Mit der ersten MIDI-Schnittstelle (= Musical Instrument Digital Interface) konnten Musikereignisse direkt auf den Rechner übertragen werden. Das war der Beginn des Komponierens am Computer. Computer können heute ganze Studios abbilden, die es zulassen, dass mit Soundkarten komplette Musikstücke am PC erstellt werden.

Smartphones besitzen mittlerweile eine so hohe Rechenleistung, dass sie als Anwendungsprogramme (Apps) Synthesizer spielen können, die in ihren Klanggestaltungsmöglichkeiten den klassisch-analogen und auch vielen digitalen Synthesizern um nichts mehr nachstehen. Sie verfügen über mehrere Oszillatoren mit zahlreichen Wellenformen, Frequenz- und Amplituden-Modulation, Chor- und Hall-Effekten sowie über dynamische Filter. Gespielt werden sie bevorzugt über MIDI-Dateien, da das Spielen auf einer kleinen Handytastatur etwas mühsam ist.

4.2 Mechanische Wellen

Eine mechanische Welle entsteht, wenn sich eine Schwingung in einem Medium wie z. B. Wasser oder Luft ausbreitet. In **Abb. 98.1** treffen parallele Wellenfronten auf die Straße von Gibraltar; nachdem sie die Meerenge durchquert haben, breiten sie sich als Kreiswellen im Mittelmeer aus.

98.1 Wellen mit einer Wellenlänge von etwa 2 km passieren die Meerenge von Gibraltar.

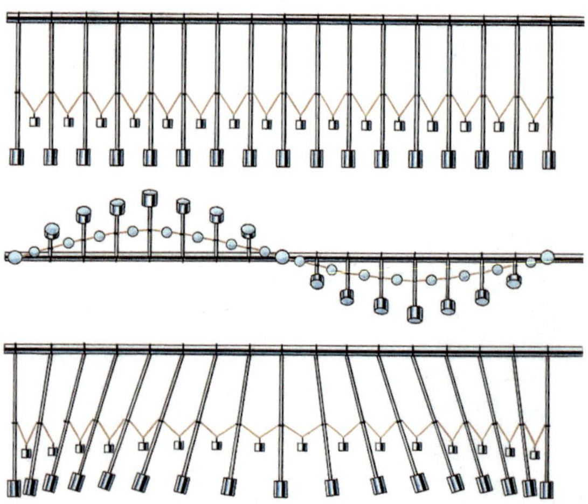

98.2 **a)** Kette gekoppelter Pendel; **b)** Das erste Pendel hat senkrecht zur Pendelkette (transversal) eine vollständige Schwingung vollführt (von unten betrachtet). **c)** Das erste Pendel hat in Richtung der Pendelkette (longitudinal) eine vollständige Schwingung vollführt (von der Seite betrachtet).

4.2.1 Entstehung und Ausbreitung

Voraussetzung für die Entstehung einer Welle ist das Vorhandensein vieler schwingungsfähiger Körper, zwischen denen eine Kopplung besteht. **Abb. 98.2** zeigt eine Reihe von Pendeln, die durch Fäden, an denen kleine Wägestücke hängen, aneinandergekoppelt sind. Die Pendel können senkrecht zur Pendelkette (transversal) oder in Richtung der Pendelkette (longitudinal) schwingen. Die Kette gekoppelter Pendel ist das Modell eines *linearen Wellenträgers*.

Versuch 1: Das erste Pendel wird senkrecht zur Pendelkette in einer Schwingung hin- und herbewegt.
Beobachtung: Das zweite Pendel übernimmt die Schwingung des ersten mit einer kleinen zeitlichen Verzögerung und gibt sie – ebenfalls mit einer zeitlichen Verzögerung – an das dritte Pendel weiter. Dieser Vorgang setzt sich von Pendel zu Pendel über die ganze Kette fort. Die einzelnen Pendel führen die gleichen Schwingungen wie das erste aus, aber sie erreichen einen bestimmten Schwingungszustand, z. B. die maximale Auslenkung, umso später, je weiter sie vom ersten Pendel entfernt sind.
Ergebnis: Die Schwingung pflanzt sich längs der Kette fort. Die einzelnen Pendel nehmen vom vorangehenden Pendel Energie und Impuls auf und geben sie an das folgende Pendel weiter. Auf der Kette gekoppelter Pendel ist eine *lineare Welle* entstanden. ◄

Eine **lineare Welle** entsteht, wenn einer Oszillatorkette periodisch Energie und Impuls zugeführt wird und die miteinander gekoppelten Oszillatoren nacheinander gleichartige Schwingungen ausführen. Die Schwingungszustände des die Schwingung verursachenden Oszillators bewegen sich über die Kette hinweg. Führen die Oszillatoren harmonische Schwingungen aus, ist es eine **harmonische Welle**.

In einer harmonischen Welle führt jeder Oszillator die gleiche durch *Frequenz* und *Amplitude* charakterisierte Schwingung aus. An jedem Ort einer Welle wiederholen sich nach der **Schwingungsdauer** T gleiche Schwingungszustände, z. B. der Nulldurchgang oder die maximale Auslenkung. Zu jedem Zeitpunkt gibt es in der Welle Oszillatoren im gleichen Schwingungszustand. Der kürzeste Abstand zweier Oszillatoren im gleichen Schwingungszustand ist die **Wellenlänge** λ (**Abb. 99.1**).

Eine Welle ist ein zeitlich und räumlich periodischer Vorgang. Die *zeitliche Periode* ist die **Schwingungsdauer** T, die *räumliche Periode* die **Wellenlänge** λ.

Phasengeschwindigkeit einer Welle

Jede harmonische Schwingung kann als Projektion eines mit konstanter Frequenz f rotierenden Zeigers der Länge $\hat{y}$ aufgefasst werden (→ Methode S. 95). Ein bestimmter Schwingungszustand ist dann durch die *Phase* bzw. den *Phasenwinkel* φ bestimmt, den der Zeiger mit der positiven x-Achse bildet.

In einer Welle bewegen sich die Schwingungszustände, also die Phasen der Schwingung, so z. B. die Wellenberge oder die Wellentäler (**Abb. 99.1**). Die Geschwindigkeit der Phase hängt mit der zeitlichen und der räumlichen Periode der Welle zusammen: Während ein Oszillator an einem bestimmten Ort eine volle Schwingung in der Periodendauer T ausführt, bewegt sich die Phase von diesem Ort aus um eine bestimmte Strecke, die Wellenlänge λ, bis zu einem anderen Oszillator weiter. Der erreichte Oszillator schwingt nun mit dem ersten in Phase. Der Schwingungszustand ist also in der Zeit T um die Strecke λ vorangekommen. Daraus ergibt sich die Geschwindigkeit der Welle zu $v = \lambda / T$.

> Die Geschwindigkeit, mit der sich die Schwingungszustände oder Phasen in einer Welle bewegen, heißt **Phasengeschwindigkeit** v.
> Es gilt $v = \lambda / T$ und mit $T = 1/f$ folgt $\boldsymbol{v = \lambda f}$.

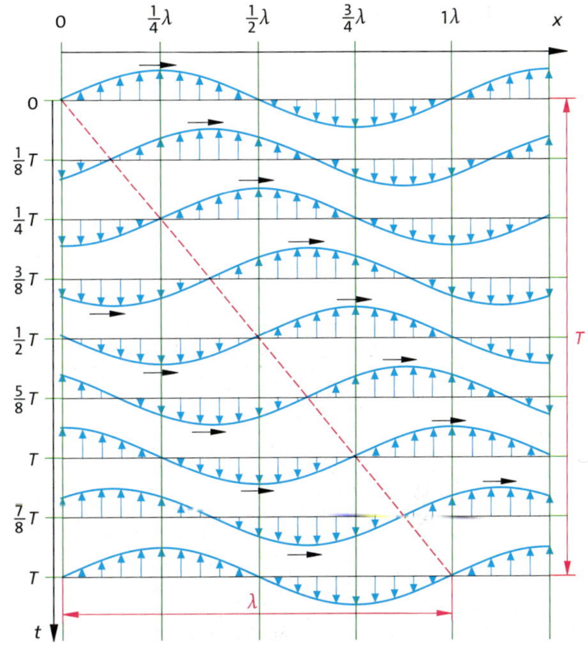

99.1 Entstehung und Ausbreitung einer Welle: Der Oszillator am linken Rand der Abbildung führt in der Zeit T eine vollständige Schwingung aus. In dieser Zeit wandert der Schwingungszustand dieses Oszillators um die Strecke λ weiter.

Transversalwelle und Longitudinalwelle

In der Darstellung einer Transversalwelle (**Abb. 99.2 oben**) ergibt sich durch Umklappen der Auslenkungen der Oszillatoren in die x-Achse das Bild einer Longitudinalwelle (**Abb. 99.2 b**). Zu erkennen sind Stellen mit größerer bzw. geringerer Dichte der schwingenden Teilchen (siehe auch **Abb. 98.2 c**).

Mechanische Transversalwellen können entstehen, wenn zwischen den Oszillatoren elastische *Querkräfte* wirksam sind wie in festen Körpern oder an der Oberfläche von Flüssigkeiten.

Mechanische Longitudinalwellen können entstehen, wenn zwischen den Oszillatoren elastische *Längskräfte* wirksam sind. Solche Kräfte existieren zwischen Teilchen in Festkörpern, Flüssigkeiten und Gasen. Eine Störung der Gleichgewichtslage der Teilchen wird in Richtung der Störung weitergegeben.

In festen Körpern pflanzen sich Transversal- und Longitudinalwellen fort, im Inneren von Flüssigkeiten und Gasen sind nur Longitudinalwellen möglich, wie z. B. Schallwellen in Luft.

Energietransport durch eine Welle

Die wichtigste Eigenschaft einer fortschreitenden Welle ist der **Transport von Energie**. Wird in Versuch 1 das erste Pendel in Schwingung versetzt, so wird die ihm zugeführte Energie durch die Kopplung der Pendel von einem zum nächsten weitergegeben. Die Energie wandert als Schwingungsenergie durch den Wellenträger. Dabei wird jedoch keine Materie fortbewegt.

> In einer Welle breitet sich Energie ohne Materietransport aus.

Aufgaben

1. Berechnen Sie die fehlenden Größen der Welle.

λ	T in s	f in Hz	v in m/s
2 cm	$1{,}2 \cdot 10^{-4}$		
5 mm			200
		440	340

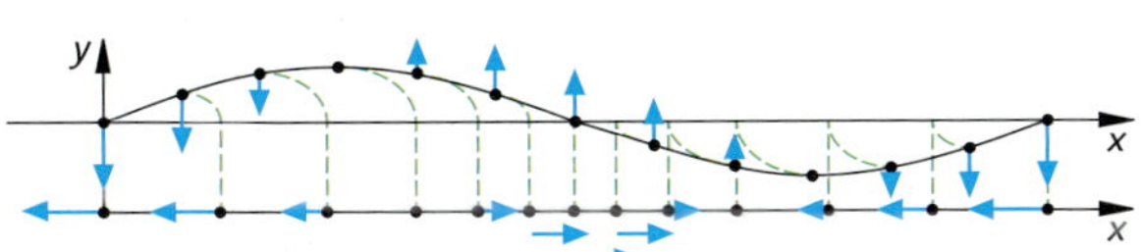

99.2 Die Auslenkungen der Oszillatoren in einer Transversalwelle **(a)** senkrecht zur Ausbreitungsrichtung entsprechen in einer Longitudinalwelle **(b)** Auslenkungen in oder gegen die Ausbreitungsrichtung.

4.2.2 Eigenschaften von Wellen

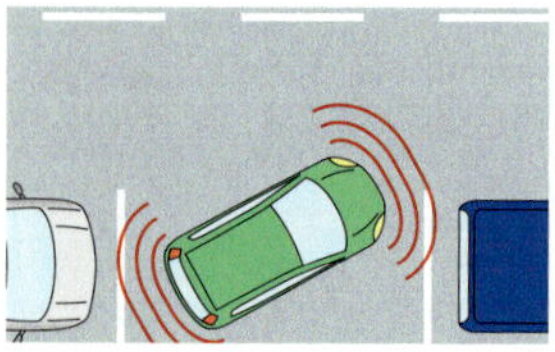

Ein Parktronic-System im Auto erleichtert das Einparken und schützt vor kleineren Blechschäden, da dem Fahrer der Abstand zum Nachbarauto oder zu anderen Gegenständen angezeigt wird. Das System basiert auf dem Aussenden und dem Empfangen von Ultraschallwellen. Die Schallwellen werden vom Gegenstand, auf den sie treffen, reflektiert. Aus der gemessenen Zeit zwischen Senden und Empfangen berechnet ein Steuergerät die Entfernung zum Hindernis.

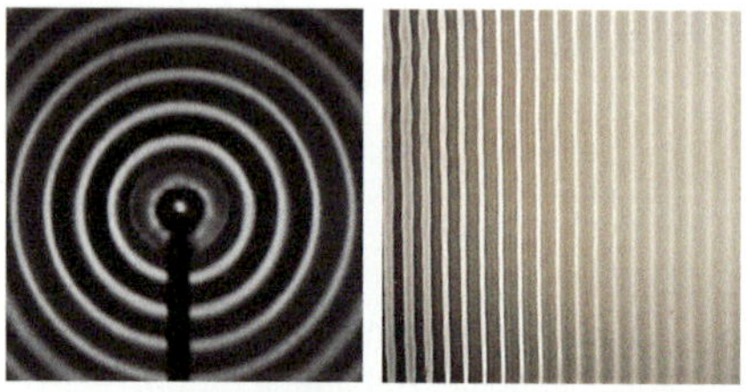

100.1 Wellenfronten auf einer Wasseroberfläche

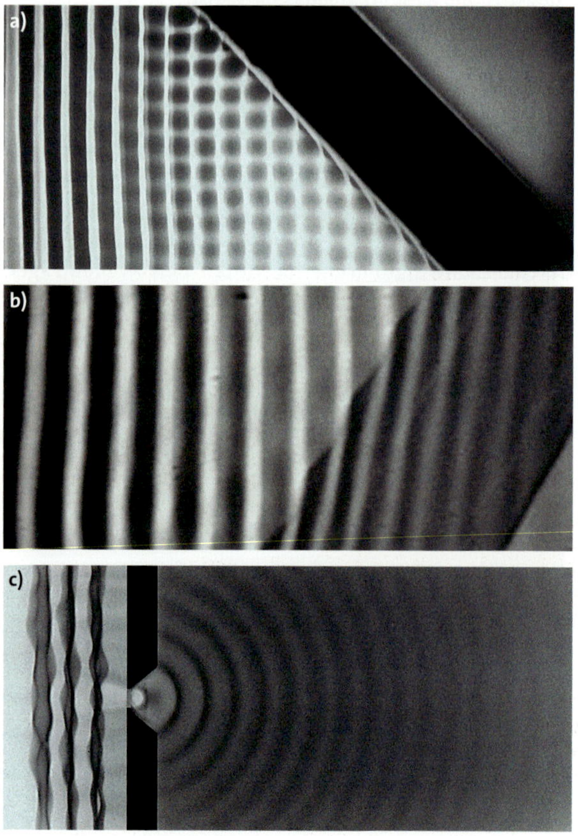

100.2 Ebene Wellenfronten werden an Hindernissen **a)** reflektiert, **b)** gebrochen, **c)** gebeugt.

Schallwellen und Wasserwellen zeigen gleiche Eigenschaften, auch wenn sie unterschiedliche Arten von Wellen sind. Am Beispiel von Wasserwellen lassen sich verschiedenen Eigenschaften von Wellen wie Ausbreitung, Reflexion, Brechung und Beugung beobachten.

Ausbreitung

Ein punktförmiger Erreger, der periodisch auf eine Wasseroberfläche trifft, erzeugt eine ebene Welle, die sich auf der Wasseroberfläche in alle Richtungen ausbreitet. Die Welle läuft vom Erregerzentrum in Form von konzentrischen Ringen fort, die als Wellenfronten bezeichnet werden. Durch einen geraden Wellenerreger lassen sich geradlinige Wellenfronten erzeugen. Eine Schallquelle erzeugt in einem Medium eine Welle, die sich im Raum in alle Richtungen ausbreitet. Die Wellenfronten einer Schallwelle im Raum sind kugelförmig.

Bei der Ausbreitung von Wellen sind folgende, zum Teil bereits aus der Optik bekannte Phänomene zu beobachten:

Reflexion: Wasserwellen werden wie Schallwellen beim Auftreffen auf eine Oberfläche reflektiert (**Abb. 100.2 a**). Dabei gilt für die Ausbreitungsrichtungen der einfallenden und der reflektierten Welle das bekannte Reflexionsgesetz „Einfallswinkel = Ausfallswinkel".

Brechung: Auch Schallwellen und Wasserwellen werden gebrochen, wenn sich beim Übergang in ein anderes Medium die Ausbreitungsgeschwindigkeit ändert. Bei Wasserwellen wird die Geschwindigkeitsänderung durch eine Änderung der Wassertiefe bewirkt, bei Schallwellen durch eine Änderung der Dichte des Mediums.

Beugung: Trifft eine Wasser- oder Schallwelle auf eine schmale Öffnung bzw. auf eine Kante, so wirkt die Öffnung oder Kante als Erregerzentrum. Ist die Öffnung im Verhältnis zur Wellenlänge klein, so läuft hinter der Öffnung eine Kreiswelle mit gleicher Wellenlänge in den geometrischen Schattenraum hinein.

Schallwellen und Wasserwellen zeigen für Wellen charakteristische Eigenschaften wie Reflexion, Brechung und Beugung. Diese Eigenschaften sind typische Erkennungsmerkmale für alle Wellenarten.

Aufgaben

1. Erläutern Sie die physikalischen Phänomene, die bei der Meerenge von Gibraltar auf → **Abb. 98.1** zu sehen sind.

Exkurs

Erdbebenwellen

Bei einem Erdbeben gibt es zwei Arten von Wellen, die mit einem Seismographen registriert werden; sie definieren die Stärke eines Erdbebens.

Oberflächenwellen sind Transversalwellen, die sich an der Erdoberfläche ausbilden. Ein Teil dieser Wellen breitet sich horizontal an der Erdoberfläche aus (Love-Wellen), der andere Teil der Wellen (Rayleigh-Wellen) lässt den Erdboden in rollender Bewegung wie eine Meereswelle schwingen. **Abb. a)** zeigt die beiden Wellenarten. Die Oberflächenwellen bestimmen die Stärke eines Erdbebens nach der Richter-Skala.

Raumwellen, die sich im Erdinneren ausbreiten, sind Primär- oder Sekundärwellen (P- oder S-Wellen). Beide Wellenarten können ebenfalls vom Seismographen erfasst werden. Aus den Zeitunterschieden der P- und der S-Wellen kann auf die Entfernung vom Aufnahmeort zum Zentrum des Bebens geschlossen werden. **Abb. b)** zeigt die seismographische Aufzeichnung eines Bebens geringer Stärke in Siegburg.

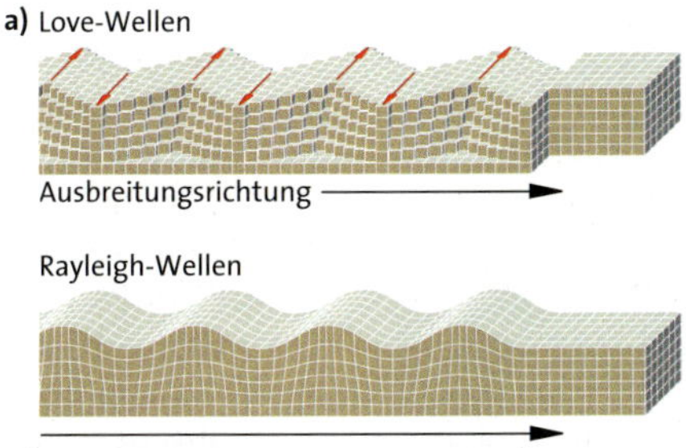

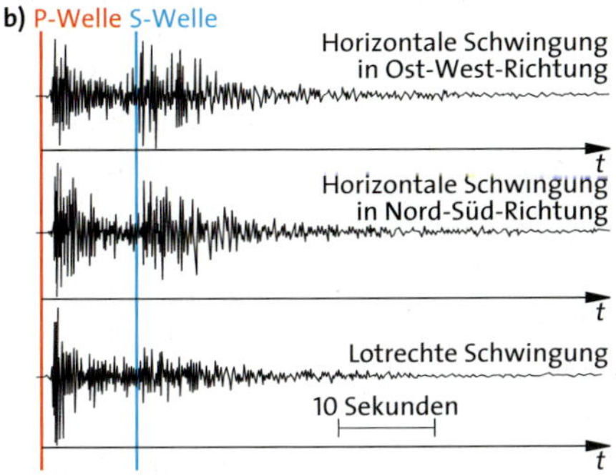

Es ist auch möglich, durch die Laufzeiten der Erdbebenwellen auf die innere Struktur der Erde zu schließen. Geologische Hinweise auf Erdöl- und Gaslagerstätten sind von besonders hohem Interesse. Künstliche „Minibeben" unterstützen gezielt die Suche nach diesen Lagerstätten. Alle vier Wellenarten werden vom Seismographen erfasst und lassen sich analysieren. Die Bebenwellen werden dazu gleichzeitig von einem Vertikal-, einem Nord-Süd- und einem West-Ost-Seismograph aufgenommen.

Exkurs

Ultraschall in der Medizin

Elastische Wellen von 20 kHz bis etwa 10 GHz werden als **Ultraschall** bezeichnet. Ultraschall lässt sich ebenso gut bündeln wie Licht und durch Reflexion gezielter Richtstrahlen zur Ortung und Hinderniserkennung einsetzen.

Die Ultraschalluntersuchung in der Medizin, **Sonografie,** hat gegenüber der Computertomografie entscheidende praktische Vorteile. Sie ist nahezu überall und jederzeit verfügbar (auch auf der Trage oder am Krankenbett), biologisch unschädlich (keine Ionisation) und deshalb wiederholbar, und sie kommt meist ohne Kontrastmittel aus.

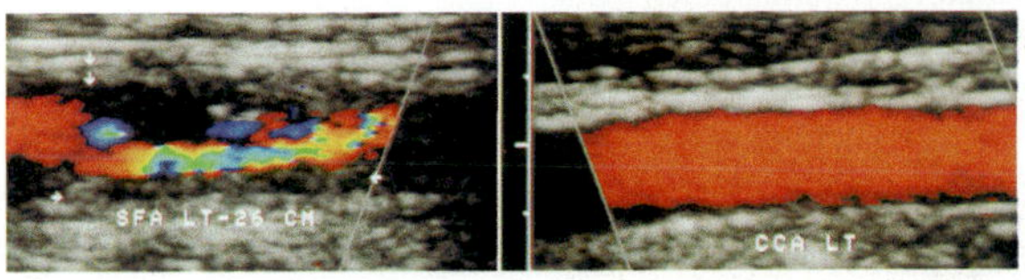

Die *Ultraschallenergie* wird durch elektrische Anregung eines piezoelektrischen Kristalls erzeugt. Fast ausschließlich kommt eine *Impuls-Echotechnik* zum Einsatz: Vom Schallkopf wird jede Millisekunde ein etwa 1 µs dauerndes Ultraschallbündel mit Frequenzen von einigen MHz in den Körper eingestrahlt. Die meiste Zeit ist der Schallkopf als Empfänger geschaltet und wandelt die vom Körper reflektierten Schallwellen wieder in elektrische Signale um.

Ein Gel zwischen Schallkopf und Haut vermindert Reflexions- und Einstrahlungsverluste (z. B. durch Luft). An den Grenzübergängen des Gewebes wird der Ultraschall reflektiert. Je höher die Ultraschallfrequenz, desto stärker ist die Absorption im Gewebe und desto besser ist die Ortsauflösung. Bei 2,5 MHz können z. B. noch Reflexionen in 20 cm Tiefe erfasst werden, bei 10 MHz in 50 cm Tiefe.

In der **Dopplersonografie** wird meist kontinuierlich gepulster Ultraschall z. B. zur Messung der Blutströmgeschwindigkeit in Arterien eingesetzt. Als Ultraschallkontrastmittel können kleine luftgefüllte Bläschen (2 bis 3 µm Durchmesser), die kapillargängig sind, ins Blut eingebracht werden. Ihre Bewegungen bewirken eine Frequenzänderung, die von Diagnosegeräten in eine Farbkodierung umgesetzt wird und so eine Unterscheidung verschiedener Gewebe möglich macht. Die Helligkeit der Farben ermöglicht eine Aussage über die mittlere Strömungsgeschwindigkeit des Bluts: je heller, desto schneller.

Die Abbildung zeigt die farbkodierte Sonografie einer Oberschenkelarterie: links eine hochgradige Einengung und die dadurch folgende Erhöhung der Strömungsgeschwindigkeit (gelb), als Folge Flussumkehr (blau); rechts eine Arterie mit normaler Strömungsgeschwindigkeit (rot).

4.2.3 Überlagerung von Wellen

102.1 Zwei Kreiswellensysteme überlagern sich und breiten sich danach weiter ungestört aus.

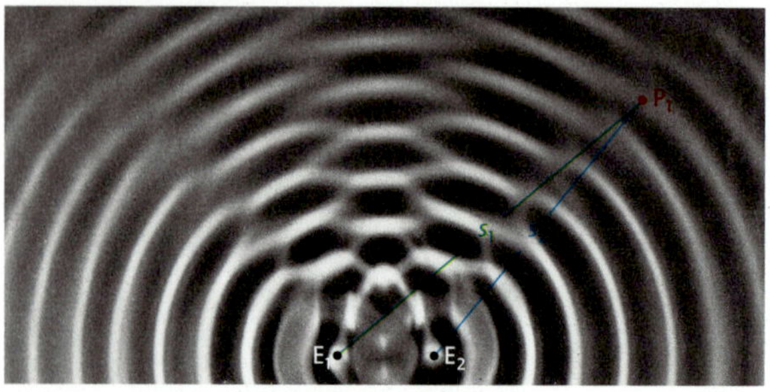

102.2 Von zwei punktförmigen Erregern E_1 und E_2 gehen in der Wellenwanne zwei Kreiswellen aus, die sich überlagern und in bestimmten Punkten des Wellenfeldes gegenseitig auslöschen.

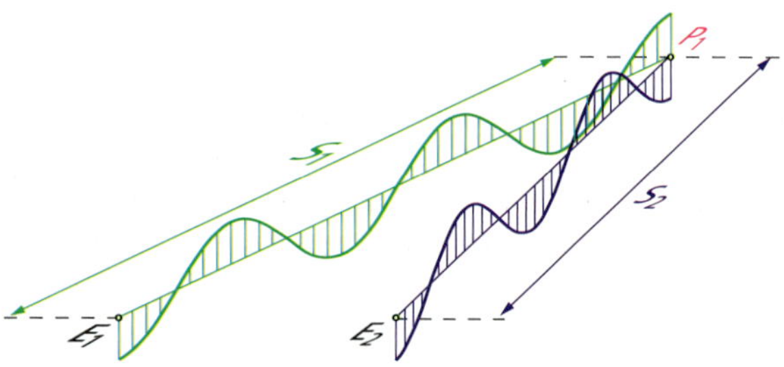

102.3 Von den Erregern E_1 und E_2 laufen zwei Wellen auf unterschiedlich langen Wegen zum Punkt P_1, in dem sie sich überlagern. Dem Wegunterschied $\Delta s = s_1 - s_2$ entspricht die Phasendifferenz $\Delta\varphi$.

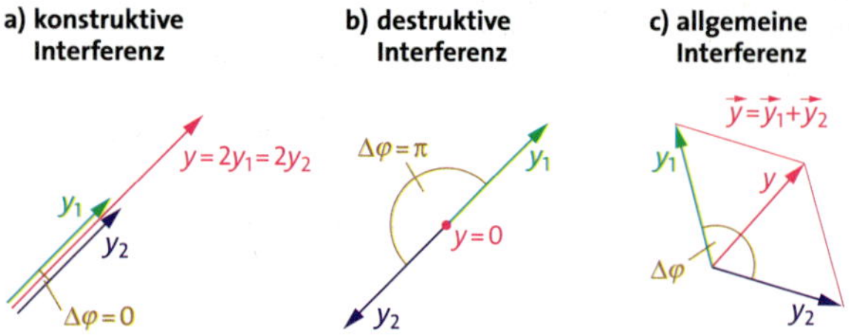

102.4 Überlagerung gleichfrequenter Wellen: Phasendifferenz **a)** $\Delta\varphi = \pi, 2\pi, 4\pi \ldots$; **b)** $\Delta\varphi = \pi, 3\pi, 5\pi \ldots$; **c)** $\Delta\varphi$ beliebig. In allen drei Fällen addieren sich die Zeiger vektoriell.

Alle Wellen zeigen ein Verhalten, mit dessen Hilfe sie nachgewiesen und messend erfasst werden können. Wenn z. B. zwei Wassertropfen gleichzeitig in einigem Abstand in die Wellenwanne fallen, so entstehen zwei Kreiswellensysteme, die sich teilweise überlagern und durchdringen, ohne sich dabei in ihrer Ausbreitung gegenseitig zu stören (**Abb. 102.1**).

Prinzip der ungestörten Überlagerung
Treffen an einer Stelle eines Wellenträgers mehrere Wellen aufeinander, so addieren sich dort die Auslenkungen der Schwingungen, ohne dass die Wellen in ihrer weiteren Ausbreitung gestört werden.

Versuch 1: Zwei punktförmige Erreger E_1 und E_2 befinden sich nebeneinander an einem Arm, der mithilfe eines Motors in gleichmäßige Auf- und Abbewegungen versetzt wird. Die Erreger tauchen in das Wasser der Wellenwanne ein und erzeugen zwei Kreiswellen, die über die Oberfläche laufen und sich überlagern. Bei stroboskopischer Beleuchtung ist ein typisches Interferenzmuster zu erkennen (**Abb. 102.2**).
Erklärung: Von den beiden in Phase schwingenden Erregern gehen Wellen gleicher Frequenz und Wellenlänge aus. Ein beliebiger Oszillator im Wellenfeld wird daher immer von zwei Wellen erfasst und von beiden zu erzwungenen Schwingungen angeregt. Diese beiden Schwingungen überlagern sich zu einer resultierenden Schwingung. Entscheidend für das Ergebnis der Überlagerung in einem bestimmten Punkt des Wellenfeldes, z. B. in P_1 (**Abb. 102.3**), ist die dortige Phasendifferenz der beiden Schwingungen. Eine Strecke der Länge λ entspricht einer Phasendifferenz von 2π. Für eine Strecke der Länge s ergibt sich die Phasendifferenz φ aus der Verhältnisgleichung $\varphi : 2\pi = s : \lambda$. Legen zwei Schwingungen zum Ort ihrer Überlagerung unterschiedliche Wegstrecken s_1 und s_2 zurück, so unterscheiden sich die Schwingungen in ihren Phasen. Für die Phasendifferenz der beiden Schwingungen gilt:

$$\Delta\varphi = \varphi_1 - \varphi_2 = \frac{s_1 - s_2}{\lambda} \cdot 2\pi = 2\frac{\Delta s}{\lambda}$$

In **Abb. 102.3** ist $s_1 = 5/2\lambda$ und $s_2 = 2\lambda$, also $\Delta s = \lambda/2$, was einer Phasendifferenz $\Delta\varphi = \pi = 180°$ entspricht. Die rotierenden Zeiger, deren Projektion gleich der Auslenkung ist, sind für die beiden Schwingungen im Punkt P_1 ständig entgegengesetzt gerichtet und heben sich bei gleicher Amplitude auf (**Abb. 102.4 b**).
Sind die Wegdifferenzen Δs ganzzahlige Vielfache der Wellenlänge λ, so sind die rotierenden Zeiger stets gleich gerichtet (**Abb. 102.4 a**), und die Amplituden addieren sich. In allen anderen Fällen ergibt sich die Amplitude der resultierenden Schwingung nach **Abb. 102.4 c**). ◄

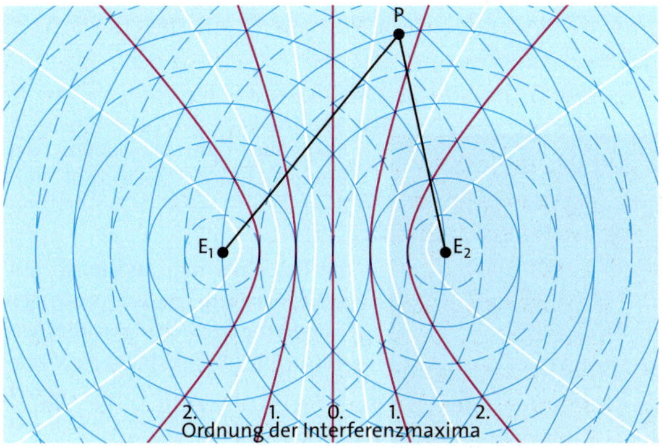

103.1 Interferenz zweier Kreiswellen

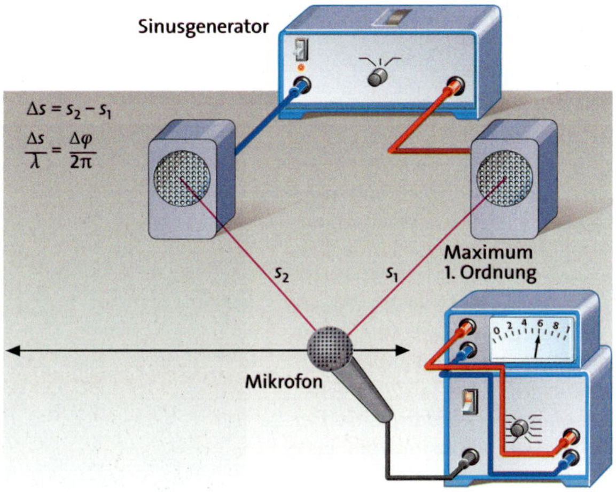

103.2 Zwei Lautsprecher, die Schwingungen der Frequenz $f = 3400$ Hz aussenden, erzeugen ein Wellenfeld, in dem Maxima und Minima mit einem Mikrofon registriert werden können.

Eine Überlagerung von Wellen gleicher Wellenlänge bzw. Frequenz, bei der sich *maximale Auslöschung* und *maximale Verstärkung* ergeben, wird als **Interferenz** bezeichnet:
Für Punkte *maximaler Verstärkung* (*konstruktive Interferenz;* rote Kurven in **Abb. 103.1**) gilt:

$\Delta s = n\lambda$ mit $n = 0, 1, 2, \ldots$

Für Punkte *maximaler Auslöschung* (*destruktive Interferenz;* weiße Kurven in **Abb. 103.1**) gilt:

$\Delta s = (2n - 1)\, \lambda/2$ mit $n = 0, 1, 2, \ldots$

Energieverteilung im Interferenzfeld

Im Interferenzfeld der **Abb. 102.2** liegen die Orte maximaler Verstärkung und maximaler Auslöschung auf Kurven, für deren Punkte die Differenz Δs der Abstände zu den beiden Erregerzentren konstant ist. **Abb. 103.1** zeigt die Konstruktion der Interferenzkurven in einem ebenen Wellenfeld: Auf den roten Kurven liegen die Orte maximaler Verstärkung, auf den weißen die Orte völliger Auslöschung. Da die Energie eines Oszillators proportional zum Quadrat der Amplitude der Schwingung ist, haben die Oszillatoren auf den roten Kurven mit der doppelten Amplitude die vierfache Energie und die Oszillatoren auf den weißen Kurven mit der Amplitude null keine Energie. Insgesamt bleibt die Summe der Energien erhalten, aber die Energie ist im Interferenzfeld in anderer Weise räumlich verteilt.
Damit ist ein Kriterium gefunden, das in allen Gebieten der Physik bei der Frage herangezogen wird, ob eine Energieübertragung durch Materietransport oder durch Wellen erfolgt.

Entstehen in einem Überlagerungsgebiet, in das zwei Sender Energie einstrahlen, energiefreie Zonen, ist dies als Nachweis für die Welleneigenschaft der betrachteten Strahlung zu werten.

Interferenzen bei Schallwellen

Versuch 2: Zwei nebeneinander aufgestellte Lautsprecher sind an einen Generator angeschlossen, der harmonische Schwingungen erzeugt (**Abb. 103.2**). Von beiden Lautsprechern gehen Schallwellen aus, die sich im Raum überlagern. Mit einem Mikrofon, das über einen Verstärker mit einem Strommessgerät verbunden ist, wird der Raum vor den Lautsprechern untersucht.
Beobachtung: Wird das Mikrofon in einigem Abstand vor den Lautsprechern verschoben, so zeigt das Messgerät abwechselnd Maxima und Minima an. Diese treten nicht auf, wenn nur ein Lautsprecher angeschaltet ist.
Folgerung: Die von den Lautsprechern kommenden akustischen Schwingungen überlagern sich so, dass an bestimmten Stellen im Raum keine Schwingung registriert wird (**Abb. 102.3**) ◂

Aufgaben

1. **a)** Die Wellenlänge einer Schallwelle wird mithilfe der Interferenz bestimmt, indem für einen bestimmten Punkt in einem Wellenfeld die Wegdifferenz Δs gemessen oder berechnet wird (**Abb. 102.3**). Erläutern Sie eine mögliche Vorgehensweise, auf diesem Weg die Wellenlänge experimentell zu bestimmen.
   b) Führen Sie den Versuch durch und bewerten Sie die Genauigkeit Ihres Messverfahrens.
   c) Erläutern Sie Auswirkungen auf die Durchführbarkeit des Versuchs, wenn sich die verwendete Frequenz verdoppelt bzw. halbiert.
2. In der Medizin lassen sich Nierensteine ohne Operation durch Ultraschall zerstören. Erläutern Sie das Verfahren unter physikalischen und medizinischen Aspekten.

Materialgestützte Aufgaben

Exoplaneten

Ist die Erde der einzige Ort im Universum, auf dem es Leben gibt? Die Schwierigkeit, mit Teleskopen Planeten außerhalb unseres Sonnensystems, sogenannte **Exoplaneten,** zu entdecken, beruht auf ihrer geringen Helligkeit, die der Helligkeit eines Glühwürmchens neben einem Flutlichtstrahler entspricht. Im Juli 2013 gelang Astronomen der Universität Heidelberg die Bildaufnahme eines Planeten, der in einem fernen Sonnensystem einen Stern umkreist (**Abb. a**), der unserer Sonne ähnelt. Der 60 Lichtjahre entfernte Planet im Sternbild Jungfrau ist etwa so groß wie Jupiter.

Bislang wurden Exoplaneten mithilfe indirekter Methoden aufgespürt. Eine Methode basiert auf der Beobachtung kleiner Auslenkungen der Bahn des Sterns, den der Planet umkreist („Wackeleffekt"). Diese Bahnänderungen werden durch die Anwesenheit eines Planeten hervorgerufen, da Stern und Planet um einen gemeinsamen Schwerpunkt S kreisen (**Abb. f**).

Eine andere Methode beruht auf dem auch aus der Akustik bekannten *Doppler-Effekt:* Die Wellenlänge der von einer bewegten Lichtquelle ausgesandten Strahlung ändert sich, wenn sich die Lichtquelle auf einen Beobachter zu oder von diesem weg bewegt (**Abb. b**). Da chemische Elemente charakteristische Farblinien aussenden, lässt sich von der Erde aus mit einem Spektroskop feststellen, ob sich der Stern entfernt, was zu einer Rotverschiebung (die Wellenlängen werden größer) führen würde (**Abb. c**), oder nähert (Blauverschiebung; die Wellenlängen werden kleiner). Die Wellenlängenänderung ist abhängig von der Komponente der Bahngeschwindigkeit parallel zur Beobachtungsrichtung. Diese sogenannte *Radialgeschwindigkeit* kann also aus den Messdaten des Doppler-Effekts bestimmt werden.

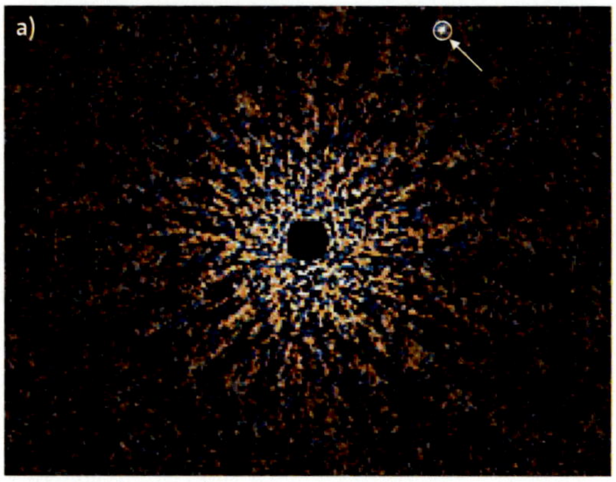

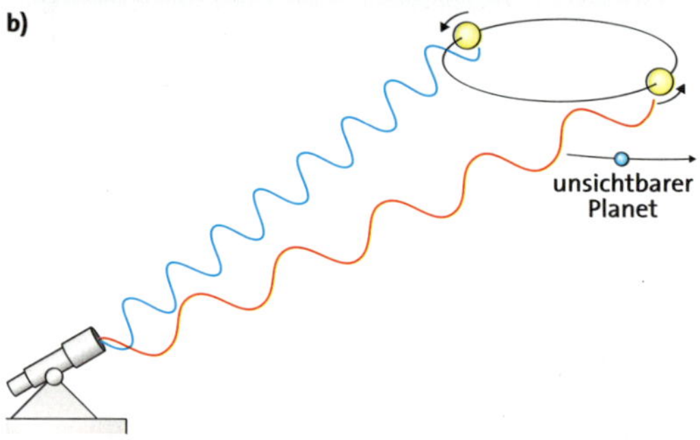

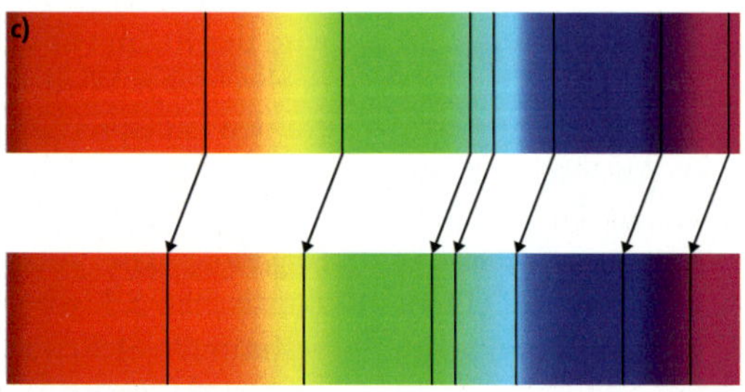

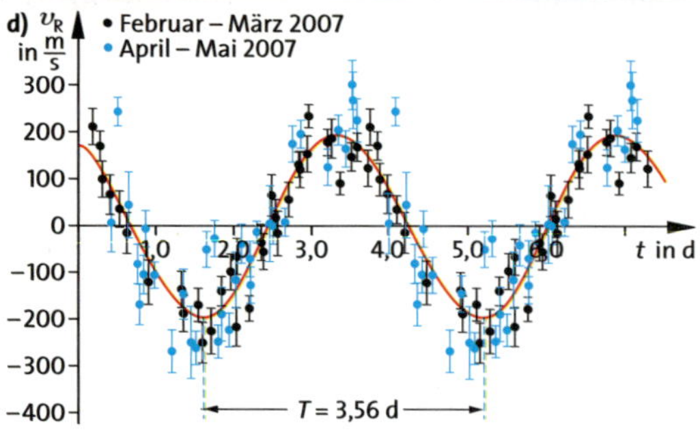

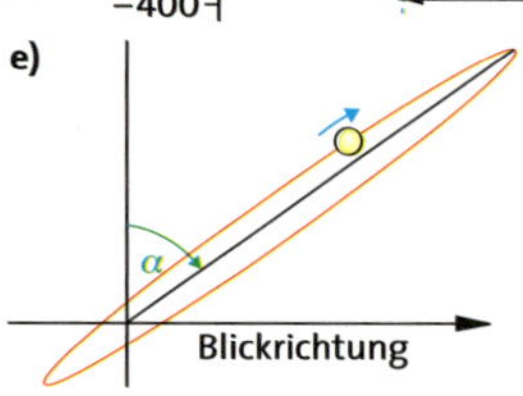

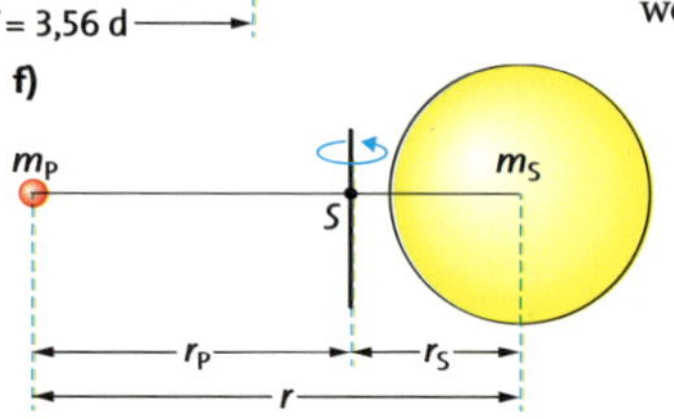

Im Fall einer nahezu kreisförmigen Bewegung des Sterns um den Schwerpunkt S erfolgen die Änderungen im Spektrum regelmäßig. Durch Auswertung dieser periodischen Veränderungen der Radialgeschwindigkeit wird auf die Umlaufdauer und auf die Masse des Planeten geschlossen. Während eines Umlaufs des Sterns um S nimmt das Messgerät eine Schwingungsperiode der Radialgeschwindigkeit auf.

Abb. d) zeigt die Variation der Radialgeschwindigkeit des Sterns TW Hydrae, dessen Umlaufdauer etwa 3,5 Tage beträgt. Von der Erde aus wird der parallel zur Beobachtungsrichtung wirkende Anteil der Radialgeschwindigkeit v_R gemessen. Daraus kann eine untere Grenze für die Planetenmasse m_{min} angegeben werden: $m_{min} = m_P \sin(\alpha)$, wobei α der Winkel zwischen der Ebene der Sternbahn und der Ebene senkrecht zur Beobachtungsrichtung ist (**Abb. e**).

Die Bestimmung der Planetenmasse erfolgt unter Verwendung bekannter astronomischer und mechanischer Zusammenhänge. Das System Stern–Planet mit den Massen m_S und m_P besteht aus zwei Körpern, die sich gegenseitig umkreisen. Ihr gemeinsamer Schwerpunkt S liegt auf der Verbindungsstrecke r beider Körpermittelpunkte (**Abb. f**). Die Strecken r, r_P und r_S lassen sich nicht direkt messen. Unter der Bedingung, dass die Masse des Sterns wesentlich größer ist als die Masse des Planeten, kann mithilfe des dritten Kepler'schen Gesetzes und des Schwerpunktsatzes die Masse des Exoplaneten näherungsweise bestimmt werden.

Bestimmung der Masse von Exoplaneten

Rotieren Stern und Planet um den gemeinsamen Schwerpunkt, verändert sich der Ausdruck für das 3. Kepler'schen Gesetz zu:

$$\frac{r^3}{T^2} = \frac{\gamma}{4\pi^2}(m_S + m_P), \qquad \text{(I)}$$

$$\text{wobei } r = r_S + r_P \qquad \text{(II)}$$

die Summe der Bahnradien bezogen auf den Schwerpunkt S ist. Da Stern und Planet den Schwerpunkt mit der gleichen Winkelgeschwindigkeit umkreisen, gilt der Schwerpunktsatz:

$$m_S r_S = m_P r_P \qquad \text{(III)}$$

Unter Verwendung der Gleichungen (II) und (III) ergibt sich für die linke Seite von Gleichung (I):

$$\frac{r^3}{T^2} = \frac{r_S^{\ 3}}{T^2}\left(\frac{m_S + m_P}{m_P}\right)^3 \qquad \text{(IV)}$$

Wenn die Bahngeschwindigkeit v_S in etwa konstant ist (das ist der Fall, wenn der Planet den Stern auf einer Kreisbahn umläuft), folgt $v_s = 2\pi r_S / T$ und daraus $r_S = v_S T/(2\pi)$. Wird r_S in die rechte Seite von (IV) eingesetzt, so ergibt sich für Gleichung (I):

$$\frac{v_S^{\ 3} T^3}{(2\pi)^3 T^2} \frac{(m_S + m_P)^3}{m_P^{\ 3}} = \frac{\gamma}{(2\pi)^2}(m_S + m_P) \text{ bzw.}$$

$$\frac{v_S^{\ 3} T}{2\pi} \frac{(m_S + m_P)^2}{m_P^{\ 3}} = \gamma \qquad \text{(V)}$$

Da die Masse des Planeten m_P sehr viel kleiner ist als die Masse des Sterns m_S, kann in der Klammer m_P gegenüber m_S vernachlässigt werden, sodass sich ergibt:

$$m_P^{\ 3} = \frac{v_S^{\ 3} T}{2\pi\gamma} m_S^{\ 2} \text{ bzw. } m_P = v_S \sqrt[3]{\frac{T}{2\pi\gamma} m_S^{\ 2}} \qquad \text{(VI)}$$

Die Bahngeschwindigkeit des Sterns v_S ist mit der Radialgeschwindigkeit über $v_S \sin(\alpha) = v_{Radial}$ verknüpft; somit ist

$$m_P \sin(\alpha) = v_{Radial} \sqrt[3]{\frac{T}{2\pi\gamma} m_S^{\ 2}}. \qquad \text{(VII)}$$

Die Umlaufdauer T und die Radialgeschwindigkeit v_{Radial} können gemessen werden. Die Masse des Sterns lässt sich aus einer unabhängigen Messung gewinnen, sodass die rechte Seite der Gleichung die untere Grenze der Planetenmasse angibt.

Aufgaben

1. Zeigen Sie, dass die untere Grenze der Masse des TW Hydra umlaufenden Planeten etwa der halben Jupitermasse entspricht (ca. 10^{27} kg). Setzen Sie für m_S die Masse unserer Sonne ein.
2. Die Daten eines weiteren Sterns (Pegasi 51) sind durch die folgende Wertetabelle gegeben:

t in d	1	1,5	2	2,5	3
v_{Radial} in m/s	49	20	0	−30	−49

t in d	3,5	4	4,5	5
v_{Radial} in m/s	−24	20	50	50

a) Tragen Sie die Punkte in ein t-v-Diagramm ein und zeichnen Sie einen möglichen sinusförmigen Graphen ein. Schätzen Sie aus dem Diagramm die ungefähre Umlaufdauer des Planeten ab. Geben Sie einen Näherungswert für die beobachtete Geschwindigkeit v_{Radial} an. Begründen Sie, weshalb v_{Radial} zu keinem Zeitpunkt der Bahngeschwindigkeit v_S des Sterns entsprechen muss.

b) Erläutern Sie die Annahmen zur Herleitung der Planetenmasse, indem Sie die einzelnen Schritte nachvollziehen.

c) Verbinden Sie in der folgenden Tabelle jeweils eine Folgerung mit einer Beziehung aus der Formel für die Planetenmasse m_P und beschreiben Sie Ihre Überlegungen.

$v_{Radial} \sim T^{-1/3}$	massereiche Planeten werden leichter gefunden
$v_{Radial} \sim m_S^{-2/3}$	Planeten mit nahen Umlaufbahnen erzeugen die größeren Effekte
$v_{Radial} \sim m_P$	massearme Sterne (M-Sterne) zeigen die größten Amplituden

d) Die Masse von Pegasi 51 entspricht der Masse unserer Sonne. Berechnen Sie damit den zugehörigen Wert des Produktes $m_P \sin(\alpha)$.

e) Recherchieren Sie die Formel für die Frequenzverschiebung durch den optischen Doppler-Effekt. Schätzen Sie damit die Geschwindigkeit ab, mit der unserer Erde eine Lichtquelle entgegenkommt, die sichtbares rotes Licht ausstrahlt, das uns aber grün erscheint.

f) Erläutern Sie, weshalb es für die Entdeckung eines Exoplaneten mit der Radialgeschwindigkeitsmethode besonders ungünstig ist, wenn der Winkel zwischen Bahnebene und Beobachtungsrichtung nahe 90° liegt. (*Hinweis*: Verwenden Sie zur Argumentation Gleichung (VII).)

g) Recherchieren Sie weitere Möglichkeiten, einen Exoplaneten von der Erde aus zu entdecken.

3. Bei ihrer Suche nach Exoplaneten haben europäische Astrophysiker 2013 das bisher umfangreichste Planetensystem an einem anderen Stern ausfindig gemacht. Um den Stern KOI-351 kreisen demnach sieben Planeten. Sie sind ähnlich angeordnet wie die Planeten unseres Sonnensystems mit kleinen Gesteinsplaneten nahe dem Zentralgestirn und riesigen Gasplaneten in größerer Entfernung. Das Planetensystem ist allerdings wesentlich dichter zusammengedrängt.

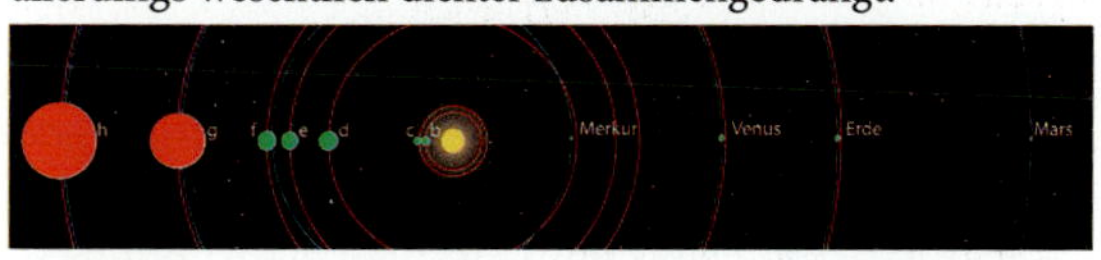

a) Erstellen Sie eine Liste möglicher Folgen für die Erdbevölkerung (z. B. gesellschaftspolitisch, ethisch, wissenschaftlich), wenn die Entdeckung einer fremden Zivilisation gelingen sollte.

b) Erstellen Sie einen Katalog mit Fragen an eine fremde Zivilisation.

c) Erstellen Sie ein Grundsatzpapier für eine Diskussion für/gegen eine Kontaktaufnahme mit einer fremden Zivilisation.

Grundwissen Mechanische Schwingungen und Wellen

Eigenschaften von Schwingungen

Eine *Schwingung* ist eine periodische Hin- und Herbewegung eines Körpers um eine *Ruhelage.* Die **Schwingungsdauer** oder **Periode T** ist die Zeit zwischen zwei aufeinanderfolgenden gleichen *Schwingungszuständen.* Die **Frequenz f** einer Schwingung ist der Quotient aus der Anzahl n der Schwingungen und der dazu benötigten Zeit t: $f = n/t$. Für Schwingungsdauer T und Frequenz f gilt $f = 1/T$.
Der Betrag der maximalen **Elongation $y(t)$** des Oszillators aus der Ruhelage heißt **Amplitude $\hat{y}$.**

Harmonische Schwingungen

Jede harmonische Schwingung kann als Projektion einer Kreisbewegung mit konstanter Winkelgeschwindigkeit ω aufgefasst werden. Der Winkel φ zwischen dem Radius (Zeiger) und der positiven x-Achse heißt **Phase,** die Größe $\omega = 2\pi f$ heißt **Kreisfrequenz** der Schwingung.

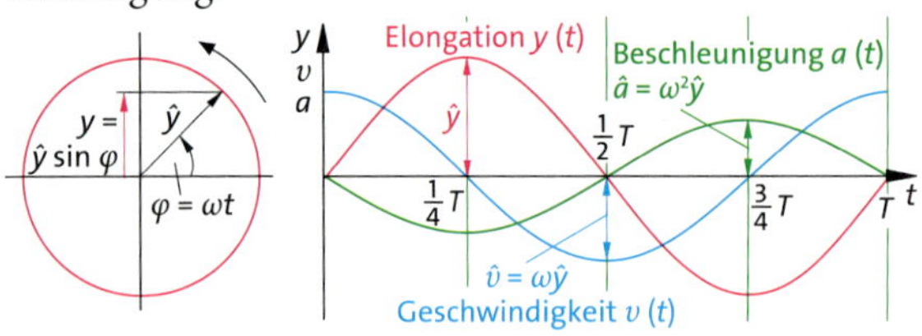

Gesetze der harmonischen Schwingung:

$$y(t) = \hat{y}\sin(\omega t), v(t) = \omega\hat{y}\cos(\omega t), a(t) = -\omega^2\hat{y}\sin(\omega t)$$

Für jede harmonische Schwingung ist die *rücktreibende Kraft* F_R proportional zur Elongation y:

$$F_R = -Dy \quad \text{mit} \quad D = m\omega^2$$

Die Schwingungsdauer ergibt sich zu

$$T = 2\pi\sqrt{m/D}.$$

Die *Gesamtenergie* einer harmonischen Schwingung ist

$$E = \tfrac{1}{2}m\omega^2\hat{y}^2 = \tfrac{1}{2}D\hat{y}^2.$$

Überlagerung von Schwingungen

Bei einer Überlagerung zweier Schwingungen addieren sich in jedem Zeitpunkt die *Elongationen* bzw. vektoriell die *Zeiger* der einzelnen Schwingungen.

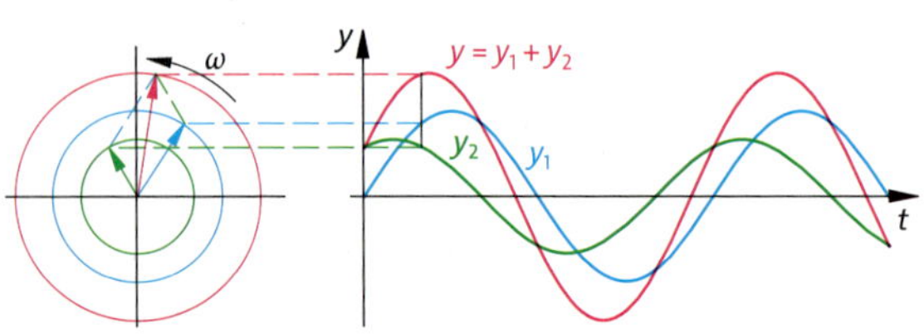

Resonanz

Überträgt ein Erreger einem Oszillator periodisch Energie, so führt der Oszillator **erzwungene Schwingungen** mit der Frequenz des Erregers aus. Schwingt der Erreger mit der **Eigenfrequenz** des Oszillators, ist die Energieübertragung maximal.

Eigenschaften von Wellen

Breiten sich Schwingungen längs einer Kette gekoppelter Oszillatoren aus, so entsteht eine Welle. Die Schwingungszustände bzw. **Phasen** bewegen sich mit der **Phasengeschwindigkeit v.** Der Abstand zweier benachbarter Oszillatoren, die in Phase schwingen, heißt **Wellenlänge λ.** Für die Frequenz f, die Wellenlänge λ und die Phasengeschwindigkeit v gilt:

$$v = \lambda f$$

Wellen transportieren *Energie* ohne Materietransport.

Transversal- und Longitudinalwellen

Bei Transversalwellen schwingen die Oszillatoren senkrecht zur Ausbreitungsrichtung der Welle, bei Longitudinalwellen in Ausbreitungsrichtung.

Interferenz von Wellen

Verschiedene gleichzeitig über einen Wellenträger laufende Wellen überlagern sich ungestört. In jedem Raumpunkt addieren sich die momentanen Elongationen der einzelnen Wellen. Die *Zeigerdarstellung der Schwingungen* liefert das Ergebnis der Überlagerung, für das die **Phasendifferenz,** d. h. der *Winkel zwischen den Zeigern*, von entscheidender Bedeutung ist.
Überlagern sich zwei Wellen, so haben sie bis zum Ort der Überlagerung i. Allg. verschiedene Wege zurückgelegt. Die *Phasendifferenz* $\Delta\varphi$ ergibt sich aus der **Wegdifferenz Δs** zu

$$\Delta\varphi = (\Delta s/\lambda)\cdot 2\pi.$$

Konstruktive Interferenz *(maximale Verstärkung)* tritt auf bei Phasendifferenzen $\Delta\varphi = n\cdot 2\pi$ oder Wegunterschieden $\Delta s = n\lambda$ mit $n = 0, 1, 2, \ldots$

Destruktive Interferenz *(maximale Abschwächung)* tritt auf bei Phasendifferenzen $\Delta\varphi = (2n-1)\pi$ mit $n = 1, 2, \ldots$ oder Wegunterschieden $\Delta s = (2n-1)\lambda/2$

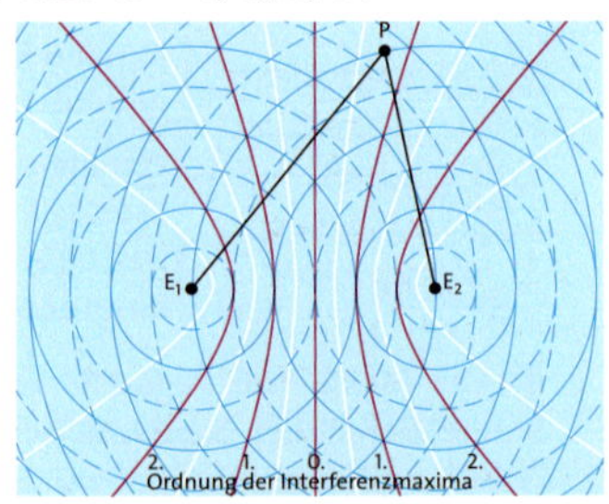

Wissenstest Mechanische Schwingungen und Wellen

1. Nennen Sie Beispiele für mechanische Schwingungen in der Lebenswelt und erläutern Sie, ob es sich um transversale oder longitudinale Schwingungen handelt.

2. Ein horizontales Federpendel mit einer Kugel (Masse $m = 8{,}54 \cdot 10^{-1}$ kg) wird durch eine waagerecht wirkende Kraft $F = 1{,}48$ N um $y = 12{,}3$ cm ausgelenkt.

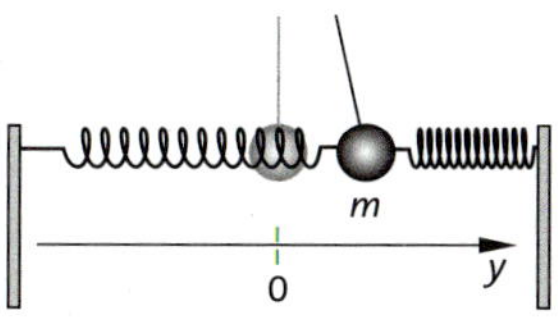

a) Berechnen Sie Federkonstante und Schwingungsdauer, die sich ergäben, wenn das Pendel in Schwingungen versetzt würde.
b) Bestimmen Sie die maximale Geschwindigkeit, Beschleunigung, kinetische und potentielle Energie für eine Schwingung mit der Amplitude $\hat{y} = 15$ cm.
c) Erörtern Sie, welche Rolle bei der Schwingung die schwere und die träge Masse der Kugel spielen.

3. Zum Zeitpunkt $t = 0$ wird der Pendelkörper eines Federpendels um 20 cm nach oben ausgelenkt (bezogen auf die Ruhelage des Pendels). Der Pendelkörper schwingt dann mit der Frequenz $f = 0{,}5$ Hz und der Amplitude $\hat{y} = 20$ cm (von Reibung wird abgesehen).
a) Berechnen Sie die Federkonstante D, wenn die Masse des Pendelkörpers $m = 300$ g beträgt.
b) Bestimmen Sie den Betrag der Geschwindigkeit, mit der der Pendelkörper durch die Gleichgewichtslage schwingt.
c) Geben Sie an, bei welcher Masse das Pendel die Schwingungsdauer $T = 1$ s hätte.
d) Begründen Sie, dass sich die Schwingungsdauer ändert, wenn die Masse des Pendelkörpers verdoppelt wird. Bestimmen Sie den Faktor, um den sich die Frequenz ändert.

4. a) Bewerten Sie mithilfe der Messwerte rechts die Aussage: „Ein Fadenpendel führt harmonische Schwingungen aus."
b) Ermitteln Sie die Länge des Fadens.

φ	T in s (m = 100 g)	T in s (m = 200 g)
80°	1,55	1,54
70°	1,52	1,50
60°	1,47	1,49
50°	1,43	1,45
40°	1,44	1,44
30°	1,37	1,40
20°	1,39	1,38
10°	1,39	1,38

5. Ein Fadenpendel und ein Federpendel haben jeweils eine Schwingungsdauer von $T = 1{,}5$ s.
a) Begründen Sie, inwiefern sich die Schwingungsdauer beider Pendel ändert, wenn der Versuch
① auf dem Mond, ② in der Schwerelosigkeit
stattfinden würde.
b) Ein Fadenpendel wird von Geologen eingesetzt, um Bodenschätze wie z. B. Öl zu finden. Erläutern Sie die prinzipielle Überlegung des Vorgehens.

6. Ein Körper der Masse $m = 0{,}2$ kg durchläuft gleichförmig einen in ein x-y-Koordinatensystem eingebetteten Kreis mit dem Radius $r = 20$ cm, und zwar in je 5 Sekunden 8-mal im mathematisch positiven Sinn.
a) Bestimmen Sie Schwingungsdauer, Frequenz und Kreisfrequenz und stellen Sie Weg, Geschwindigkeit und Beschleunigung der auf die y-Achse projizierten Bewegung als Funktion der Zeit dar unter der Annahme, dass zur Zeit $t = 0$ die positive y-Achse passiert wird.
b) Die auf die y-Achse projizierte Bewegung werde als Schwingungsbewegung eines Federpendels mit gleichen Daten aufgefasst. Berechnen Sie die (entsprechende) Federkonstante D sowie die maximale Geschwindigkeit v_{max} und Beschleunigung a_{max} und die Gesamtenergie E_{ges} der Federschwingung.

7. a) Beschreiben Sie das Resonanzverhalten einer mechanischen Schwingung anhand von → **Abb. 92.3**.
b) „Eine Schaukel auf einem Kinderspielplatz funktioniert nach dem Prinzip der Resonanz einer mechanischen Schwingung." Bewerten Sie die Aussage.

8. Schlagen Sie bei einem Instrument oder mit einer Klavier-App/Gitarren-App gleichzeitig die Töne c und d (eine sogenannte Sekunde) an.
a) Beschreiben Sie Ihren Höreindruck.
b) Nehmen Sie den erzeugten Ton mit einem Mikrofon, Oszilloskop oder einer geeigneten App auf. Beschreiben Sie den Verlauf des aufgenommenen Signals.
c) Stellen Sie mithilfe einer geeigneten Software folgende Funktionen dar:
$f(x) = \sin(2x)$; $g(x) = \sin(2{,}5x)$; $h(x) = f(x) + g(x)$.
Beschreiben Sie den Verlauf von $h(x)$.
d) Variieren Sie die Konstante in $g(x)$: $(2{,}4 \mid 2{,}3 \mid 2{,}2 \mid 2{,}1)$ und beschreiben Sie die Auswirkungen auf die Funktion $h(x)$.
e) Erläutern Sie, wie Musiker Schwebungen zum Stimmen von Instrumenten benutzen können.

9. a) Untersuchen Sie jeweils die Summe der Graphen $f(x) = \sin(x)$ und $g(x) = 1{,}5\sin(x - x_0)$ mit $0 < x_0 < 3{,}5$ in der Schrittweite 0,5.
b) Erstellen Sie ein zugehöriges Zeigerdiagramm für $x_0 = 0{,}5$. Begründen Sie, weshalb aus dem Diagramm folgt, dass die so überlagerte Schwingung harmonisch ist.
c) Erläutern Sie mithilfe eines Zeigerdiagramms, dass die Überlagerung aus Aufgabe 8 c) nicht harmonisch ist.

10. Zwei im Abstand von $d = 2{,}0$ m nebeneinander stehende Lautsprecher senden phasengleich Frequenzen im Hörbereich aus, die von einem Mikrofon, das 3,75 m senkrecht zur Lautsprecherlinie vor dem ersten Lautsprecher steht, aufgenommen werden (→ **Abb. 103.2**).
a) Zeigen Sie, dass bei einer Frequenz von 680 Hz an dieser Stelle eine maximale Verstärkung angezeigt wird. (Die Schallgeschwindigkeit in Luft beträgt $c = 340$ m/s.)
b) Untersuchen Sie, ob an dieser Stelle bei den Frequenzen 3400 Hz und 3900 Hz ebenfalls maximale Verstärkung angezeigt wird.

5 GESCHICHTE DER MECHANIK

Die Geschichte der Mechanik reicht weit zurück in die Anfänge der Menschheit. Jedes Werkzeug und jedes Gerät, das im Laufe von Jahrtausenden erfunden wurde, beruht in irgendeiner Form auf Erkenntnissen über Gesetzmäßigkeiten aus der Mechanik, die der Mensch durch Erfahrung gewonnen hat. Die Erfindungen von Rad und Keil markieren bedeutende Stufen in der Geschichte der Menschheitsentwicklung. Seit frühester Zeit ist das Denken des Menschen von dem Umgang und der Verwendung mechanischer Vorgänge mitgeprägt. Die Pyramidenbauten der Ägypter aus der Zeit von 3000 bis 2000 v. Chr. wären ohne Kenntnisse aus der Mechanik, z. B. über Rolle und schiefe Ebene, nicht möglich gewesen. Und auch die Griechen besaßen in einzelnen physikalischen Fragen einen beachtlichen Wissensstand.

Der Name Physik (von *physis*, griech.: Natur) stammt von **Aristoteles**, dem Schüler Platons (428/427–328/327 v. Chr.) und Lehrer Alexander des Großen (356–323 v. Chr.). Aristoteles war einer der bedeutendsten Naturforscher und Philosophen der Antike. Er beherrschte die gesamte wissenschaftliche Forschung seiner Zeit und gilt als Begründer der abendländischen Wissenschaft. Er fasste in seinen Werken das damalige Wissen der antiken Welt zusammen, das für fast zwei Jahrtausende bis ins 16. Jahrhundert hinein die Kenntnisse über die reale Welt enthielt. Was Aristoteles in seinen Büchern niedergelegt hatte und seine Nachfolger, die Aristoteliker, lehrten und weiterentwickelten, bildete die unumstößliche Deutung über die Natur. Jahrhundertelang wurden bei Fragen und Streitpunkten die Schriften der Alten wie später auch die Bibel und die Kirchenväter zu Rate gezogen und ihnen die Begründungen entnommen – nicht dem Experiment oder der Beobachtung, wie es das wissenschaftliche Vorgehen der Physik seit Galilei in der Neuzeit ist.

Neben Philosophie und Ethik galt Aristoteles Interesse vor allem den empirischen Wissenschaften, besonders der Biologie, aber auch der Physik. Unter der Physik wurde damals Astronomie und Mechanik verstanden, in der Mechanik vor allem die Bewegungslehre. Er unterschied „natürliche“ Bewegungen, die keiner weiteren Erklärung bedurften, und „gewaltsame“ Bewegungen. Zur ersten Gruppe gehörte die gleichmäßige Kreisbewegung der Gestirne, die geradlinige Bewegung der schweren Körper zum Mittelpunkt der Welt und die geradlinige Bewegung der leichten Körper nach oben. Je schwerer ein Körper, desto größer ist sein Bestreben, zu seinem angestammten Weltzentrum, dem Erdmittelpunkt, zu gelangen. Zu den leichteren Bewegungen gehörte insbesondere der freie Fall. Die Fallbeschleunigung blieb allerdings unerklärt. Aristoteles kannte nach heutigem Sprachgebrauch nur die Bewegung mit konstanter Geschwindigkeit. Nach seiner Bewegungslehre wird ein Stein beim Wurf einer erzwungenen Bewegung durch den Werfer, durch einen *Beweger*, also durch eine *Kraft*, wie später gesagt wurde, in Bewegung gesetzt. Er bewegt sich aber nur weiter, wenn ihn ständig wieder ein *Beweger*, also eine *Kraft* – nach Aristoteles ist es das Medium, durch das sich der

Aristoteles, griechischer Philosoph, (384–322 v. Chr.), kam mit 18 Jahren nach Athen und wurde Schüler Platons, in dessen Akademie er fast zwei Jahrzehnte verblieb, zuerst als Lernender, dann als Lehrender, zuletzt mit eigener Philosophie Platon entgegentretend. Nach dem Tode Platons (347) rief ihn 343 Phillip von Makedonien als Erzieher seines Sohnes Alexander an seinen Hof. Als Alexander den Thron bestieg, ging Aristoteles in seine Vaterstadt, siedelte aber 334 nach Athen über und gründete dort die Peripatetische Schule, so genannt nach den Wandelgängen (peripatoi), die den Schauplatz seines Wirkens, das Lyzeum (lykeion), umgaben.
Zwölf Jahre lang lehrte er dort. Nach dem Tode Alexanders 323 v. Chr. ging er auf sein Landgut in Euböa, wo er 322 v. Chr. starb.

Stein bewegt – antreibt und weiter in Bewegung hält. Der Hauptunterschied der aristotelischen Bewegungslehre zur Dynamik der Physik in der Neuzeit liegt darin, dass nach ARISTOTELES zur Erklärung jeder Veränderung des Ortes, nicht nur jeder Geschwindigkeitsänderung, ein *Beweger*, ein *Kraft*, nötig ist. Eine Differenzierung der Bewegungen in solche mit konstanter Geschwindigkeit und solche mit gleichmäßiger Beschleunigung kannte er nicht.

So ist es verständlich, dass die Antike nicht zu einer Theorie der Dynamik, sondern nur zu einer Theorie der Statik gelangte. Der bedeutendste Vertreter der Statik in der Antike war **ARCHIMEDES** von Syrakus. Bei ARCHIMEDES wurde die Statik zu einer mathematischen Theorie mit Axiomen, wie sie aus der euklidischen Geometrie bekannt sind. ARCHIMEDES verkörperte den Höhepunkt der antiken Statik, zu der bis zur Renaissance nichts Bemerkenswertes hinzukam.

In ihrer Naturphilosophie versuchten die Griechen, zu einer einheitlichen Welterklärung zu kommen. Es war ein bleibendes Merkmal des griechischen naturwissenschaftlichen Denkens, dass es in erster Linie um Erkenntnis und Verständnis im philosophischen Sinne ging und nur sehr sekundär um praktische Anwendbarkeit. Das Entwerfen mathematischer Theorien, um physikalische Vorgänge zu deuten oder vorherzusagen, war der Antike genauso fremd wie das der Neuzeit selbstverständliche Ziel und der Wille, die Natur technisch zu beherrschen. Bemerkenswert ist, dass die Naturwissenschaftler der Antike das allgemeine Bewusstsein jener Zeit nicht beeinflussten.

Die Römer haben zur Entwicklung naturwissenschaftlicher Erkenntnisse wenig beigetragen. Ein Spötter hat bemerkt, ihre einzige Leistung auf diesem Gebiet sei, ARCHIMEDES getötet zu haben.

ARCHIMEDES (285–212 v. Chr.), überragender Mathematiker und Mechaniker, wurde in Syrakus geboren. Sein Aufenthalt in Alexandrien machte ihn mit bedeutenden Mathematikern bekannt. Nach seiner Rückkehr in seine Heimatstadt widmete er sich mit größtem Erfolg sein Leben lang der Mathematik und Physik. 212 v. Chr. wurde er bei der Eroberung von Syrakus – laut Überlieferung – von einem römischen Soldaten getötet, als er über einer in den Sand gezeichneten geometrischen Figur nachdachte und ausrief: „Zerstöre meine Kreise nicht."
ARCHIMEDES schrieb bedeutende Abhandlungen zur Mathematik und praktischen Mechanik. Er entwickelte auf mathematischem Wege die Gesetze von Hebel und schiefer Ebene, konstruierte den Flaschenzug und entdeckte das nach ihm benannte archimedische (hydrostatische) Prinzip. Auf ihn geht der Begriff des Schwerpunktes zurück. Die von ihm konstruierten Maschinen und Apparate galten seinen Zeitgenossen als Wunder der Technik. Berühmt wurden sein Wasserheber, die archimedische Schnecke, seine Winden, der zusammengesetzte Flaschenzug und seine Hebelwerke: „Gebt mir einen Punkt außerhalb, wo ich stehe, und ich bewege die Erde."

Nach dem Untergang der Antike brachte in Europa das Mittelalter kaum Fortschritte auf dem Gebiet der Mechanik wie überhaupt auf dem der Naturwissenschaften. Die Kenntnisse des Altertums gingen mit den meisten Schriften der Alten verloren.
Den **Arabern** ist es zu verdanken, dass sie die Schriften der Griechen über die Wirren der Völkerwanderungszeit gerettet, überarbeitet und weiterentwickelt haben. Zu den bedeutendsten Wissenschaftlern in der Blütezeit des islamischen Mittelalters, das vom 8. bis zum 12. Jahrhundert zählt, gehören u. a. der Astronom und Physiker AL-HAITHAM (965–1040) und der seiner Zeit größte muslimische Universalgelehrte AL-BIRUNI (973–1048).

Erst auf dem Umweg über die Araber und mit der Ausbreitung des Islams sickerten zu Beginn des 12. Jahrhunderts die griechischen Naturvorstellungen über arabische Schriften oder direkt über die wieder entdeckten griechischen Texte in das Denken im christlichen Abendland ein. Die Hauptzentren, von denen sich die Kenntnisse ausbreiteten, waren Sizilien und Spanien. So wurden die Texte des ARISTOTELES im 12. und 13. Jahrhundert ins Lateinische übersetzt und wieder zugänglich. Seine Werke waren die Hauptursache für die um 1200 einsetzende Hinwendung des Bildungsinteresses zu den Naturwissenschaften. Die Lehre des ARISTOTELES beherrschte fortan das Denken des späteren Mittelalters.

Im 14. Jahrhundert gab es in der Statik eine Blütezeit. Die Methoden zur Zerlegung und Zusammensetzung von Kräften wurden entwickelt und bei der Lösung statischer Aufgaben benutzt. Auch der Begriff „Arbeit einer Kraft" wurde eingeführt und in einfachen Fällen bei der Lösung statischer Aufgaben richtig benutzt.
LEONARDO DA VINCI (1452–1519) war ein in der Mechanik seiner Zeit führender Forscher. Die Zerlegung von Kräften bei der Betrachtung von Momen-

ten (Hebelgesetz) wird von ihm im Wesentlichen durchgeführt. In einzelnen Beispielen führt er den Satz vom Parallelogramm der Kräfte auf den Hebelsatz zurück.

Die Renaissance und mit ihr die „Wiedergeburt der Wissenschaft" im 16. und 17. Jahrhundert führten zu einer Weiterentwicklung und Umwandlung jahrhundertealter Vorstellungen über die Naturgesetzlichkeiten. Das 17. Jahrhundert war wohl der entscheidendste Zeitabschnitt in der Geschichte der Physik; wahrscheinlich die Geburt der Physik als strenge Wissenschaft überhaupt. In dieser Zeit wurde die Mechanik geschaffen und in ihren Grundzügen vollendet; monumental in ihrer wissenschaftlichen Klarheit und Schönheit und überzeugend in ihrer Vorhersagekraft und mathematischen Formulierung. Die Bewegungsvorgänge am Himmel und auf der Erde konnten einheitlich beschrieben werden. Vom Methodischen her gelang es in der Mechanik zum ersten Male, Erfahrungen (Experimente) begrifflich scharf zu erfassen. Dies wurde vor allem durch Benutzung der mathematischen Sprache zusammen mit der Einführung äußerst fruchtbarer Abstraktionen und idealer Fälle erreicht. Die Tragweite der neuen physikalischen Erkenntnisse wurde vom Zeitbewusstsein rasch erfasst.

Am Anfang dieser revolutionären Epoche steht **Galileo Galilei**, der Begründer der modernen Naturwissenschaften. Die von ihm begründete **naturwissenschaftliche Methode** lässt sich folgendermaßen formulieren:

- Der Naturvorgang, der nur beschrieben und nicht mehr im Sinne der Antike erklärt werden kann, wird aus seinem natürlichen Zusammenhang gelöst und von allen störenden Umständen getrennt betrachtet.
- Es werden Hypothesen aufgestellt und mathematisch formuliert, wobei das Prinzip möglichst großer Einfachheit gilt.
- Die Hypothesen werden im Experiment überprüft, und zwar so, dass dies von jedermann wiederholt und nachvollzogen werden kann.

Galileo Galilei (1564–1642), in Pisa geboren, italienischer Mathematiker, Physiker, Astronom und Philosoph, studierte in Pisa. Er erhielt 1589 die Professur für Mathematik in seiner Geburtsstadt. Ob er dort am Schiefen Turm Fallversuche anstellte, ist nicht einwandfrei erwiesen. 1592 wurde er Professor für Mathematik in Padua. Er fand die Gesetze für das Fadenpendel und leitete die Fallgesetze her. 1609 baute Galilei das ein Jahr zuvor in Holland erfundene Fernrohr nach. Er entdeckte die bergige Natur des Mondes, den Sternenreichtum der Milchstraße, die Phasen der Venus, die Jupitermonde und die Sonnenflecken.
Erst ab 1610 trat Galilei öffentlich für das kopernikanische System ein. Sein Übereifer führte dazu, dass der Papst 1614 die kopernikanische Lehre verbot. Auch Galilei durfte sie künftig nicht mehr vertreten. Galilei verfasste seinen *„Dialogo"*, das *„Gespräch über die beiden Hauptweltsysteme"*, das ptolemäische und das kopernikanische, der 1632 in Florenz erschien.
Da er offenbar seine Parteinahme für Kopernikus zu deutlich gezeigt hatte, kam es zu einem Prozess gegen Galilei, der mit seiner Abschwörung und Verurteilung 1633 endete. Legende ist der Ausspruch: *„Und sie (die Erde) bewegt sich doch"*. Galilei wurde zu unbefristeter Haft verurteilt. 1638 erschien in Leiden sein für die Entwicklung der Physik wichtigstes Werk, die *„Discorsi"*.
Galilei hat als glänzender Redner und Schriftsteller einer sich anbahnenden neuen Naturwissenschaft unter den Gebildeten seiner Zeit überall Freunde und Gönner gewinnen können.

In klassischer Weise hat Galilei diese Methode in seinen Überlegungen zum freien Fall in seinen immer noch lesenswerten *„Discorsi e dimostrazioni matematiche"* von 1638 (*„Unterredung und mathematische Demonstration über zwei neue Wissenszweige, die Mechanik und die Fallgesetze betreffend"*) vorgeführt: Er machte als Erster einsichtig, dass es nicht auf die Art des fallenden Körpers – z.B. ob Stein oder Kanonenkugel – ankäme und dass der Luftwiderstand zu vernachlässigen sei, und war der Überzeugung, dass es zwischen Fallgeschwindigkeit, Fallstrecke und Fallzeit einen einfachen Zusammenhang geben müsse.
Galilei hat mit dem von ihm zuerst beschriebenen Trägheitsprinzip die Dynamik begründet und sich von den Vorstellungen der Antike gelöst, in der nach Aristoteles für jede Bewegung – auch für eine mit gleichbleibender Geschwindigkeit – ein ständiger Beweger – wir würden heute sagen „eine Kraft" – erforderlich sein müsse.

Isaak Newton griff Galileis Ideen auf und erhob die Mechanik in den Rang einer exakten Wissenschaft. In seinem Hauptwerk *„Philosophia naturalis principia mathematica"* von 1687 (*„Mathematische Prinzipien der Naturlehre"*) entwickelte er aus den Newton'schen Axiomen die Gesetze der Mechanik. Newtons Physik gründete auf der Annahme eines absoluten Raumes, auf den sich alle Vorgänge beziehen ließen, und einer absoluten Zeit, die für alle Vorgänge gleich dahinfließt. Diese Vorstellungen blieben – ungeprüft – bestimmend bis in das 20. Jahrhundert hinein, bis EINSTEIN die Relativität von Raum und Zeit erkannte. NEWTONS zweite großartige wissenschaftliche Leistung war die Entdeckung des Gravitationsgesetzes. Der Eindruck dieser Entdeckung war seinerzeit so groß, dass zuerst auch für die elektrischen Kräfte zwischen zwei geladenen Körpern durch Charles Augustin COULOMB (1736–1806) und für die magnetischen Kräfte zwischen zwei Magnetpolen ein Abstandsgesetz nach dem Vorbild des Gravitationsgesetzes gesucht und gefunden wurde.

In der **Newton'schen Mechanik** werden alle physikalischen Erscheinungen auf die Bewegung von materiellen Teilchen zurückgeführt, die durch ihre gegenseitige Anziehung aufgrund der Gravitationskraft verursacht wird. Beschrieben werden die Bewegungen durch die Newton'schen Bewegungsgleichungen, die aus dem Grundgesetz der Mechanik entwickelt sind und die die Grundlage der klassischen Mechanik bilden.

Im 18. und zu Beginn des 19. Jahrhunderts wurde die Newton'sche Mechanik durch die Weiterentwicklung der Differential- und Integralrechnung vervollständigt und zu einem geschlossenen Gedankengebäude ausgebaut. Die Newton'sche Mechanik war in der Lage, die Bewegung der Planeten, des Mondes, der Kometen, den Wechsel der Gezeiten und viele mit der Gravitationskraft zusammenhängende Phänomene zu erklären. Sie erklärte ebenso die Bewegung der Flüssigkeiten und die Schwingungen elastischer Körper. Schließlich konnten sogar Teile der Wärmelehre auf die Mechanik zurückgeführt werden: Wärmeenergie wurde als Bewegung der Moleküle verstanden. Erscheinungen wie das Verdampfen einer Flüssigkeit oder die Temperatur bzw. der Druck eines Gases lassen sich in der kinetischen Gastheorie mit rein mechanischen Gesetzen beschreiben.

Isaak NEWTON (1643–1727) studierte seit 1660 in Cambridge. Nach dem Erwerb verschiedener akademischer Grade und wesentlicher Entdeckungen wurde NEWTON 1669 Professor und Nachfolger seines Lehrers, war seit 1672 Mitglied der Royal Society und seit 1703 ihr Präsident. 1688/1705 war er auch Parlamentsmitglied und seit 1701 Münzmeister der königlichen Münze.
NEWTONS Lebenswerk umfasst neben theologischen, alchemistischen und chronologisch-historischen Schriften vor allem Arbeiten zur Optik und zur reinen und angewandten Mathematik. In seiner Optik stellt er das Licht als Strom von Teilchen (Korpuskeln) dar und deutet damit das Spektrum und die Zusammensetzung des Lichts sowie die Newton'schen Farbenringe, Beugungserscheinungen und die Doppelbrechung.
Sein Hauptwerk *„Philosophiae naturalis principia mathematica“* (1687), die *„Principia“*, ist grundlegend für die Entwicklung der exakten Wissenschaften. Es enthält die Definition der wichtigsten Grundbegriffe der Physik, die drei Newton'schen Axiome der Mechanik, so das Prinzip von *„actio et reactio“*, das Gravitationsgesetz, die Ableitung der Kepler'schen Gesetze und die erste Veröffentlichung über Differentialrechnung.
NEWTON hat seine bahnbrechenden Einsichten in die Mechanik auf die von ihm entwickelte Fluxionsrechnung gegründet. Bis ins 20. Jahrhundert zog sich der Streit zwischen ihm und Gottfried Wilhelm LEIBNIZ (1646–1716) hin, wem von beiden die Priorität für die Entwicklung der Infinitesimalrechnung gebührte.

Die Newton'sche Mechanik mit ihren großen Erfolgen in der Erklärung von Naturvorgängen wurde zum Vorbild jeder wissenschaftlichen Theorie. Bis weit ins 19. Jahrhundert galt ein Vorgang dann erst als verstanden, wenn er mit den Gesetzen der Mechanik erklärt werden konnte. So hat z. B. James Clerk MAXWELL (1831–1879), als er die Elektrodynamik theoretisch begründete, noch vergeblich versucht, seine auch heute noch gültige sogenannte Maxwell'sche Theorie, die alle Gesetze und Eigenschaften der Elektrizität und des Magnetismus umfasst und sie aus wenigen Grundgleichungen herzuleiten gestattet, mechanisch zu deuten.

Gegen die großen Erfolge der Newton'schen Mechanik und ihrer Übertragung auf andere Gebiete der Physik hatten es neue Ideen schwer. Es bedurfte schon der vorurteilslosen Selbständigkeit des Autodidakten Michael FARADAY (1791–1867), um den Weg zu einem ganz neuartigen Typ der Naturbeschreibung, dem *Feldbegriff*, zu bahnen. Eine entscheidende Rolle in FARADAYS Untersuchungen spielen Zustände, die im Raum kontinuierlich verteilt sind, wie das elektrische und das magnetische Feld, und die daraus abgeleiteten Feldgrößen Feldstärke, Potential und bildlich die „Kraft“linien, die von elektrischen Ladungen und magnetischen Polen ausgehen. Das Feld als Vermittlung zwischen den Körpern hielt Einzug in die Physik.

Ebenfalls um die Mitte des 19. Jahrhunderts gewinnen atomistische Theorien an Interesse. Einen Ausgangspunkt bildete die damals neu begründete Chemie mit ihren Atomen und Molekülen. In der Physik entwickelte sich um die Mitte des 19. Jahrhunderts mit der Erfindung und Verbesserung der Dampfmaschine die Wärmelehre oder Thermodynamik.

Die Entdeckung des *Satzes von der Erhaltung der Energie* durch Julius Robert MAYER (1814–1878), James P. JOULE (1818–1889) und Hermann von HELMHOLTZ (1821–1894) in den vierziger Jahren des 19. Jahrhunderts gab dem Energiesatz der Newton'schen Mechanik eine ins Allgemeine zielende Begründung. Aus diesen Ansätzen entstand im 19. Jahrhundert der – wie wir heute wissen – nicht nur für die Physik und die anderen Naturwissenschaften so wichtige und für alles Leben auf der Erde *fundamentale Energiebegriff*.

Das Weltbild der klassischen Physik

Gegen Ende des 19. Jahrhunderts war die allgemeine Meinung im (damals überschaubaren und im Vergleich zu heute ungleich kleineren) Kreis der Physiker, dass die Physik ihren Endstand erreicht habe. Ähnlich wurde damals die theoretische Mechanik mit dem Energieprinzip an der Spitze als Höhepunkt und endgültiger Schlussstein der Physik betrachtet.

So stellte sich an der Schwelle zum 20. Jahrhundert die Physik als ein geschlossenes wissenschaftliches Gebäude dar, das als **klassische Physik** bezeichnet wird: Aufbauend auf den Ideen NEWTONS mit seinen beiden *Postulaten eines absoluten Raumes* und *einer absoluten Zeit* und mit den Teilgebieten der *Mechanik* – *Kinematik* und *Dynamik* –, den *Energie- und Impulserhaltungssätzen*, der *Statik* als der Lehre vom Gleichgeweicht der Kräfte einschließlich der Lehre der *mechanischen Schwingungen und Wellen* und der *Akustik*, mit der Lehre von der *Gravitation*, der *Elektrodynamik*, der *Thermodynamik* und der *Optik*.

Max PLANCK (1858–1947) wurde in Kiel geboren und wuchs dort und in München auf. Er promovierte nach seinem Studium in Berlin und München mit 21 Jahren mit einer thermodynamischen Dissertation. 1885 wurde er Professor in Kiel, 1889 in Berlin, wo er jahrzehntelang als Professor der Theoretischen Physik und später als Emeritus wirkte.
Im Laufe seiner Studien über die Entropie wandte sich PLANCK um 1894 der Wärmestrahlung zu. Dabei entdeckte er eine neue Naturkonstante, das Planck'sche Wirkungsquantum. Der 14.12.1900, an dem PLANCK die Planck'sche Strahlungsformel auf der 19. Hauptversammlung der Deutschen Physikalischen Gesellschaft in Berlin vortrug, gilt als der „Geburtstag der Quantentheorie". Während PLANCK gegenüber der Einstein'schen Lichtquantenhypothese noch lange skeptisch blieb, erkannte er sofort die Tragweite der von EINSTEIN 1905 begründeten Speziellen Relativitätstheorie. 1918 erhielt PLANCK den Nobelpreis für Physik.
Dank seiner wissenschaftlichen Leistungen wie auch wegen seines geraden, unbeugsamen Charakters und der Vornehmheit der Gesinnung und des Handelns erwarb sich PLANCK eine einzigartige Stellung unter den Physikern Deutschlands. Er lenkte mehr als 25 Jahre die Geschicke der Preußischen Akademie der Wissen-schaften, viele Jahre war er Vorsitzender der Deutschen Physikalischen Gesellschaft. Nach dem Ende des zweiten Weltkrieges wurde die Kaiser-Wilhelm-Gesellschaft zur Förderung der Wissenschaften, deren Präsident PLANCK sieben Jahre gewesen war, in Max-Planck-Gesellschaft zur Förderung der Wissenschaften e.V. umbenannt. PLANCK starb hochbetagt am 04.10.1947 in Göttingen.

Prinzipien der klassischen Physik

Das Weltbild der klassischen Physik, das in der Beherrschung wissenschaftlichen Denkens weit über die Fachwissenschaft Physik hinausreicht, beruht auf dreierlei: auf dem *Prinzip der Kausalität*, auf dem mit ihm verbundenen *Prinzip des Determinismus* und auf dem *Prinzip der Objektivierbarkeit*.

Kausalitätsprinzip:

Die klassische Physik sagt: Alles Geschehen läuft nach dem Kausalitätsprinzip ab, d.h. unter gleichen Umständen führen die Naturgesetze stets zu gleichen Ergebnissen.

Das Ergebnis bzw. der Zustand A, als Ursache bezeichnet, bringt unter bestimmten Bedingungen zwangsläufig ein bestimmtes Ergebnis bzw. einen bestimmten Zustand B, als Wirkung bezeichnet, hervor, wobei die Ursache A der Wirkung B zeitlich vorausgeht und die Wirkung B nie eintritt, ohne dass die Ursache A vorher bestanden hat.
Das Denken in Kausalzusammenhängen entspricht weitgehend der täglichen Erfahrung und Beobachtung: *keine Wirkung ohne Ursache.*

Die klassische Physik stellt sich dar als ein System von mathematischen Gleichungen, durch welche alle Vorgänge in irgendeinem betrachteten physikalischen Vorgang vollkommen bestimmt werden, sobald die zeitlichen und räumlichen Bedingungen, das heißt der Anfangszustand und die von außen her auf den physikalischen Sachverhalt stattfindenden Einwirkungen, gegeben sind. Dadurch ist es möglich, alle in dem physikalischen Gebilde sich abspielenden Vorgänge in allen Einzelheiten im Voraus zu berechnen und so aus der Ursache die Wirkung abzuleiten. Das Weltbild der klassischen Physik war ein mechanistisches Weltbild, in dem nichts ohne Ursache geschah und in dem infolgedessen alles Geschehen unabänderlich ablief. Das Kausalitätsprinzip der klassischen Physik ist daher mit dem Prinzip des Determinismus eng verknüpft.

Prinzip des Determinismus:
Der Determinismus behauptet, dass aus einer vollständigen Beschreibung des gesamten Zustandes der Welt zu einem bestimmten Zeitpunkt allein mithilfe der Naturgesetze jedes Ereignis oder jeder Zustand der Welt in der Vergangenheit oder in der Zukunft logisch hergeleitet werden kann.

Die klassische Physik geht schließlich von dem **Prinzip der Objektivierbarkeit** aus: Der beobachtete Naturvorgang läuft unabhängig und unbeeinflusst vom Beobachter ab. Das Naturgeschehen ist objektivierbar, es lässt sich objektiv beschreiben.

Ein Problem galt in der klassischen Physik dann als gelöst, wenn es dem Forscher gelungen war, einen bestimmten Vorgang als in Raum und Zeit objektiv geschehen nachzuweisen und diesen Vorgang als Konsequenz der bekannten physikalischen Gesetze zu verstehen. Eben durch diese Forderung der eindeutigen Objektivierbarkeit der Wahrnehmungen unterscheidet sich die klassische Physik von anderen Richtungen unseres Erkenntnisstrebens, wie z. B. von der Biologie, in der der Zustand eines gegebenen Systems nie in allen Einzelheiten vor und nach dem Beginn des untersuchten Vorgangs beschrieben und festgehalten werden kann.

Albert Einstein (1879–1955), in Ulm geboren und in München aufgewachsen, siedelte mit 15 Jahren in die Schweiz über. Als „technischer Experte dritter Klasse" des Berner Patentamtes veröffentlichte er 1905 drei hochbedeutende Abhandlungen. In seiner *„Theorie der Brown'schen Bewegung"* gab Einstein einen direkten und abschließenden Beweis für die atomistische Struktur der Materie. In der Abhandlung *„Zur Elektrodynamik bewegter Körper"* begründete er die Spezielle Relativitätstheorie mit dem Schluss auf die Äquivalenz von Masse und Energie $E = mc^2$. Als Drittes erweiterte Einstein den Quantenansatz von Planck (1900) zur Hypothese der Lichtquanten.
Einstein, 1909 als Professor an die Universität Zürich berufen, wurde 1913 in Berlin ordentliches Mitglied der Preußischen Akademie der Wissenschaften und Direktor des Kaiser-Wilhelm-Instituts für Physik gewählt. 1914/15 begründete er die *Allgemeine Relativitätstheorie.* Das Nobelkomitee verlieh ihm 1921 den Nobelpreis für Physik für seine Beiträge zur Quantentheorie.
Angriffe auf Grund seiner jüdischen Herkunft veranlassten Einstein 1933 zum Verzicht auf seine akademischen Ämter in Deutschland; er fand in Princeton, USA, eine neue Wirkungsstätte. Einsteins letzter Lebensabschnitt wurde davon überschattet, dass er – lebenslang überzeugter Pazifist – aus Furcht vor einer deutschen Aggression durch einen Brief an Präsident Roosevelt vom 02.08.1939 den Anstoß zum Bau der ersten amerikanischen Atombomben gegeben hatte.

Die Begründer der modernen Physik

Am Beginn des 20. Jahrhunderts tauchten unerwartete Fragestellungen auf, die einen „Umsturz im Weltbild der Physik" zur Folge hatten. **Max Planck** legte 1900 mit der Entdeckung des nach ihm benannten Planck'schen Wirkungsquantums den Grundstein der *Quantenphysik* und **Albert Einstein** 1905 neben einem weiteren Baustein zur Quantenphysik die *Spezielle Relativitätstheorie.* Beide Theorien sind die ***Grundpfeiler der modernen Physik***.

Die moderne Physik hat auf vielen Gebieten eine Erweiterung und Präzisierung der klassischen Physik gebracht. Insbesondere der Aufbau der Materie ist nur durch die *Quantentheorie* und die aus ihr hervorgegangene *Elementarteilchenphysik* erklärbar; die Relativitätstheorie ist für das Verständnis der Entwicklung und Struktur des Kosmos fundamental.
Die Quantenphysik dringt in die Welt des Kleinsten ein, die Relativitätstheorie stößt in die Welt des Größten sowie in die Bereiche hoher Geschwindigkeiten vor.

Die Gebiete der modernen Physik, die Thema des zweiten Oberstufenbands sind, enthalten die klassische Physik als eine für viele Bereiche ausreichende Näherung. Die klassische Physik hat damit ihre Bedeutung nicht eingebüßt. Im Gegenteil – sie dient auch heute noch als der unumgängliche Einstieg in die Physik, sie ist ihre unverzichtbare Grundlage.

Musteraufgaben mit Lösungen

Strategie zur Lösung von Physikaufgaben

Das Lösen von Physikaufgaben ist ein kreativer Prozess: Ideen entwickeln, Annahmen machen, verschiedene Lösungswege ausprobieren sind allesamt Schritte, die zum Ziel führen. Sie sollten dabei jedoch systematisch vorgehen.

① Lesen Sie den Aufgabentext sorgfältig durch, so dass Sie eine Vorstellung von der Aufgabe bekommen. Ordnen Sie die Aufgabe einem Gebiet der Physik zu (Mechanik, Energie und Impuls, Gravitation, Schwingungen, …). Formulieren Sie das physikalische Problem der Aufgabe mit eigenen Worten.

② Notieren Sie sich die gemachten Angaben sowie die gesuchte(n) Größe(n).

③ Fertigen Sie eine übersichtliche Skizze an, in der Sie alle bekannten und unbekannten Größen einzeichnen, die zur Lösung des Problems dienen (z. B. Längen, Zeiten, Kräfte, Energien, Systemgrenzen, …). Muss ein Graph gezeichnet werden, skalieren Sie die Achsen sinnvoll und beschriften Sie sie.

④ Modellieren Sie das Problem: Überlegen Sie, welche Vereinfachungen gemacht werden können (punktförmiger Körper, Vernachlässigung der Reibung, des Luftwiderstands usw.). Dieser Schritt wird Ihnen zwar in den meisten Aufgaben bereits abgenommen, es sollte Ihnen jedoch bewusst sein, dass er bei der Lösung physikalischer Probleme eine wichtige Rolle spielt.

⑤ Schreiben Sie alle Formeln auf, in denen die gesuchten Größen vorkommen. Stellen Sie die Formeln nach den gesuchten Größen um. Kombinieren Sie gegebenenfalls mehrere Formeln.
Überprüfen Sie bei der Endformel die Einheiten. Dadurch lassen sich schnell Umformungsfehler aufspüren.

⑥ Setzen Sie nun die bekannten Größen sowie eventuell in den Formeln vorkommende physikalische Konstanten samt Einheiten ein. Berechnen Sie das Endergebnis. Achten Sie darauf, dass die Größen, die Sie in die jeweiligen Formeln einsetzen, in SI-Einheiten angegeben sind. Wenn nicht, rechnen Sie sie vorab in SI-Einheiten um – diesen Schritt sollten Sie sich nur dann sparen, wenn Sie ganz sicher sind, dass sich die Einheiten herauskürzen.

⑦ Überlegen Sie sich, ob das berechnete Endergebnis plausibel ist. Falls nicht, überprüfen Sie Ihr Modell.

⑧ Formulieren Sie einen Antwortsatz.

Aufgabe: Schätzen Sie die beim Stabhochsprung maximal mögliche Sprunghöhe ab. Setzen Sie für die Anlaufgeschwindigkeit die Sprintgeschwindigkeit eines sehr guten 100 m-Läufers ein, also ungefähr $v_1 = 10$ m/s für Männer und $v_1 = 9$ m/s für Frauen. Der Körperschwerpunkt des Stabhochspringers befinde sich vor dem Sprung in der Höhe $h_1 \approx 1$ m über dem Boden.

① Gesucht wird die maximal mögliche Sprunghöhe h_2 eines Stabhochspringers. Er rennt mit der Geschwindigkeit v_1 auf den Einstichkasten zu und muss beim Sprung seinen Körperschwerpunkt von der Höhe h_1 auf die Höhe h_2 bringen. Beim Anlaufen gewinnt der Springer kinetische Energie, die ihm an der höchsten Stelle des Sprungs als Lageenergie zur Verfügung steht.

② Geg.: $v_1 = 10$ m/s bzw. 9 m/s;
Anfangshöhe $h_1 = 1$ m
Der Index 1 bezieht sich auf die Größen kurz vor dem Sprung, der Index 2 auf diejenigen am höchsten Punkt des Sprungs.
Ges.: h_2.

③ Skizze

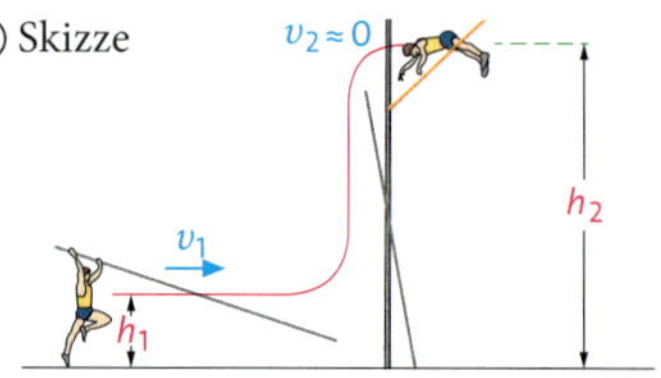

④ Es werden folgende Vereinfachungen gemacht:
- Der Springer wird auf einen Punkt reduziert.
- Der Luftwiderstand wird vernachlässigt.
- Die Geschwindigkeit des Springers am höchsten Punkt ist null: $v_2 = 0$.
- Die kinetische Energie des Springers wird vollständig in Spannenergie des Stabes umgewandelt, und diese wiederum vollständig in Lageenergie des Springers.

⑤ Formeln:
- Kinetische Energie: $E_{kin} = \frac{1}{2} m v^2$
- Lageenergie: $E_{Lage} = m g h$
- Gesamtenergie: $E_{ges} = E_{kin} + E_{Lage}$,

Aus der Energieerhaltung $E_{ges,\,vorher} = E_{ges,\,nachher}$ folgt:

$$E_{kin,1} + E_{Lage,1} = \frac{1}{2} m v_1^2 + m g h_1 = E_{kin,2} + E_{Lage,2} = \frac{1}{2} m v_2^2 + m g h_2$$

Da $v_2 = 0$ ist, bleibt rechts nur der Term für die Lageenergie übrig.

Die Masse lässt sich herauskürzen: $\frac{1}{2} v_1^2 + g h_1 = g h_2$.

Daraus folgt schließlich der Ausdruck für h_2: $h_2 = h_1 + \frac{v_1^2}{2g}$.

Die Überprüfung der Einheiten ergibt

$$[h_2] = [h_1] = \text{m} \quad \text{und} \quad \left[\frac{v_1^2}{2g}\right] = \frac{(\text{m/s})^2}{\text{m/s}^2} = \text{m},$$

also links und rechts die gleiche Einheit.

⑥ Die Werte sind alle in SI-Einheiten angegeben, können also ohne vorherige Umrechnung eingesetzt werden.

Männer $h_2 = 1\,\text{m} + \frac{(10\,\text{m/s})^2}{2 \cdot 9{,}81\,\text{m/s}^2} = 6{,}1$ m; Frauen $h_2 = 1\,\text{m} + \frac{(9\,\text{m/s})^2}{2 \cdot 9{,}81\,\text{m/s}^2} = 5{,}1$ m

⑦ Diese Werte stimmen sehr gut mit den aktuellen Rekordwerten überein – 6,14 m (Männer) und 5,06 m (Frauen) –, sodass davon ausgegangen werden kann, dass die Lösung richtig ist.

⑧ Aus Rekordgeschwindigkeiten beim 100 m-Lauf wurde die beim Stabhochsprung maximal erreichbare Höhe berechnet. Sie liegt bei 6,1 m für Männer und 5,1 m für Frauen.

Skispringen (Kap. 1)

Zu der Skisprungschanze Vikersund in Norwegen, der größten Schanze der Welt, macht der Internationale Skiverband folgende Angaben:

Neigung der Aufsprungbahn im K-Punkt: 35°; Sprungweite bis K: 195 m (entlang der Aufsprungbahn gemessen);

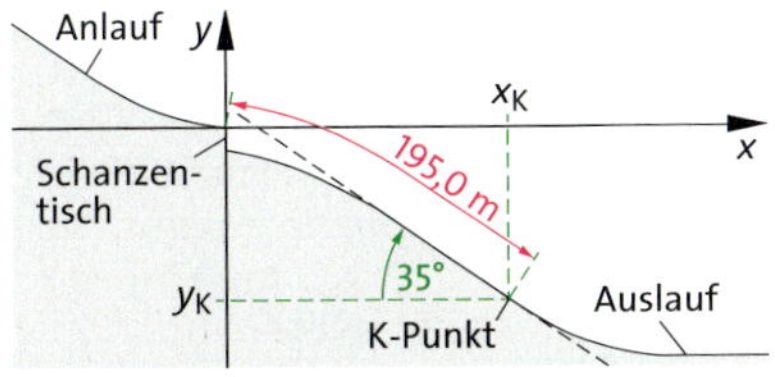

Koordinaten von K (der Koordinatenursprung ist am Ende des Schanzentisches): $x_K = 168{,}0$ m, $y_K = -100{,}7$ m; Absprunggeschwindigkeit: 30 m/s. Die Sprungweite eines Skispringers wird vom K-Punkt aus gemessen – nach vorn oder nach hinten, je nach Landepunkt.

Bestimmen Sie mithilfe Ihres grafikfähigen Taschenrechners (GTR) die Sprungweite des Skispringers bei Vernachlässigung von Auftrieb und Luftwiderstand. Nehmen Sie dazu an, dass der Springer waagerecht vom Schanzentisch abspringt und dass die Aufsprungbahn durch eine Gerade durch den Punkt K mit der Steigung 35° wiedergegeben wird.

Lösung:

Nach dem Absprung wirkt auf den Springer lediglich die Schwerkraft, sodass seine Flugbahn der Parabel beim waagerechten Wurf entspricht. Der Schnittpunkt S dieser Parabel mit der Geraden durch den Punkt K ist der Auftreffpunkt des Springers.

Aus den Gleichungen für den waagerechten Wurf, $x = vt$ und $y = -\frac{1}{2}gt^2$, folgt mit $v = 30$ m/s und $g = 9{,}81$ m/s^2 die Gleichung der Flugkurve des Springers:

$$y = \frac{g}{2v^2}x^2 = 0{,}005\,45\,x^2.$$

Für die Gerade durch den K-Punkt ergibt sich mithilfe der Steigung $m = -\tan(35°) = -0{,}700$ und $m = (y - y_K)/(x - x_K)$ die Gleichung der Geraden zu:

$$y = -0{,}700\,(x - 168 \text{ m}) - 100{,}7 \text{ m} = -0{,}700\,x + 16{,}9 \text{ m}.$$

Beide Gleichungen werden in den GTR eingegeben (Menüpunkt „Graph“) und dargestellt („Draw“). Anschließend wird der Schnittpunkt S der beiden Kurven bestimmt („G-Solve“), wobei nur der Schnittpunkt in der Nähe des K-Punktes physikalisch sinnvoll ist. Die Koordinaten des Landepunktes sind somit:

$$x_S = 96{,}2 \text{ m} \quad \text{und} \quad y_S = -50{,}4 \text{ m}.$$

Der Punkt S liegt vor dem Punkt K. Sein Abstand vom Punkt K beträgt nach dem Satz des Pythagoras

$$\sqrt{(x_K - x_S)^2 + (y_K - y_S)^2} = 87{,}7 \text{ m},$$

sodass sich die für die Sprungweite ergibt:

$$w = 195 \text{ m} - 87{,}7 \text{ m} = 107{,}3 \text{ m}.$$

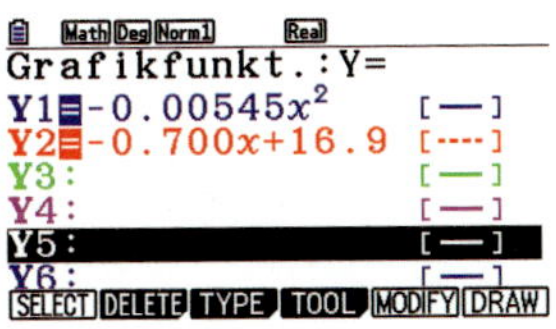

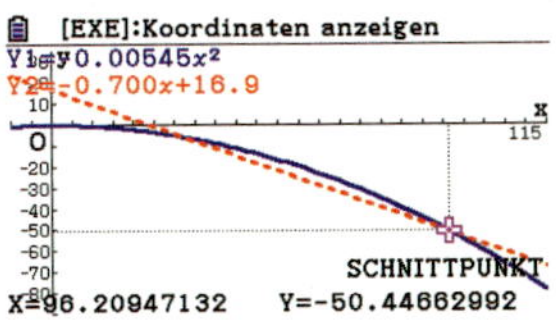

Diese Sprungweite liegt weit unter dem Weltrekord, den der Norweger Johan Remen Evensen mit seinem 2011 in Vikersund erzielten Sprung über 246,5 m innehat. Das verdeutlicht die wichtige Rolle des Auftriebs, den die geringe Masse der Springer, ihre Flughaltung (V-Stil), die großen Skier und der spezielle Anzug bewirken.

Energieerhaltung beim Bungee-Springen (Kap. 2)

Bestimmen Sie die maximale Geschwindigkeit einer Bungeespringerin (Masse $m = 60$ kg), die sich von einem Kranarm aus in die Tiefe stürzt. Die Länge des Seils beträgt in entspanntem Zustand $l = 30$ m, die Federkonstante des Seils ist $D = 160$ N/m.

Lösung:

Solange das Seil noch nicht gespannt ist, wirkt auf die Springerin die Gewichtskraft, die ihre Fallgeschwindigkeit ständig vergrößert. Von dem Augenblick an, an dem sich das Seil zu spannen beginnt, wirkt die sich steigernde Spannkraft der Feder F_S der Gewichtskraft F_G entgegen, sodass auf die Springerin nur noch die Kraft $F = F_G - F_S$ wirkt.

Die Geschwindigkeit der Springerin ist am größten, wenn $F = F_G - F_S = 0$ ist, denn von da an ist die Federkraft größer als die Gewichtskraft – die Geschwindigkeit verringert sich und kehrt ihre Richtung schließlich um.

Die maximale Geschwindigkeit der Springerin lässt sich mithilfe des Energieerhaltungssatzes bestimmen. Beim Sprung wird Lageenergie der Springerin (ihre Lageenergie ist zu Beginn des Sprungs am größten) in kinetische Energie der Springerin (ihre kinetische Energie ist zu Beginn des Sprungs null) umgewandelt, und – ab dem Punkt, an dem sich das Seil zu spannen beginnt – auch teilweise in Spannenergie des Seils.

Für den Punkt, an dem die Kraft auf die Springerin null ist, $F_G - F_S = 0$, folgt aus $F_G = mg$ und $F_S = Ds$:

$$s = \frac{mg}{D}$$

In diesem Punkt hat die Lageenergie der Springerin insgesamt um den Wert $E_{Lage} = mg(l + s)$ gegenüber dem Anfangszustand abgenommen. Diese Lageenergie wurde in kinetische Energie der Springerin, $E_{kin} = \frac{1}{2}mv^2$, und in Spannenergie des Seils, $E_S = \frac{1}{2}Ds^2$, umgewandelt. Es gilt also:

$$\frac{1}{2}mv^2 + \frac{1}{2}Ds^2 = mg(l + s) \quad \text{und daraus}$$

$$v = \sqrt{2g(l + s) - \frac{D}{m}s^2},$$

woraus mit $s = \dfrac{mg}{D}$ folgt:

$$v = \sqrt{2gl + \frac{mg^2}{D}} = \sqrt{2 \cdot 9{,}81\,\tfrac{\text{m}}{\text{s}^2} \cdot 30 \text{ m} + \frac{60 \text{ kg} \cdot (9{,}81 \text{ m/s}^2)^2}{160 \text{ kg/s}^2}}$$

$$= 24{,}9\,\tfrac{\text{m}}{\text{s}} \approx 90\,\tfrac{\text{km}}{\text{h}}$$

Die maximale Geschwindigkeit der Bungeespringerin beträgt also 24,9 m/s, das sind rund 90 km/h.

Die Geschwindigkeit nach 30 m Fallstrecke,

$$v = \sqrt{2 \cdot 9{,}81\,\tfrac{\text{m}}{\text{s}^2} \cdot 30 \text{ m}} = 24{,}3\,\tfrac{\text{m}}{\text{s}},$$

wächst also noch um weitere 0,6 m/s an und nimmt danach ab.

Musteraufgaben mit Lösungen

Abschätzung der Mondmasse (Kap 3)

Die Masse des Mondes lässt sich abschätzen, wenn berücksichtigt wird, dass Erde und Mond um den gemeinsamen (in der Erde liegenden) Schwerpunkt S kreisen.

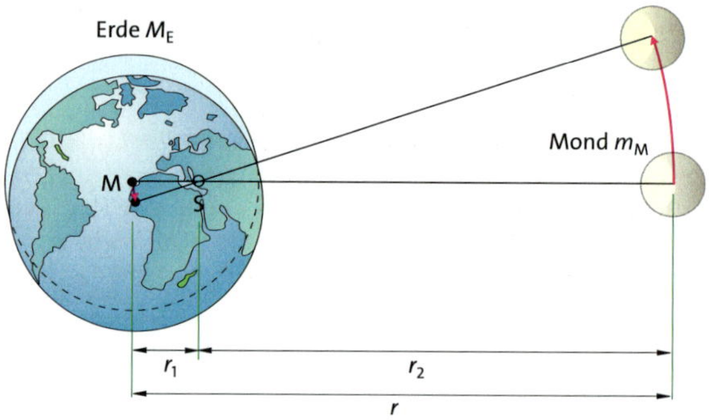

Die Gravitationskraft $F_G = \gamma m_M M_E / r^2$ ist die Zentripetalkraft, die den Mond auf seiner Bahn hält: $F_Z = m_M v^2 / r_2$ (Beachten Sie: Im Ausdruck für F_G steht r, in dem für F_Z steht r_2).

a) Berechnen Sie die Masse des Mondes.

b) Bestimmen Sie die Lage des gemeinsamen Schwerpunktes von Erde und Mond.

Lösung:

a) Durch Gleichsetzen von Gravitationskraft (zwischen Mond und Erde) und Zentripetalkraft für die Bewegung des Mondes auf seiner Umlaufbahn um den Schwerpunkt S ergibt sich

$$F_G = F_Z \quad \text{oder} \quad \gamma \frac{m_M M_E}{r^2} = \frac{m_M v^2}{r_2}.$$

Daraus folgt

$$v^2 = \gamma \frac{M_E r_2}{r^2}.$$

v ist die Bahngeschwindigkeit des Mondes, für die der folgende Zusammenhang gilt:

$$v = \frac{2\pi r_2}{T}$$

Dabei ist T die Umlaufzeit des Mondes. Einsetzen in die obige Formel für v^2 führt zu

$$\frac{4\pi^2 r_2^2}{T^2} = \gamma \frac{M_E r_2}{r^2}. \qquad \text{(I)}$$

Bevor mit dieser Formel weitergerechnet werden kann, wird zunächst ein Ausdruck für die Größe r_2 gesucht:

Erde und Mond drehen sich um den gemeinsamen Schwerpunkt S, für den gilt:

$$M_E r_1 = m_M r_2,$$

wobei r_1 der Abstand des Schwerpunktes vom Erdmittelpunkt und r_2 der Abstand des Schwerpunktes vom Mondmittelpunkt ist.

Die Summe $r = r_1 + r_2$ ist der Abstand Erdmittelpunkt–Mondmittelpunkt.

Wird r_1 durch r_2 ausgedrückt, ergibt sich $r_1 = r - r_2$, also

$$M_E (r - r_2) = m_M r_2 \quad \text{bzw.} \quad M_E r - M_E r_2 = m_M r_2.$$

Daraus folgt $(M_E + m_M) r_2 = M_E r$ und damit

$$r_2 = \frac{M_E r}{m_M + M_E}.$$

Einsetzen von $r_2 = \frac{M_E r}{m_M + M_E}$ in (I) und Kürzen von r ergibt

$$\frac{4\pi^2 M_E r}{T^2 (m_M + M_E)} = \gamma \frac{M_E}{r^2} \quad \text{bzw.} \quad \frac{4\pi^2 r^3}{\gamma T^2} = m_M + M_E.$$

Die Masse des Mondes ist also

$$m_M = \frac{4\pi^2 r^3}{\gamma T^2} - M_E$$

$$= \frac{4\pi^2 (3{,}844 \cdot 10^8)^3}{6{,}67384 \cdot 10^{-11} \cdot (27{,}322 \cdot 24 \cdot 3600)^2} \text{kg} - 5{,}9726 \cdot 10^{24} \text{ kg}$$

$$= 5{,}69 \cdot 10^{22} \text{ kg}.$$

b) Mit diesem Wert für die Masse des Mondes lassen sich r_1 und r_2 berechnen:

$$r_2 = \frac{M_E r}{m_M + M_E} = \frac{5{,}9726 \cdot 10^{24}\; 3{,}844 \cdot 10^8}{(0{,}0569 + 5{,}9726) \cdot 10^{24}} = 380\,772 \text{ km}$$

$$r_1 = 384\,400 - 380\,772 = 3628 \text{ km}$$

Der gemeinsame Schwerpunkt von Erde und Mond befindet sich also 3628 km vom Erdmittelpunkt entfernt (zum Vergleich: Der Radius der Erde beträgt 6378 km). Wird für die Mondmasse der aus Satellitenbeobachtungen bekannte genauere Wert $m_M = 7{,}34 \cdot 10^{22}$ kg eingesetzt, ergibt sich, dass der gemeinsame Schwerpunkt von Erde und Mond 4667 km vom Erdmittelpunkt entfernt ist.

Dass der auf die oben ausgeführte Weise berechnete Wert für die Mondmasse um fast 30 % von dem aus Satellitenbeobachtungen bestimmten Wert abweicht, liegt u. a. daran, dass die Bahn des Mondes um die Erde nur angenähert eine Kreisbahn beschreibt.

Es kann trotzdem Folgendes festgehalten werden: Wird mit der Näherung „Mittelpunkt der Mondbahn stimmt mit Mittelpunkt der Erde überein“ gerechnet, liegt die Ungenauigkeit lediglich in dem Bereich von 1 %.

Kräftegleichgewicht im Weltall (Kap 3)

Schätzen Sie ab und erklären Sie, wo sich der Punkt befindet, an dem sich die Gravitationsfeldstärken von Mond und Erde gerade aufheben (ohne Berücksichtigung des Gravitationsfeldes der Sonne). Überprüfen Sie anschließend Ihre Vermutung, indem Sie die Entfernung dieses „schwerefreien“ Punktes vom Erdmittelpunkt berechnen.

Lösung:

Für den „schwerefreien“ Punkt P zwischen Erde und Mond sind die Feldstärken von Mond und Erde entgegengesetzt gleich:

$$\gamma \frac{m_{Mond}}{r^2_{Mond-P}} = \gamma \frac{m_{Erde}}{r^2_{Erde-P}}$$

Daraus folgt die Beziehung

$$\frac{r_{Erde-P}}{r_{Mond-P}} = \sqrt{\frac{m_{Erde}}{m_{Mond}}}.$$

Werden die Werte für die Massen, $m_{Erde} = 5{,}97 \cdot 10^{24}$ kg und $m_{Mond} = 7{,}34 \cdot 10^{22}$ kg, eingesetzt, ergibt sich für das Verhältnis der Entfernungen

$\frac{r_{Erde-P}}{r_{Mond-P}} = 9{,}0.$

Aus der Entfernung Erde – Mond

$r_{Erde-Mond} = r_{Erde-P} + r_{Mond-P} = 384\,400$ km

folgt für r_{Erde-P}:

$r_{Erde-P} = 9{,}0\, r_{Mond-P} = 9{,}0\,(r_{Erde-Mond} - r_{Erde-P})$

Also ist

$r_{Erde-P} = \frac{9{,}0}{10{,}0} r_{Erde-Mond} = 345\,960$ km

und folglich

$r_{Mond-P} = \frac{1{,}0}{10} r_{Erde-Mond} = 38\,440$ km.

P ist der Punkt, von dem Jules VERNE fälschlicherweise annahm, dass hier Schwerelosigkeit herrscht. In Wirklichkeit wird bei einer Reise zum Mond das Raumschiff bis zu diesem Punkt immer langsamer (die Anziehungskraft der Erde überwiegt, die Gesamtkraft ist zur Erde gerichtet), danach aber wieder schneller (die Anziehungskraft des Mondes überwiegt, die Gesamtkraft zum Mond gerichtet).

Resonanzphämomene im Alltag (Kap 4)

Suchen Sie in Ihrer Umgebung nach Beispielen für Resonanzphänomene. Erläutern Sie insbesondere, ob es sich um erwünschte oder unerwünschte Resonanz handelt und was in letzterem Fall getan werden kann, um Resonanz zu verhindern. Versuchen Sie für einige der Beispiele die jeweilige Resonanzfrequenz abzuschätzen und sie anschließend im Internet zu recherchieren.

Lösung:

Einige Beispiele:

- Anschieben eines Kindes auf einer Schaukel. Erwünschte Resonanz. Frequenz: ca. 0,3 – 0,4 Hz (hängt von der Länge der Seile der Schaukel ab).
- Springen auf einem Pogo-Stick. Erwünschte Resonanz. Frequenz: etwa 2 Hz.

- Brücke, die durch die Schrittfrequenz von im Gleichschritt über die Brücke laufenden Menschen in Resonanz versetzt wird. Schrittfrequenz einer geschlossen marschierenden Truppe: 114 Schritte pro Minute, d. h. 1,9 Hz. Unerwünschte Resonanz. Gegenmaßnahme: „ungeordnet" („ohne Tritt") über die Brücke laufen.
- Tideresonanz in der Bay of Fundy in Kanada. Die Zeit zwischen zwei Hochwasserständen beträgt ungefähr 12 Stunden, die dazugehörige Frequenz ist $2{,}3 \cdot 10^{-5}$ Hz.
- Resonanz einer Autokarosserie bei bestimmten Drehzahlen des Motors. Frequenz eines Automotors im Leerlauf: 8 – 15 Hz. Unerwünschte Resonanz. Gegenmaßnahme: gute Stoßdämpfer; Räder auswuchten.
- Musikinstrumente. Bei Musikinstrumenten wird zum Beispiel durch das Anzupfen bzw. Anschlagen einer Saite oder das Hineinblasen in ein Mundstück eines Blasinstrumentes ein fälschlich so bezeichneter Resonanzkörper – Resonanzboden eines Klaviers, Resonanzkörper einer Geige/einer Gitarre oder eines Saxophons/einer Trompete – zu erzwungenen Schwingungen angeregt. Das bedeutet, dass der Resonanzkörper mit den ihm von der Saite bzw. von dem Mundstück aufgezwungenen Frequenzen schwingt. Vom schwingenden Resonator wird Energie an die Luft übertragen: die gespielten Töne werden hörbar. Resonanz sollte dabei nicht auftreten, weil dadurch einzelne Töne sehr viel lauter wiedergegeben würden als alle anderen.
- Freileitungen oder Oberleitungen. Unerwünschte Resonanz. Gegenmaßnahme: Teilstücke der Leitungen sind unterschiedlich lang, flexible Aufhängung der Tragseile.
- Gebäudeschwingungen bei Erdbeben und starken Stürmen. Unerwünschte Resonanz. Gegenmaßnahme: Schwingungstilgerpendel (Beispiel: Taipei 101).

Beschleunigung eines Wagens durch eine Feder (Kap 4)

Auf einer horizontalen Fahrbahn wird ein Wagen aus der Ruhelage durch eine weiche Feder, die um 40 cm gedehnt ist, beschleunigt. Die folgende Wertetabelle zeigt den vom Wagen zurückgelegten Weg, gemessen in zeitlichen Abständen von 0,08 Sekunden:

t in s	0	0,08	0,16	0,24	0,32	0,40	0,48	0,56	0,64
s in cm	40,0	39,2	36,9	33,0	27,9	21,6	14,5	6,8	–1,14

a) Zeichnen Sie das zugehörige *t*-*s*-Diagramm und entscheiden Sie, welche Funktionstypen den Graphen beschreiben könnten.

b) Finden Sie mithilfe eines GTR die Funktion, die den Graphen am besten beschreibt.

c) Bewerten Sie, ob das Ergebnis mit dem physikalischen Sachverhalt übereinstimmt.

Lösung:

a), b) Das Diagramm zeigt, dass es sich um eine quadratische Funktion oder um eine Cosinus-Funktion handeln könnte. Der GTR (=> Statistik => Regression) findet die beiden Funktionen

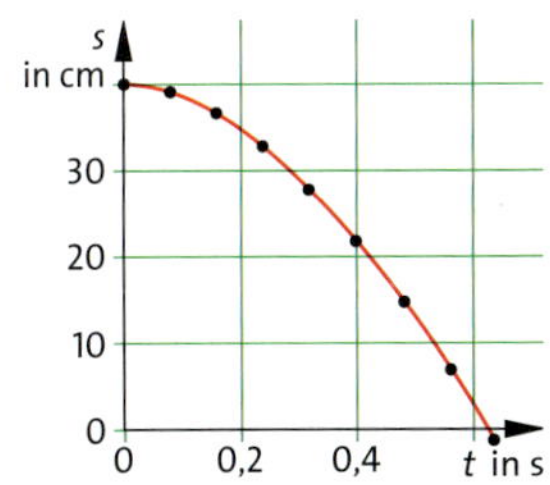

$s_1(t) = -82{,}48\,t^2 - 13{,}41\,t + 40{,}56$

$s_2(t) = 40 \sin(2{,}5\,t + 1{,}57)$.

Für die Entscheidung zwischen $s_1(t)$ und $s_2(t)$ ist als Regressionsvariable die mittlere quadratische Abweichung (MSe) bedeutsam. Je geringer der MSe-Wert ist, desto besser beschreibt die Funktion die Messergebnisse. Die MSe-Werte betragen 0,32 für $s_1(t)$ und $1{,}27 \cdot 10^{-5}$ für $s_2(t)$. Somit beschreibt $s_2(t)$ die Ergebnisse der Messreihe besser.

c) Beide Funktionen $s_1(t)$ und $s_2(t)$ weisen ein hohes Maß an Genauigkeit bezüglich der Beschreibung der Messwerte auf. Die quadratische Funktion beschreibt als Zeit-Weg-Funktion eine gleichmäßig beschleunigte Bewegung (die zweite Ableitung des Wegs *s* nach der Zeit ist konstant). $s_2(t)$ hingegen beschreibt eine harmonische Schwingung, bei der ein lineares Kraftgesetz vorliegt. Die Feder wird hier horizontal ausgelenkt, ein lineares Kraftgesetz gilt somit analog zum bekannten vertikalen Federpendel. Diese Überlegung stützt das Ergebnis des GTR.

Kontextorientierte Aufgaben

Mit dem Aufzug auf den Post-Tower

Die Aufzüge im Post-Tower in Bonn befördern ihre Fahrgäste bis in die 44. Etage, die sich in einer Höhe von $h = 156$ m befindet. Die Aufzüge erreichen eine Spitzengeschwindigkeit von 6 m/s. Für die Beschleunigung des Aufzugs beim Anfahren und beim Abbremsen wird ein Wert angenommen, den Fahrgäste noch als angenehm empfinden: $|a| = 1{,}2\ \text{m/s}^2$.

a) Ermitteln Sie, in welcher Höhe der Aufzug seine maximale Geschwindigkeit erreicht hat und wie lange er für diese Beschleunigungsphase (bzw. die Abbremsphase) braucht. Gehen Sie davon aus, dass es sich dabei um eine Bewegung mit konstanter Beschleunigung handelt. Berechnen Sie anschließend, wie lange die Fahrt insgesamt dauert – die mittleren Etagen werden mit konstanter Maximalgeschwindigkeit durchfahren.

b) Zeichnen Sie mithilfe Ihres GTR das der Teilaufgabe a) zugrunde liegende Zeit-Beschleunigung-Diagramm sowie die zugehörigen Zeit-Geschwindigkeit- und Zeit-Weg-Diagramme. Einen kleinen Hinweis, wie Sie vorgehen sollten, gibt Ihnen die nebenstehende Abbildung, in der die Gleichungen für das Zeit-Weg-Diagramm (teilweise) dargestellt sind.

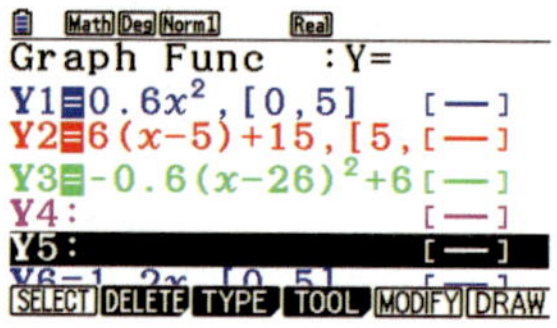

c) In Wirklichkeit sollte die Beschleunigung nicht abrupt verändert werden. Modifizieren Sie – nur qualitativ! – die Diagramme von Teilaufgabe b) so, dass die Fahrt mit dem Aufzug als angenehm empfunden wird.

d) Der Aufzug steht im Erdgeschoss. Eine Person betritt den Aufzug und stellt sich auf eine Personenwaage. Die Waage zeigt 60,0 kg an. Ermitteln Sie, was die Waage in der Beschleunigungsphase, in der Phase konstanter Geschwindigkeit und in der Abbremsphase anzeigen würde.

Kurvenüberhöhung auf der Bobbahn

Auf der Bobbahn in Winterberg rasen Bobfahrer mit bis zu 140 km/h die 1330 m lange Strecke hinunter. Trotz der zahlreichen Kurven – 15 insgesamt – sind die schnellsten Fahrer in weniger als einer Minute am Ziel. Die Kurvenradien betragen zwischen 16 m und 55 m. Um Bestzeiten zu erreichen, muss der Bob die „Ideallinie" treffen – d. h. er muss die überhöhten Kurven in einer ganz bestimmten Höhe durchfahren. Schon kleinste Abweichungen davon kosten wertvolle Hundertstel Sekunden.

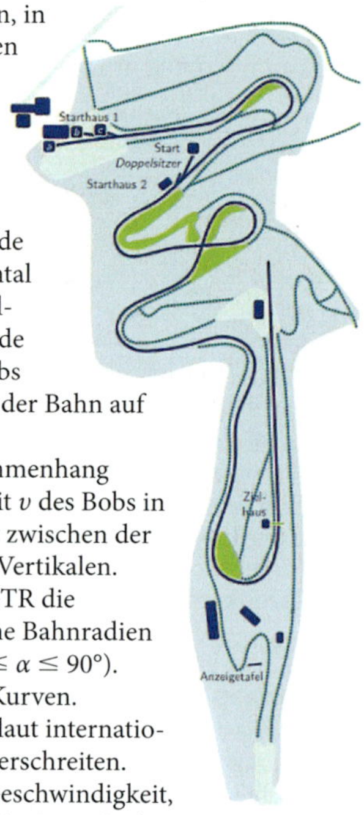

a) Fertigen Sie eine Skizze an, in der die auf den Bob wirkenden Kräfte bei einer optimalen Kurvenfahrt eingezeichnet sind. (*Hinweis:* Es wirken keine seitlichen Kräfte auf die Kufen des Bobs; die während der Kurvenfahrt wirkende Zentripetalkraft zeigt horizontal in Richtung des Kurvenmittelpunkts; sie ist die Resultierende aus der Gewichtskraft des Bobs und der Kraft, die der Boden der Bahn auf den Bob ausübt.)

b) Berechnen Sie den Zusammenhang zwischen der Geschwindigkeit v des Bobs in der Kurve und dem Winkel α zwischen der Normalen zur Bahn und der Vertikalen. Zeichnen Sie mithilfe Ihres GTR die Graphen $\alpha(v)$ für verschiedene Bahnradien zwischen 16 m und 55 m ($0 \leq \alpha \leq 90°$). Erläutern Sie die erhaltenen Kurven.

c) Die Beschleunigung darf laut internationalem Reglement $5g$ nicht überschreiten. Ermitteln Sie die maximale Geschwindigkeit, mit der ein Bob eine Kurve mit einem Radius von 16 m (theoretisch) durchfahren dürfte.

d) Nehmen Sie erneut die Skizze aus a) zur Hand und zeichnen Sie die Kräfte für den Fall ein, dass der Bob die Ideallinie leicht verfehlt, also die Kurve etwas zu hoch bzw. etwas zu niedrig durchfährt.

e) Auch das Anschieben zu Beginn der Fahrt ist für eine Bestzeit entscheidend. Informieren Sie sich über die Besonderheiten des Starts und diskutieren Sie sie unter physikalischen Aspekten.

Balancieren auf der Slackline

Slacklines sind bei Groß und Klein sehr beliebt und schulen den Gleichgewichtssinn. Das elastische Band wird einfach zwischen zwei Baumstämmen gespannt. Ziel ist es, auf der Slackline entlang zu balancieren, ohne herunterzufallen.

a) Fertigen Sie eine Skizze an, in der die Kräfte auf die Slacklinerin, das Band und die Baumstämme eingezeichnet sind.

b) Berechnen Sie die Kraft, die auf jeden der beiden Baumstämme wirkt, wenn die Slacklinerin (Masse $m = 65$ kg) sich in der Mitte des Bands befindet. Der Winkel zwischen Band und Horizontale beträgt dann etwa 20°. Vergleichen Sie diesen Wert mit der Gewichtskraft der Slacklinerin.

c) Stellen Sie mithilfe Ihres grafikfähigen Taschenrechners die auf die Baumstämme wirkende Kraft als Funktion des Winkels dar, das das Band mit der Horizontalen bildet. Erläutern Sie, was bei kleinen Winkeln passiert, und welche Konsequenzen dies für das Spannen des Bands hat.

Flugbahn des Balls bei verschiedenen Sportarten

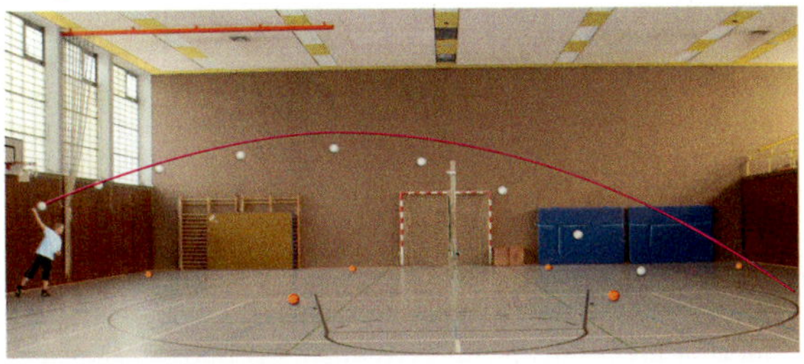

Das Bild des Volleyballaufschlags wurde mit einer Kamera gefilmt, die 25 Bilder in der Sekunde aufnimmt. Die rote Kurve beschreibt die Parabel eines idealen schrägen Wurfs. Im Bild ist zu sehen, dass die reale Flugbahn am Anfang noch gut mit der angepassten Parabel übereinstimmt, aber später immer deutlicher davon abweicht.

a) Beim Anpassen der Parabel wurde insbesondere darauf geachtet, dass die ersten Positionen des Balls gut auf der Parabel „liegen". Erläutern Sie anhand des Bildes, warum die Flugbahn immer stärker von der Parabelbahn abweicht.

b) Planen Sie in kleinen Gruppen die Untersuchung von Würfen bei einigen Sportarten (Volleyball, Tischtennis, Tennis, Fußball, Basketball, Kugelstoßen, ...). Recherchieren Sie die Daten für die verschiedenen Bälle bzw. Kugeln (Masse, Größe, typische Wurfgeschwindigkeiten). Erläutern Sie für die verschiedenen Fälle, welche Auswirkungen der Luftwiderstand auf die Bewegung hat. Für die Videoanalyse haben Sie zwei Möglichkeiten: Entweder Sie konvertieren die Bilder und/oder Filmsequenzen in ein spezielles Format, sodass Sie sie auf Ihren grafikfähigen Taschenrechner überspielen können. Oder Sie greifen auf eines der im Internet frei verfügbaren Videoanalyse-Programme zurück. In beiden Fällen untersuchen Sie Ihre Daten mit einer quadratischen Regressionsrechnung.

c) Es gibt im Sport noch weitere Disziplinen, bei denen die Flugbahn diejenige eines schrägen Wurfs ist (Weitsprung, Hochsprung, Speerwurf, ...). Oft entscheiden nur wenige Zentimeter über den Ausgang eines Wettkampfs. Diskutieren Sie in der Klasse über die Vergleichbarkeit von Wettkampfergebnissen bei verschiedenen Sportarten.

Das Schiffshebewerk in Niederfinow

Das Bild zeigt das alte, noch funktionierende und unter Denkmalschutz stehende Schiffshebewerk Niederfinow. Ein Schiffshebewerk ist wie ein riesiger Aufzug, mit dem Schiffe größere „Stufen" einer Wasserstraße überwinden können. Für das 2015 fertiggestellte Schiffshebewerk Niederfinow, das einen Teil des Güterverkehrs zwischen Stettin (Polen) und Berlin abwickelt, gibt die Wasser- und Schifffahrtsverwaltung des Bundes folgende technischen Daten an:

Hebewerk: 133 m lang, 46 m breit, 55 m hoch
Trog (Innenmaße): 115 m lang, 12,5 m breit, 4 m Wassertiefe
Masse des wassergefüllten Troges: 9800 t;
Hubhöhe: 36 m;
Antrieb: 8 Elektromotoren mit je 160 kW Leistung
Hubdauer: 3 min;
Dauer einer Schleusung: 16,5 min
Der Trog hängt an 224 Seilen, die über Seilrollen zu den Gegengewichten laufen. Die Gegengewichte haben die gleiche Masse wie der Trog.

a) Recherchieren Sie das Funktionsprinzip des Schiffshebewerks von Niederfinow und entwerfen Sie dazu ein kleines Plakat. Erläutern Sie insbesondere die Rolle der Gegengewichte und die Tatsache, dass der Trog – ob mit oder ohne Schiff – immer die gleiche Masse hat (*Hinweis:* Archimedisches Prinzip).

b) Erläutern Sie die Vor- und Nachteile eines Schiffshebewerks gegenüber einer Schleuse.

c) Ermitteln Sie die Energie, die zum Heben des Trogs um 36 m nötig ist. Bestimmen Sie die dazugehörige Leistung und vergleichen Sie diese mit der Leistung einer 2 MW-Windkraftanlage.

d) Vergleichen Sie die in Teilaufgabe c) berechnete Hubleistung mit der Leistung der 8 Elektromotoren. Kommentieren Sie das Ergebnis.

e) Ließe sich das „nutzlose" Gegengewicht nicht durch ein zweites Schiff ersetzen? Ein Schiff könnte angehoben werden, während das zweite abgesenkt würde. Recherchieren Sie, ob diese Idee bereits realisiert wurde.

f) Aus den angegebenen Daten lassen sich noch weitere Größen berechnen, zum Beispiel die Hebe- bzw. Senkgeschwindigkeit sowie die Masse des Wassers im Trog. Berechnen Sie diese beiden Werte.

g) Diskutieren Sie in Ihrer Klasse anhand der untenstehenden Grafik, wie wichtig die Binnenschifffahrt für den Güterverkehr heutzutage ist bzw. wie wichtig sie Ihrer Meinung nach sein sollte. Erläutern Sie den Unterschied zwischen den beförderten Gütern (linke Grafik) und der Beförderungsleistung (rechte Grafik) und geben Sie eine Erklärung für die Unterschiede. Nehmen Sie zur Verwendung des Leistungsbegriffs Stellung.

Güterverkehr 2011 in Deutschland in %

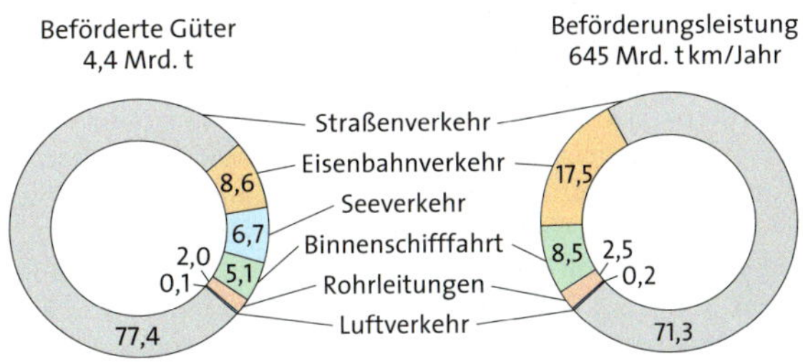

Kontextorientierte Aufgaben

Die Bergetappe von L'Alpe d'Huez

L'Alpe d'Huez ist eine der schwersten Etappen der Tour de France. Aber nicht nur professionelle Radrennfahrer, auch viele Amateure erklimmen täglich die 21 Serpentinen bis zum Gipfel.

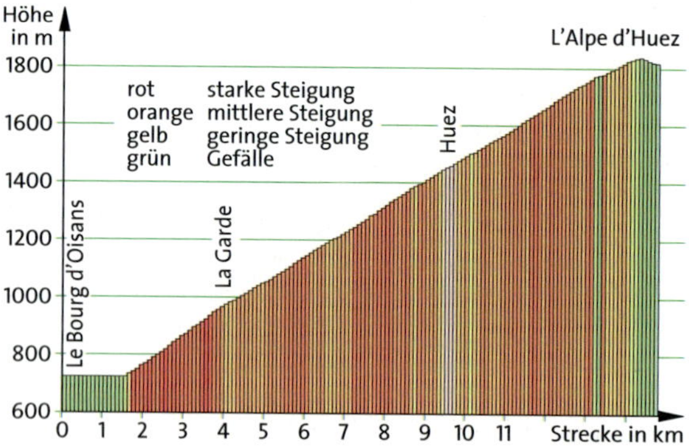

Die Grafik zeigt das Höhenprofil des Aufstiegs, anhand dessen die Höhe (y-Achse) und die zurückgelegte Strecke (x-Achse) abgelesen werden können. Um das Ziel zu erreichen, muss ein Radfahrer die Hangabtriebskraft, den Rollwiderstand und den Luftwiderstand „überwinden". Der Radfahrer habe die Masse $m_R = 70$ kg, sein Fahrrad die Masse $m_F = 10$ kg. Die Kurven werden in dieser Aufgabe ignoriert – der Radfahrer fährt so langsam, dass er sie mit konstanter Geschwindigkeit durchfährt.

a) Berechnen Sie die mittlere Steigung (in %) zwischen dem Beginn der Steigung hinter Le Bourg-d'Oisans und dem höchsten Punkt, kurz bevor es zum Ziel wieder leicht bergab geht.

b) Fertigen Sie eine Skizze an, in der die auf Radfahrer plus Fahrrad wirkenden Kräfte eingezeichnet sind.

c) In einem ersten Rechenschritt sollen Rollwiderstand und Luftwiderstand vernachlässigt werden. Auf den Fahrer und sein Rad wirkt also lediglich die Gewichtskraft. Der Fahrradfahrer hat am Startpunkt (die Zeitmessung wird am Fuß des Berges gestartet) bereits die Geschwindigkeit v, die er bis zum Ziel beibehält (das heißt, dass seine kinetische Energie konstant ist). Ermitteln Sie, welche Energie der Fahrradfahrer benötigt, um vom Start bis zum Ziel zu gelangen.
Um einen realistischeren Wert zu erhalten, der Rollwiderstand und Luftwiderstand berücksichtigt, müssen zu dem soeben berechneten Wert noch 14 % für die Überwindung dieser Widerstände addiert werden. (Zur Kontrolle: $E_{\text{Aufstieg}} = 992$ kJ.)

d) Das Rad besitzt sogenannte Klickpedale, die es dem Fahrer erlauben, nicht nur beim Herunterdrücken, sondern auch beim Hochziehen Kraft auf die Pedale auszuüben. Hier soll angenommen werden, dass die Kraft konstant und stets tangential zur Drehbewegung des Pedals ist. Die Pedale beschreiben beim Drehen einen Kreis mit einem Durchmesser von $d = 36$ cm. Der Fahrer fährt in einem der niedrigsten Gänge: Bei einer Umdrehung der Tretkurbel legt das Rad eine Strecke von $l_1 = 3{,}0$ m zurück. Schätzen Sie die Kraft ab, mit der ein Radfahrer „in die Pedale" treten muss, um seine konstante Geschwindigkeit aufrechtzuerhalten. (*Hinweis:* Sie brauchen für diese Rechnung den in c) berechneten Wert der für den Aufstieg benötigten Energie.)

e) Ein sehr guter Hobby-Radfahrer hat eine massebezogene Maximalleistung von etwa $p = 3{,}5$ W/kg (hierbei sind die Masse von Fahrer und Rad zu berücksichtigen). Ermitteln Sie die Zeit, die ein solcher Fahrer für den Aufstieg nach L'Alpe d'Huez braucht. Berechnen Sie daraus seine mittlere Geschwindigkeit ($m_R = 70$ kg, $m_F = 10$ kg).

f) Marco Pantani ($m_R = 56$ kg, $m_F = 9$ kg) kam 1997 in Rekordzeit am Ziel in L'Alpe d'Huez an: Er schaffte die 14,5 km in 37 min 35 s. Wegen seiner größeren Geschwindigkeit waren Rollwiderstand und Luftwiderstand größer, sodass Pantani etwa 20 % mehr Energie für den Aufstieg benötigte als in Teilaufgabe c) berechnet (erster Wert, bei dem nur die Gewichtskraft berücksichtigt wurde). Die Energie, die er für das flache Stück von Le Bourg-d'Oisans bis zum Fuß des Berges brauchte und für die kurze Abfahrt von der Bergspitze bis ins Ziel, wird vernachlässigt. Berechnen Sie Pantanis massebezogene Maximalleistung und seine Durchschnittsgeschwindigkeit.

g) Diskutieren Sie im Rahmen der Klasse, inwiefern die gemachten Vereinfachungen zulässig sind bzw. wie realistisch die Ergebnisse sind.

Reisen in luftleeren Röhren

Im August 2013 lauteten die Schlagzeilen in der Presse: „Projekt Hyperloop: In 35 Minuten von San Francisco nach Los Angeles", „Reisende rasen in zwei teilevakuierten Röhren mit bis zu 1200 km/h zum Ziel", „Die durch Elektromagnete angetriebenen und auf Luftkissen schwebenden Kapseln befördern jeweils 28 Passagiere entlang der 600 Kilometer langen Strecke", „Der Strom soll aus Solarzellen auf dem Dach der Doppelröhre gewonnen werden", „Hyperloop als Open-Source-Projekt geplant", „Baukosten von bis zu 5,6 Milliarden Euro", „Der Fahrpreis soll bei etwa 20 Dollar liegen".

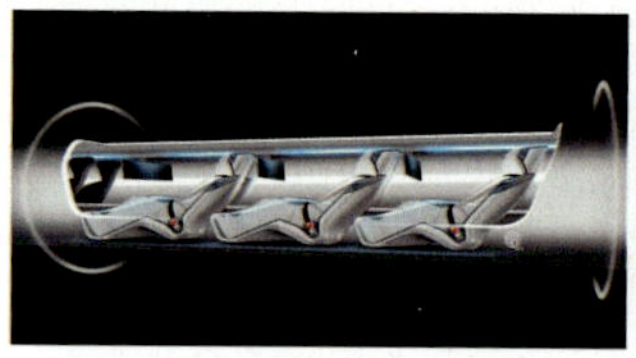

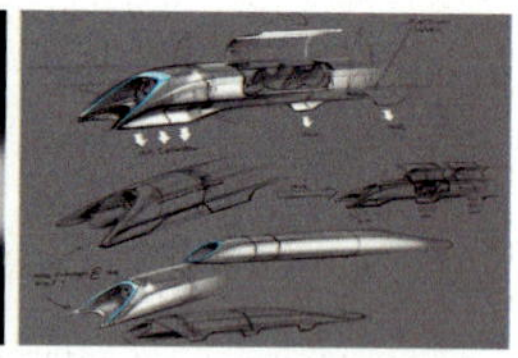

Die Idee ist nicht neu – der Traum einer Beförderung per „Riesen-Rohrpost" bringt in regelmäßigen Zeitabständen mehr oder weniger konkrete Vorschläge zur Umsetzung dieser Idee hervor.

a) Berechnen Sie mithilfe der Angaben aus den Zeitungen, wie lange die Reise dauern würde, wenn die (konstante) Beschleunigung am Anfang und das Abbremsen am Ende der Strecke mit $a = 0{,}5\,g$ erfolgen würden (g ist die Fallbeschleunigung) und sich die Kapseln ansonsten mit der Maximalgeschwindigkeit bewegen. Gehen Sie davon aus, dass die Strecke gerade ist und dass so wenig Luft in den Röhren ist, dass der Luftwiderstand vernachlässigt werden kann. Bewerten Sie anhand Ihres Ergebnisses die Schlagzeile in USA Today: „G-forces won't crush you."

b) Diskutieren Sie, ob die Idee physikalisch machbar ist. Stellen Sie auch die Kritikpunkte zusammen (*Stichpunkte:* Sicherheit, ökologische Aspekte, Kosten). Tragen Sie zunächst Ihre eigenen Kenntnisse und Hypothesen zusammen; recherchieren Sie anschließend weitere Informationen.

Haftreibung, Schüttwinkel und Sandskulpturen

Die Haftreibung eines Körpers auf einer gegebenen Unterlage lässt sich bestimmen, indem der Neigungswinkel α der Unterlage gemessen wird, bei dem der Körper beginnt, auf der Unterlage zu rutschen.

Für die Haftreibungszahl f_H gilt: $f_H = \tan(\alpha)$.

a) Leiten Sie die Formel für f_H aus der Definition für die maximale Haftkraft (→ S. 31) und mithilfe der → **Abb. 31.3** her.

b) Im folgenden Bild sind Schüttwinkel für eine Zuckerrübenmiete, einen Kieshaufen und einen Haufen Mehl angegeben. Recherchieren Sie den qualitativen Zusammenhang zwischen Haftreibung und Schüttwinkel. Geben Sie insbesondere an, von welchen Eigenschaften des aufgeschütteten Materials der Schüttwinkel abhängt.

c) Jedes Jahr werden weltweit zahlreiche Sandskulpturenwettbewerbe ausgetragen. Zur Herstellung der Skulpturen, die wochenlang Wind und Wetter standhalten, obwohl sie nur aus Sand und Wasser bestehen, verwenden die sogenannten „Carver" scharfkantigen Sand. Dieser wird vorab mit etwas Wasser vermischt und sehr stark zusammengepresst.

Recherchieren Sie im Internet, weshalb der Sand einer Sandskulptur ganz andere Eigenschaften aufweist als zum Beispiel der Sand einer Düne. Diskutieren Sie die Erklärung(en) in kleinen Gruppen (*Stichworte:* Haftreibung, Oberflächenspannung, Verkeilen).

Wie viel sind 1000 Joule?

Der Energieerhaltungssatz ist einer der zentralen Erhaltungssätze der Physik. Ob mechanische, elektrische, thermische Phänomene – die Gesamtenergie bleibt immer erhalten. Auch in diesem Buch kommt die „Energie" in allen Kapiteln vor – als Bewegungsenergie (kinetische Energie), Lage- und Spannenergie (potentielle Energie). Die Einheit der Energie, das Joule, erlaubt energetische Vergleiche zwischen ganz verschiedenartigen Vorgängen.

Bestimmen Sie in den folgenden Beispielen jeweils die Energie und ordnen Sie die Beispiele von der kleinsten zur größten Energie.

a) Sie wiegen 60 kg und rennen „13 s auf 100 m". Wie groß ist ihre mittlere kinetische Energie während des Laufs?

b) Sie wohnen im 3. Stock eines Altbaus. Sie müssen 22 Stufen pro Stockwerk erklimmen. Eine Stufe hat eine Höhe von 16,5 cm. Sie wiegen 60 kg. Wie groß ist die Zunahme der Lageenergie, wenn Sie vor Ihrer Wohnungstür stehen?

c) Sie besitzen einen Hängesessel, der über eine Feder mit der Federkonstanten $D = 5000$ N/m an der Decke befestigt ist. Bestimmen Sie, um wie viele Zentimeter sich die Feder dehnt, wenn Sie sich mit Ihren 60 kg in den Hängesessel setzen; bestimmen Sie anschließend, wie groß die in der Feder gespeicherte Energie ist.

d) Ein Beispiel aus Ihrem früheren Physikunterricht: Wird eine Stoffmenge der Masse m von einer Temperatur T_1 auf eine Temperatur T_2 erwärmt, so muss ihr die Energie $\Delta Q = c\, m\, \Delta T$ zugeführt werden. ($\Delta T = T_2 - T_1$ ist die Temperaturdifferenz und c die spezifische Wärmekapazität des Stoffes.) Bestimmen Sie, wie viel Energie zugeführt werden muss, um einen Liter Wasser von 20 °C auf 100 °C zu erwärmen. Setzen Sie für die spezifische Wärmekapazität von Wasser $c = 4{,}2$ kJ/(kg K) ein.

e) Wie viel Energie „steckt" in der Tafel Schokolade (100 g) mit den abgebildeten „food facts"?

FOOD FACTS
100 g enthalten | contiennent:
Energiewert | valeur énergétique 2510 kJ (604 kcal),
Eiweiss | protéines: 9 g, Kohlenhydrate | glucides: 44 g,
davon Zucker | dont sucres: 43 g, Fett | lipides: 43 g,
davon gesättigte Fettsäuren | dont acides gras saturés: 22 g, Ballaststoffe | fibres alimentaires: 2,5 g,
Natrium | sodium: 0,09 g

f) Im Jahr 2011 betrug der Endenergiebedarf privater Haushalte in Deutschland 609 TWh (Terawattstunden). Ermitteln Sie daraus den Endenergiebedarf pro Person und pro Tag. Recherchieren Sie dazu im Internet die Ihnen fehlenden Informationen.

g) Sie haben bei Ihrer Schreibtischlampe endlich die alte 60 W-Glühlampe durch eine gleich hell leuchtende 10,5 W-LED-Lampe ersetzt. Berechnen Sie die elektrische Energie, die Sie durch diese Aktion in einer Stunde sparen.

h) In Nordrhein-Westfalen beträgt die Sonneneinstrahlung im Mittel etwa 1000 kWh/(m²a) (Kilowattstunden pro Quadratmeter und Jahr). Bestimmen Sie, wie viel Sonnenenergie im jährlichen Mittel an einem Tag auf eine Fläche trifft, die der Größe Ihres Klassenraums entspricht (etwa 40 m²).

i) Bestimmen Sie, wie viel elektrische Energie Sie benötigen, um zwei Stunden lang mit Ihrem Laptop zu arbeiten. Der Laptop hat eine Leistung von 100 W.

j) Sie wollen zu dritt von Köln nach Berlin fahren. Der Umweltmobilcheck der Deutschen Bahn verrät Ihnen, dass Sie für die Strecke mit dem Auto 43,7 ℓ Benzin bräuchten. Würden Sie mit der Bahn fahren, bräuchten Sie das Energieäquivalent von 12,3 ℓ Benzin pro Person. Ab wie vielen Mitreisenden lohnt es sich aus ökologischer Sicht mit dem Auto zu fahren? Rechnen Sie die für die Bahnfahrt benötigte Energie in Joule um.

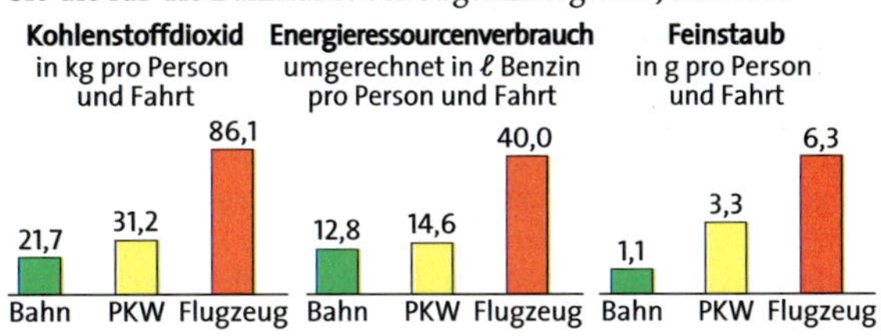

k) Denken Sie sich selbst weitere Beispiele aus und ordnen Sie die berechneten Energiewerte in der obigen Liste ein.

Kontextorientierte Aufgaben

Der „Cappuccino-Effekt"

Im Alltag lässt sich eine Fülle von physikalischen Phänomenen entdecken; besonders ergiebig ist die „Küchenphysik". Wenn Sie bei nächster Gelegenheit eine Tasse frischen Cappuccinos oder heißen Kakaos vor sich stehen haben, probieren Sie doch einmal Folgendes aus:

Nehmen Sie die Tasse am Henkel in die Hand, rühren Sie den Milchschaum unter den Kaffee oder den Kakao und klopfen Sie wiederholt mit dem Löffel von innen oder von außen auf den Tassenboden. Sie werden feststellen, dass die Höhe des erzeugten Tones sich verändert: Die Tonhöhe steigt so lange an, bis die Luftbläschen des Milchschaums wieder die Oberfläche erreicht haben.

a) Führen Sie das Experiment selbst durch. Probieren Sie verschiedene Varianten aus. Wenn Sie zum Beispiel eine Brausetablette in einem (durchsichtigen) Glas mit Wasser auflösen, können Sie den Zusammenhang mit den aufsteigenden Luftbläschen besonders gut verfolgen.

b) Fertigen Sie eine Versuchsanleitung an mit Tipps für ein möglichst gutes Gelingen des Experiments.

c) Komplettieren Sie die folgende Erklärung des Cappuccino-Effekts (auch als „hot chocolate effect" bekannt):

Die Wellenlänge des erzeugten Tons ist in etwa konstant – sie ist lediglich durch die Geometrie der Tasse (oder des Glases) und die Füllhöhe des Cappuccinos (oder des Wassers) vorgegeben. Da die Wellenlänge λ und die Frequenz f eines Tones mit der Schallgeschwindigkeit c im jeweiligen Medium über die Beziehung ________ zusammenhängen, muss sich durch das Unterrühren des Schaums die ____________________ ändern. Steigt die Tonhöhe, bedeutet das, dass seine Frequenz ____________ und die Schallgeschwindigkeit ____________ ____________________.

Weshalb wird die Schallgeschwindigkeit geringer, wenn die Bläschen in der Flüssigkeit sind? Die Schallgeschwindigkeit c in einer Flüssigkeit hängt über folgende Beziehung von der Dichte ϱ und der Kompressibilität κ der Flüssigkeit ab:

$$c = \sqrt{\frac{1}{\kappa \varrho}}$$

Die Kompressibilität ist ein Maß dafür, wie stark sich eine Flüssigkeit zusammendrücken lässt; Milchschaum lässt sich __________ zusammendrücken als Milch. Steigt die Kompressibilität der Flüssigkeit, ________ die Schallgeschwindigkeit in der Flüssigkeit, der Schall wird „gebremst". (Die Dichte des Cappuccinos bzw. des Wassers ändert sich durch die eingeschlossenen Bläschen viel weniger als die Kompressibilität steigt.)

d) Wandeln Sie die obige Erklärung, sobald Sie sie nachvollzogen haben, so ab, dass Sie den Cappuccino-Effekt auch Ihren jüngeren Geschwistern erklären können oder jemandem, der keine oder nur wenige naturwissenschaftliche Kenntnisse hat.

e) Suchen Sie nach weiteren Küchenphysik-Experimenten und präsentieren Sie sie Ihren Mitschülern. *Vorschläge:* Das in Salzwasser schwimmende Ei; „singende" Weingläser; das Messer, das sich durch den Apfel frisst; …

Die Astronautenwaage

Astronauten, die lange Zeit in einem Orbit um die Erde kreisen – zum Beispiel an Bord der Internationalen Raumstation ISS – müssen sich zur Gesundheitskontrolle regelmäßig wiegen. Die Frage ist nur: Wie stellen sie das an, wo doch in der Raumstation Schwerelosigkeit herrscht?

Sie messen ihre Masse indirekt, über die Schwingungsdauer eines sogenannten BMMD (body mass measurement device). Auf dem Foto sitzt der niederländische Astronaut André Kuipers auf einer Art Hocker, der über eine dicke Schraubenfeder mit der Raumstation befestigt ist. Er hält sich an zwei Griffen fest. Für die Messung löst er die Arretierung der Schraubenfeder – Feder, Hocker und Astronaut fangen an zu schwingen. Nach etwa 5 Schwingungen ist die Schwingungsdauer elektronisch erfasst.

a) Erläutern Sie, weshalb mit diesem Gerät die Masse des Astronauten bestimmt werden kann.

b) Vor der eigentlichen Messung wird das Gerät kalibriert; dazu wird die Schwingungsdauer ohne Astronaut gemessen. Die Federkonstante des Hockers betrage $D = 4000$ N/m, die Schwingungsdauer ohne Astronaut $T_{\text{ohne}} = 0{,}444$ s und diejenige mit Astronaut $T_{\text{mit}} = 1{,}005$ s. Bestimmen Sie daraus die Masse des Hockers (samt Feder) und die des Astronauten.

c) Erläutern Sie, weshalb es für die Messung unwichtig ist, wo der Hocker zur Massebestimmung befestigt ist – ob „oben", „unten" oder „seitlich". Diskutieren Sie, ob diese Richtungsangaben in der Raumstation überhaupt eine Bedeutung haben.

d) Gruppenarbeit: Entwerfen Sie eine Vorrichtung, mit der Sie auf der Erde die Masse eines Gegenstands allein über die Messung einer Schwingungsdauer bestimmen können.

Gravitation und Fluchtgeschwindigkeit

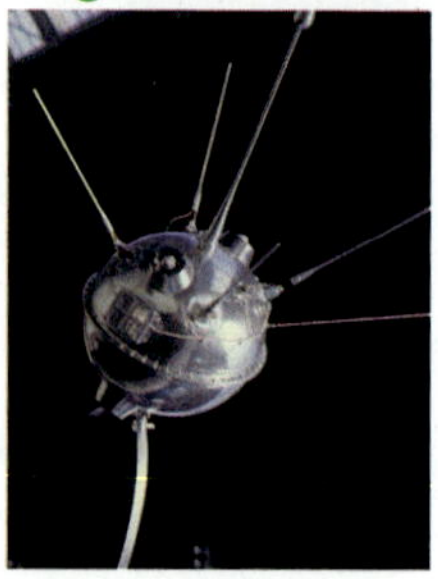

Kurz nachdem die UdSSR 1957 mit Sputnik 1 den ersten künstlichen Satelliten in eine Umlaufbahn um die Erde gebracht hatte, reiste 1959 die russische Mondsonde Luna 1 ins All. Sie war die erste Sonde, deren Trägerrakete mit einer Geschwindigkeit größer als die sogenannte *Fluchtgeschwindigkeit* den Anziehungsbereich der Erde verließ. Bevor interplanetare Raumsonden ihre Reise zu den Planeten antreten, werden sie in einer Umlaufbahn um die Erde „geparkt". Dort werden die Triebwerke an geeigneter Stelle erneut gezündet, um die Sonde auf die erforderliche Fluchtgeschwindigkeit zu beschleunigen.

a) Berechnen Sie die Fluchtgeschwindigkeit $v_{\text{F, E}}$ von der Erdoberfläche. *Hinweis:* Erst wenn die kinetische Energie einer Rakete größer ist als ihre potentielle Energie im Gravitationsfeld der Erde, kann sie den Anziehungsbereich der Erde verlassen.

b) Leiten Sie eine allgemeine Formel für die Fluchtgeschwindigkeit v_F im Abstand $r > r_E$ vom Mittelpunkt der Erde her (r_E = Radius der Erde).

c) Die Fluchtgeschwindigkeit wird auch *zweite kosmische Geschwindigkeit* genannt. Recherchieren Sie, was hinter den vier kosmischen Geschwindigkeiten steckt, und berechnen Sie in Analogie zu a) die dritte kosmische Geschwindigkeit.

Beobachtung des Mars – Raummissionen

Die Umlaufbahnen von Mars und Erde um die Sonne sollen im Folgenden jeweils als kreisförmig und in einer gemeinsamen Ebene liegend angenommen werden.

a) Fertigen Sie eine maßstabsgetreue Skizze an, welche die Bahnen von Erde und Mars um die Sonne zeigt. Markieren Sie die Position der beiden Planeten bei einer sogenannten Oppositionsstellung, wenn sich Mars und Sonne genau auf einer Linie auf verschiedenen Seiten der Erde befinden, und erläutern Sie, warum in diesem Fall der Mars besonders gut zu beobachten ist.

b) In einer Oppositionsnacht betrug der Durchmesser des Marsscheibchens bei Beobachtung mit einem Teleskop 23,8″. Bestimmen Sie die Entfernung zwischen Erde und Mars zum Zeitpunkt der Opposition und berechnen Sie daraus und aus den Beobachtungsdaten den Durchmesser des Mars.

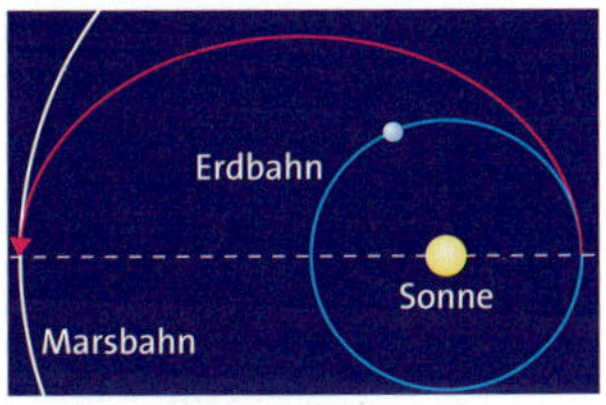

c) Immer wieder ist davon die Rede, ein bemanntes Raumschiff zum Mars zu schicken. Besonders wenig Energie ist nötig, wenn das Raumschiff auf einer Hohmannbahn fliegt, die Erdbahn und Marsbahn durch eine halbe Ellipse miteinander verbindet (**Abb. a**). Zeichnen Sie eine passende Hohmannbahn in die Skizze von Teilaufgabe a) ein und berechnen Sie deren große Halbachse.

d) Berechnen Sie, wie lange der Hinflug zum Planeten Mars in diesem Fall dauern würde. (Zur Kontrolle: 260 d)

e) Markieren Sie in der Skizze von Teilaufgabe a) die genaue Position des Mars beim Start des Raumschiffes auf der Erde, wenn das Raumschiff den Mars genau im Aphel der Hohmannbahn erreicht. Beziehen Sie sich dabei auf eine passende Rechnung.

f) Mit unbemannten Raumsonden wird der Mars schon seit geraumer Zeit erforscht. Ein Beispiel ist die am 4. Dezember 1993 gestartete Marssonde *Pathfinder*, die nach 213 Tagen Flugzeit den Mars erreichte. Entscheiden Sie, ob es sich bei ihrer Flugbahn um eine Hohmannbahn handelte. Geben Sie eine stichhaltige Begründung.

g) Nach der Landung von Pathfinder wurde ein Roboterfahrzeug, der Rover Sojourner, auf der Marsoberfläche abgesetzt. Solarzellen mit einer Gesamtfläche von 0,19 m^2 und einem Wirkungsgrad von 18 % decken den Energiebedarf ab. Die Solarkonstante auf dem Mars beträgt 589 W/m^2. Es handelt sich um die pro m^2 auf dem Mars (bei senkrechtem Einfall) ankommende Strahlungsleistung der Sonne. Schätzen Sie ab, welche elektrische Leistung die Solarzellen bei senkrechter Sonneneinstrahlung liefern konnten.

Bahn des Halley'schen Kometen

Der Halley'sche Komet hatte 1986 im Perihel mit $r_P = 8{,}9 \cdot 10^{10}$ m den kürzesten Abstand zur Sonne; seine Umlaufzeit auf elliptischer Bahn beträgt T = 76 a 36 d, .

a) Bestimmen Sie seine Entfernung von der Sonne, wenn er sich im Aphel befindet.

b) Ordnen Sie Aphel und Perihel der Halley-Bahn in das Sonnensystem ein (*Hinweis:* Die große Halbachse des Zwergplaneten Pluto beträgt $5{,}906 \cdot 10^{12}$ m. Beachten Sie, dass die Bahnen von Pluto und Halley gegen die Ekliptik geneigt sind: bei Pluto um 17,2°, bei Halley um 162°).

***c)** Die Positionen von Aphel und Perihel deuten darauf hin, dass die Bahn des Halley'schen Kometen eine langgestreckte Ellipse ist. Überprüfen Sie dies, indem Sie mithilfe der Formeln für die numerische Exzentrizität, $e = (r_A - r_P)/(r_A + r_P)$ und $e^2 = (a^2 - b^2)/a^2$, die beiden Halbachsen a und b der Bahnellipse berechnen.

Die Rosetta-Mission

Am 27. Februar 2004 wurde die Sonde *Rosetta* gestartet, die 2014 den Kometen Tschurjumow-Gerasimenko erreichen und dort ein Landefahrzeug absetzen soll.
Für die Bahn des Kometen um die Sonne gelten die folgenden Daten:
Umlaufzeit T = 6,56 a; numerische Exzentrizität e = 0,60.

a) Berechnen Sie die Länge a der großen Halbachse sowie die Apheldistanz r_A und die Periheldistanz r_P der Kometenbahn. Verwenden Sie dazu die folgenden Zusammenhänge zwischen der Exzentrizität e einer Ellipse, ihrer großen Halbachse a sowie den Größen r_A und r_P: $r_A + r_P = 2a$ und $a - r_P = a\,e$. (Zur Kontrolle: r_P = 1,4 AE – astronomische Einheit)

b) Die Sonde soll den Kometenkern mit der Masse $m_{Komet} = 3{,}35 \cdot 10^{13}$ kg auf einer Kreisbahn mit Radius r = 3,0 km umrunden. Berechnen Sie die Umlaufdauer T_R von Rosetta.
Um zu beurteilen, ob der Lander, dessen Masse m_L = 100 kg beträgt, ohne Weiteres auf dem Kometen abgesetzt werden kann, sollen im Folgenden die Verhältnisse auf dem Kometen genauer diskutiert werden.

c) Recherchieren Sie den Aufbau eines Kometen. Erläutern Sie den Aufbau anhand einer geeigneten Skizze.

d) Der Kometenkern besteht aus Eis und Gestein bzw. Staub. Die Dichte stimmt demzufolge in guter Näherung mit der Dichte von Eis überein: $\varrho = 9 \cdot 10^2$ kg/m^3. Berechnen Sie unter dieser Annahme den Radius des Kometenkerns von Tschurjumov-Gerasimenko. (Zur Kontrolle: ca. 2 km)

e) Berechnen Sie die Gravitationskraft zwischen Lander und Kometenkern, wenn der Lander dessen Oberfläche erreicht hat. Schildern Sie die damit verbundenen Probleme beim Landemanöver und machen Sie geeignete Vorschläge, wie der Lander trotzdem auf dem Kometen aufsetzen könnte.

f) Kometen können in der Regel erst dann mit Teleskopen beobachtet werden, wenn sie sich der Sonne nähern. Erklären Sie dies und gehen Sie auf die in diesem Zusammenhang auf dem Kometen stattfindenden Prozesse ein.

Kontextorientierte Aufgaben

Komet Shoemaker-Levy 9 fällt auf Jupiter

Im Juli 1994 fand ein spektakuläres Ereignis in unserem Sonnensystem statt: Der Komet Shoemaker-Levy 9 zerbrach, woraufhin etliche Bruchstücke nacheinander auf den Planeten Jupiter stürzten. Die **Abb. rechts** zeigt den Einschlag des ersten Fragments. (Rechts oben ist der Jupitermond Io zu erkennen.)

a) Berechnen Sie die Auftreffgeschwindigkeit eines Bruchstücks. Sie können dabei davon ausgehen, dass diese dem Betrag nach etwa mit der Fluchtgeschwindigkeit (siehe „Gravitation und Fluchtgeschwindigkeit") vom Jupiter übereinstimmt.

b) Ein Bruchstück von Shoemaker-Levy 9 mit der Masse $1 \cdot 10^{12}$ kg drang mit der Geschwindigkeit 60 km/s in die Jupiteratmosphäre ein und wurde dabei vollständig abgebremst. Berechnen Sie die Energie, die bei diesem Einschlag dem Jupiter zugeführt wurde, und vergleichen Sie diesen Wert mit der Energie von $3 \cdot 10^{20}$ J, die bei der Entstehung des Nördlinger Ries' durch einen Meteoriteneinschlag freigesetzt wurde.

Schallintensität und Lautstärke

Für die Darstellung der Lautstärke von Schall oder Musik sind die Begriffe *Schallintensität* und *Schallintensitäts-* bzw. *Lautstärkepegel* wichtig. Da das menschliche Ohr Intensitäten über den sehr weiten Bereich von 10^{-12} W/m² bis 1 W/m² wahrnehmen kann, wird in der Praxis meist der Schallintensitätspegel angegeben, der über folgende Beziehung mit der Schallintensität verknüpft ist: $\beta = 10 \log (I/I_0)$, wobei I_0 die Hörschwelle ist. Um dem unterschiedlichen Lautstärkeempfinden bei verschiedenen Frequenzen Rechnung zu tragen, wurde zusätzlich der Lautstärkepegel eingeführt (Einheit Phon), der für den Normalton $f = 1000$ Hz mit dem Schallintensitätspegel (Einheit Dezibel – dB) übereinstimmt. Oberhalb der Schmerzgrenze wird das Innenohr schon bei kurzer Schalleinwirkung auf Dauer geschädigt.

a) Beschreiben und erklären Sie anhand von **Abb. a)** und **Tab. b)** den Zusammenhang zwischen Schallintensitäts- und Lautstärkepegel.

a)

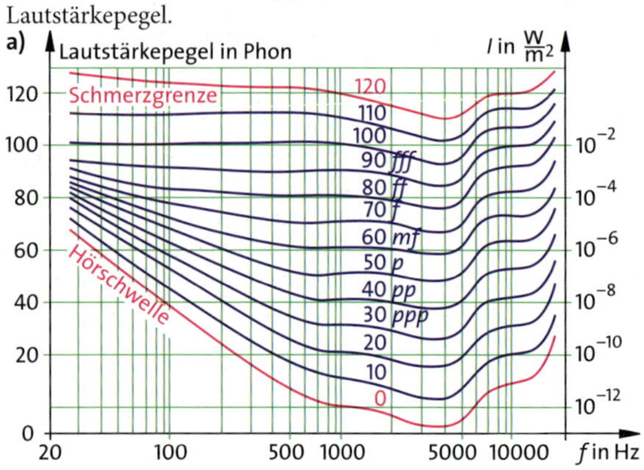

b)

	Intensität in W/m²	Lautstärke in dB
Hörschwelle	10^{-12}	0
normales Atmen	10^{-10}	20
leises Flüstern (5 m Abstand)	10^{-7}	50
normale Unterhaltung (1 m Abstand)	10^{-6}	60
Straßenlärm bei starkem Verkehr	10^{-4}	80
Schwertransporter (15 m Abstand)	10^{-3}	90
Baulärm (3 m Abstand)	10^{-1}	110
Diskothek	10^{-1}–10^{1}	110–130
Düsenflugzeug (100 m Abstand)	10^{0}	120
Presslufthammer (1 m Abstand)	10^{1}	130
Düsenflugzeug beim Abheben (in unmittelbarer Nähe)	10^{3}	150

b) Formulieren Sie den Zusammenhang zwischen Schallintensitätspegel und Schallintensität in einem Merksatz.

c) Erstellen Sie ein Plakat, das Ihren Mitschülern zeigt, weshalb es sinnvoll ist, beim Besuch eines Konzerts oder einer Diskothek Gehörschutzstöpsel zu tragen. Verwenden Sie dazu auch **Abb. c)**, in der die Dämmeigenschaften von Ohrstöpseln mit austauschbaren Filtern dargestellt sind.

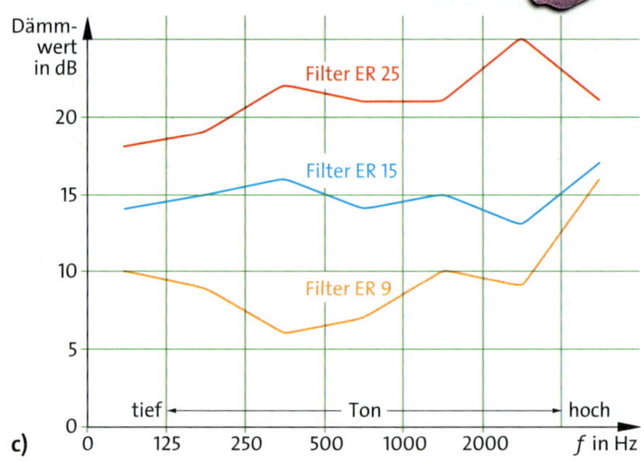

c)

Der akustische Doppler-Effekt

Der nach seinem Entdecker Christian DOPPLER (1803–1853) benannte Doppler-Effekt besagt:

„Nähern sich ein Sender und ein Empfänger, so nimmt der Empfänger eine höhere Frequenz wahr als der Sender ausstrahlt. Entfernen sie sich voneinander, so verringert sich die Frequenz für den Empfänger."

Im Alltag ist diese Erscheinung bei bewegten Schallquellen zu beobachten. Fährt z. B. ein Fahrzeug mit Martinshorn schnell an einem Beobachter vorbei, so sinkt im Augenblick des Vorbeifahrens die Frequenz des wahrgenommenen Tons deutlich. Ein entsprechender Effekt tritt auf, wenn sich ein Beobachter selbst auf eine Schallquelle zu- oder von ihr fortbewegt.

a)

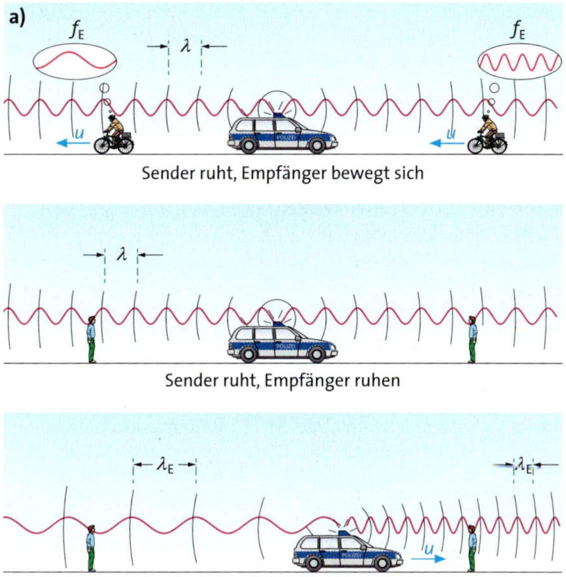

Sender ruht, Empfänger bewegt sich

Sender ruht, Empfänger ruhen

Sender bewegt sich, Empfänger ruht

① **Bewegter Empfänger, ruhender Sender**
Der Sender ruht und sendet eine Welle mit der Frequenz f und der Phasengeschwindigkeit v_{Ph}. Bewegt sich ein Empfänger mit der Geschwindigkeit u auf den Sender zu bzw. von ihm weg, so erreichen ihn in einer bestimmten Zeit mehr bzw. weniger Wellen, als wenn er in Ruhe wäre (**Abb. a) oben**).
Die Wellenlänge der Schallwelle in der Luft bleibt zwar konstant, die Geschwindigkeit relativ zum Empfänger ist jedoch jetzt $v_{Ph} + u$ bzw. $v_{Ph} - u$. Die Frequenz der vom Empfänger registrierten Schwingung wird damit

$$f_E = \frac{v_{Ph} \pm u}{\lambda} = f\frac{v_{Ph} \pm u}{v_{Ph}} = f(1 \pm \frac{u}{v_{Ph}}).$$

Das Pluszeichen gilt beim Annähern, das Minuszeichen beim Entfernen des Empfängers vom Sender.

② **Bewegter Sender, ruhender Empfänger**
Bewegt sich der Sender mit der Geschwindigkeit u auf den Beobachter zu bzw. von ihm weg, so kommt er in der Zeit T, in der sich die Welle um die Strecke λ ausbreitet, selbst um das Stück $\Delta s = u\,T = u/f$ voran, sodass der Abstand zweier Wellenberge für den Empfänger um dieses Stück kleiner bzw. größer ist (**Abb. a) unten**). Für ihn ist die Wellenlänge

$$\lambda_E = \lambda \mp T u = \lambda \mp \frac{\lambda}{v_{Ph}} u = \lambda\left(1 \mp \frac{u}{v_{Ph}}\right).$$

Nach der Gleichung $v_{Ph} = \lambda_E f_E$ hört der Beobachter eine Schwingung mit der Frequenz

$$f_E = \frac{v_{Ph}}{\lambda_E} = \frac{\lambda f}{\lambda(1 \mp u/v_{Ph})} = \frac{f}{(1 \mp u/v_{Ph})}.$$

Das Minuszeichen gilt beim Annähern, das Pluszeichen beim Entfernen des Senders.

Anmerkung: Dass sich in beiden Fällen bei gleicher Relativgeschwindigkeit u zwei verschiedene Beziehungen für die vom Empfänger registrierte Frequenz ergeben, liegt daran, dass die Luft – sie trägt die Welle – als festes Bezugssystem vorhanden ist. Bewegt sich ein Empfänger relativ zum Wellenträger, so ändert sich für ihn die Ausbreitungsgeschwindigkeit und damit die Frequenz der Welle. Bewegt sich ein Sender relativ zum Wellenträger, so ändert sich die Wellenlänge.

a) Zeigen Sie, wie sich aus der Definition der Phasengeschwindigkeit, $v_{Ph} = \lambda f$ bzw. $v_{Ph} = \lambda / T$ (→ S. 99) die obigen Formeln für f_E ergeben.
b) Suchen Sie im Internet nach Videos mit Beispielen zum akustischen Doppler-Effekt (vorbeifahrender Zug, vorbeifahrendes Einsatzfahrzeug usw.) und tauschen Sie in Ihrer Klasse die Beispiele untereinander aus.
c) *Zahlenbeispiel:* Ein ICE fährt mit einer Geschwindigkeit von 200 km/h an einem Beobachter vorbei. Der Fahrer betätigt sein Makrofon (laute „Hupe"), das einen Warnton mit einer Frequenz von 660 Hz abgibt. Bestimmen Sie die Tonfrequenz, die der Beobachter hört, wenn der Zug herannaht bzw. sich entfernt. Die Schallgeschwindigkeit betrage 343 m/s.

Die Ortungsrufe von Fledermäusen

Fledermäuse senden Ultraschalllaute aus, die von Objekten reflektiert und in den sehr empfindlichen Fledermausohren als Echo registriert werden.

Auf diese Weise können Fledermäuse mit einer Reihe von Ortungslauten ihre Umgebung „abtasten". Die verschiedenen Laufzeiten werden imGehirn verarbeitet und zu einem Bild der Umgebung zusammengefügt. Fledermäuse können noch Strukturen erkennen, die von der Größenordnung der Wellenlänge des Ortungslautes sind. Mithilfe des Doppler-Effekts (siehe vorherige Aufgabe) können Fledermäuse außerdem die Geschwindigkeit sich bewegender Beute ermitteln.

a) „Eine Fledermaus kann Mücken erkennen." Überprüfen Sie, ob diese Behauptung plausibel ist, indem Sie für einen Ultraschallruf der Frequenz $f = 100$ kHz die Wellenlänge berechnen (und damit die Größenordnung der von der Fledermaus unterscheidbaren Strukturen bestimmen). Die Schallgeschwindigkeit betrage 343 m/s.
b) Eine an einer Felswand hängende Fledermaus sendet Ultraschallwellen einer Frequenz von 100 kHz aus. Bestimmen Sie die Frequenz der Schwingung, die eine zweite, mit 5 m/s heranfliegende (wegfliegende) Fledermaus wahrnimmt.
***c)** Eine Schwalbe fliegt auf die Felswand zu. Die Fledermaus an der Felswand sendet erneut einen 100 kHz-Ultraschallruf aus. Das an der Schwalbe reflektierte Signal, das die Ohren der ruhenden Fledermaus erreicht, hat eine Frequenz von 110 kHz. Bestimmen Sie daraus die Geschwindigkeit der Schwalbe (*Annahme:* Die Schwalbe fliegt senkrecht auf die Fledermaus zu). (Zur Kontrolle: $v_{Schwalbe} \approx 59$ km/h)

Sachverzeichnis

Namenverzeichnis

Physikalische Konstanten (nach Codata-Datenbank 2010)

Name	Zeichen	Größenwert
Atomare Masseneinheit	1 u	$(1{,}660\,538\,921 \pm 0{,}000\,000\,073) \cdot 10^{-27}$ kg
Boltzmann-Konstante	k	$(1{,}380\,6488 \pm 0{,}000\,0013) \cdot 10^{-23}$ J/K
Elektrische Feldkonstante	ε_0	$(8{,}854\,187\,817\ldots) \cdot 10^{-12}$ As/(Vm) (exakt)
Elementarladung	e	$(1{,}602\,176\,565 \pm 0{,}000\,000\,035) \cdot 10^{-19}$ C
Energieeinheit Elektronvolt	1 eV	$(1{,}602\,176\,565 \pm 0{,}000\,000\,035) \cdot 10^{-19}$ J
Erdbeschleunigung (Normwert)	g	$9{,}806\,65$ m/s^2
Gravitationskonstante	γ	$(6{,}673\,84 \pm 0{,}000\,80) \cdot 10^{-11}$ m^3/(kg s^2)
Lichtgeschwindigkeit	c	299 792 458 m/s (exakt)
Magnetische Feldkonstante	μ_0	$4\pi \cdot 10^{-7}$ Vs/(Am) = $(1{,}256\,637\,0614\ldots) \cdot 10^{-6}$ Vs/(Am) (exakt)
Masse des Elektrons	m_e	$(9{,}109\,382\,91 \pm 0{,}000\,000\,40) \cdot 10^{-31}$ kg $(5{,}485\,799\,094\,6 \pm 0{,}000\,000\,0022) \cdot 10^{-4}$ u
Masse des Neutrons	m_n	$(1{,}674\,927\,351 \pm 0{,}000\,000\,074) \cdot 10^{-27}$ kg $(1{,}008\,664\,916\,00 \pm 0{,}000\,000\,000\,43)$ u
Masse des Protons	m_p	$(1{,}672\,621\,777 \pm 0{,}000\,000\,074) \cdot 10^{-27}$ kg $(1{,}007\,276\,466\,812 \pm 0{,}000\,000\,000\,090)$ u
Planck'sches Wirkungsquantum	h	$(6{,}626\,069\,57 \pm 0{,}000\,000\,29) \cdot 10^{-34}$ J s
Universelle Gaskonstante	R	$(8{,}314\,4621 \pm 0{,}000\,0075) \cdot 10^{3}$ J/(K mol)